U0289735

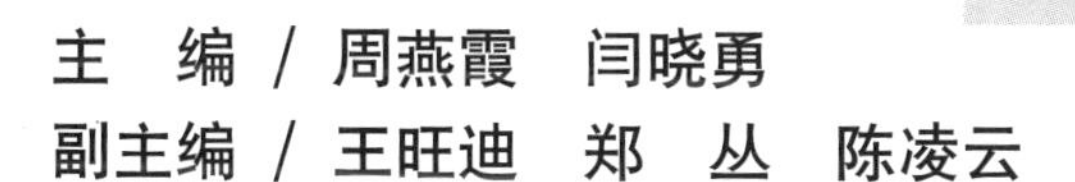

主　编 / 周燕霞　闫晓勇

副主编 / 王旺迪　郑　丛　陈凌云

Photoshop 案例教程

（微课版）（第2版）

清華大学出版社

北　京

内容简介

本书共分为8章，前7章提供了40多个设计案例，第8章提供了Logo设计、淘宝店铺首页设计、中餐厅促销易拉宝设计、公益海报设计、经典台历设计和产品包装设计6个综合案例，以便开拓阅读者的思路，增强理论与实际的联系，使读者更加清楚、明了地运用Photoshop软件进行图像的处理，形成独特的思维理念，深入挖掘工具背后隐藏的技巧。本书目标明确、语言精练、案例丰富、图文并茂且通俗易懂，具有很强的操作性和实用性。本书附有操作视频、素材及大量经典的设计作品、完整精美的教学课件供读者使用，为将来读者从事平面设计相关工作奠定基础。

本书既适合作为本科、高等职业院校及中职学校计算机应用、电子商务、艺术设计、数字媒体设计、视觉传达专业、装潢设计专业的教材，也可作为社会培训用书。

图书在版编目（CIP）数据

Photoshop案例教程：微课版/周燕霞，闫晓勇主编.—2版.—北京：清华大学出版社，2022.7
（2024.8重印）
ISBN 978-7-302-60670-3

Ⅰ.①P… Ⅱ.①周… ②闫… Ⅲ.①图像处理软件—教材 Ⅳ.①TP391.413

中国版本图书馆CIP数据核字(2022)第068421号

责任编辑：张龙卿
封面设计：徐日强
责任校对：刘 静
责任印制：丛怀宇

出版发行：清华大学出版社
网 址：https://www.tup.com.cn，https://www.wqxuetang.com
地 址：北京清华大学学研大厦A座 **邮 编：**100084
社 总 机：010-83470000 **邮 购：**010-62786544
投稿与读者服务：010-62776969，c-service@tup.tsinghua.edu.cn
质量反馈：010-62772015，zhiliang@tup.tsinghua.edu.cn
课件下载：https://www.tup.com.cn，010-83470410
印 装 者：三河市铭诚印务有限公司
经 销：全国新华书店
开 本：185mm×260mm **印 张：**14.5 **字 数：**319千字
版 次：2018年8月第1版 2022年7月第2版 **印 次：**2024年8月第4次印刷
定 价：69.80元

产品编号：097271-01

前　言

当今社会，平面设计可谓“无处不在，无孔不入”。随着电子商务、移动端应用、电子游戏的迅猛发展，使从事平面设计方面的人员需求日益增长。而 Photoshop 作为平面设计的主要软件之一，是众多业内人士必须熟练掌握和深入学习的软件。通过本书精选的案例，再经过实战演练，大家能高效地掌握 Photoshop 软件的操作技能。

本书以 OBE 理念为引领方向，遵循学习的认知规律：驱动问题→基本技能→进阶技能→创新活动。基本理论以“必需”“够用”为度，以“应用”为主旨，突出技能培训。通过项目实训，以达到综合应用与创作的目的。

本书注重知识的迁移和应用。书中的案例充分反映 Photoshop 软件在各个行业应用的特点，并引入业界规范，使学习者更加清楚、明了地运用 Photoshop 软件进行图像的处理，形成独特的思维理念，深入挖掘工具背后隐藏的技巧。

本书循序渐进地进行案例的设计，再通过综合案例提高操作技能和上岗能力。根据实际岗位要求对案例的创意分析、业界规范、艺术创作思路、成图步骤和方法等进行分门别类地讲解，并将案例根据难易程度分阶段地提供给读者，重在实践，并产生易教易学的效果。本书学习结束，读者可通过实战演练，形成自己的作品集，为求职、就业铺平道路。

本书由周燕霞、闫晓勇担任主编并统稿，王旺迪、郑丛、陈凌云担任副主编。在本书编写过程中，参考了大量的书籍和互联网上的资料，在此，谨向这些书籍和资料的作者表示感谢。

为了便于教学，本书提供的经典设计作品及全套教学素材、精美 PPT 课件等教学资源可以从清华大学出版社网站（http://www.tup.com.cn/）免费下载使用，案例视频可以通过扫描二维码进行播放。

由于编者水平有限，书中难免存在疏漏，敬请读者批评、指正。

编　者

2022 年 3 月

目　录

第1章　图像处理基础知识

本章学习目标

- 熟悉Photoshop的安装与配置。
- 掌握图层、图像分辨率、色彩及图像文件格式。
- 掌握菜单栏、工具箱、浮动调板的组成及功能。
- 掌握文件的基本操作。
- 图像及画布的修改。
- 熟悉图层调板，熟练图层的基本操作。
- 掌握蒙版、图层混合模式的应用。

1.1　Photoshop 功能概述

1.1.1　Photoshop 的应用领域

Photoshop 是 Adobe 公司推出的一个跨平台的平面图像处理软件，是迄今为止世界上最流行的图像编辑软件，它已成为许多涉及图像处理行业的标准。

最初 Thomas Knoll 和 Thomas John 兄弟俩开发了一款名为 Display 的软件，经过多次的修改，并更名为 Photoshop。后来，Photoshop 被 Adobe 的艺术总监 Russell Brown 发现，于是 Thomas 兄弟俩就和 Adobe 建立了授权合作关系。Adobe 公司于 1990 年 2 月正式发布 Photoshop 1.0。回顾 Photoshop 1.0 到最新的 Photoshop 2021 版本的变化历程可以发现，软件功能不断升级，图像编辑能力越来越强大。

Photoshop 是图像处理软件，其优势不体现在图形创作方面。图像处理是对已有的位图图像进行编辑、加工以及运用一些特殊效果。Photoshop 应用领域涉及图像、图形、文字、视频、出版等各方面，其应用领域举例如下。

（1）平面设计是 Photoshop 应用最为广泛的领域。如我们在超市看到的商品包装，街道上看到的招贴、海报，以及图书的封面，这些具有丰富图像的平面印刷品，基本上都需要 Photoshop 软件对图像进行处理，如图 1-1 所示。

（2）Photoshop 应用于修复及处理数码照片。随着数码照片的普遍使用，Photoshop 强大的图像修饰功能在数码照片处理上也表现出色。比如修复破损的老照片，修复面部瑕疵，进行曝光度的调整等，Photoshop 都能轻松地完成。现在，各大影楼也应用 Photoshop 处理婚纱写真照片，如图 1-2 所示。

（3）影像创意是 Photoshop 的特长，通过 Photoshop 的处理可以将原本风马牛不相及的对象组合在一起，也可以使用“移花接木”的手段使图像发生巨大变化，如图 1-3 所示。

图 1-1　图书封面设计

图 1-2　影楼写真图片

图 1-3　影像创意设计

（4）在 Photoshop 中，可以将普通文字进行各种各样的艺术化处理，从而为图像增添艺术效果，如图 1-4 所示。

图 1-4　文字艺术设计

（5）随着网络的普及，网站以及淘宝页面都需要 Photoshop 来设计，以博取更多人的关注，如图 1-5 所示。

（6）在制作建筑效果图（包括许多三维场景）时，需要应用 Photoshop 润饰与调整颜色，增强画面的美感，如图 1-6 所示。

（7）Photoshop 强大的绘图功能使得很多人开始采用计算机设计工具进行插画设

计。应用 Photoshop 的绘画与调色功能，可以制作出许多美轮美奂的插画设计作品，如图 1-7 所示。

图 1-5　店铺页面设计

图 1-6　建筑效果图

图 1-7　插画设计

（8）虽然 Photoshop 的优势不体现在图形创作方面，但仍有很多设计师使用 Photoshop 制作非常精美的 Logo 作品，如图 1-8 所示。

（9）界面设计是一个新兴的领域，已经受到越来越多的软件企业及开发者的重视。在当前还没有专门用于界面设计的专业软件，因此绝大多数设计者使用的都是 Photoshop，如图 1-9 所示。

Photoshop 除了上述应用领域之外，在影视后期制作、二维动画制作、3D 模型等方面也都有所应用。

图 1-8　Logo 作品

图 1-9　界面设计

1.1.2　Photoshop 的学习方法

对于 Photoshop 初学者来说，学习方法是非常重要的。可以总结为以下几个方面。

（1）常言道“熟能生巧”，初学者要多练习，多实践，多多思考和拓展学过的功能。进行 Photoshop 的技法训练必须要有“铁杵磨成针”的毅力，只有通过大量的案例练习，才能熟练掌握 Photoshop 的基本操作，为进一步的作品创作打下坚实的基础。

（2）在积累与观察中，培养自己的创意与美感。有了 Photoshop 的基本操作技能后，无论是上街还是浏览网络，无论是看广告还是阅读出版物，都应从平面设计的角度去分析你所看到的。博采众长之后，你的设计创意与美感会非常自然地体现在作品中。

（3）兴趣是最好的老师。可以通过论坛、QQ 群等渠道去结识一些同样热爱 Photoshop 的朋友。不论你是取经，还是点拨他人，这些交流无疑会成为你继续学习的动力。

（4）随着学习的深入，对于自己做过的一些作品，好的笔刷、样式以及图案等都要做合理的分类整理。

（5）实践出真知。有了 Photoshop 设计基础后，就可以通过一些外包网站，承接一些平面设计方面的任务，让自己的能力在不断的创作中得到进一步的提升。

1.1.3　Photoshop 2021 界面介绍

Photoshop 2021 的操作界面主要由文档标题、菜单栏、工具属性栏、浮动调板、工具箱、图像窗口、状态栏等组成。Photoshop 2021 的操作界面如图 1-10 所示。部分功能介绍如下。

（1）菜单栏：包括了常用的操作命令。

（2）工具属性栏：工具属性栏可以对工具进行设置，根据选择的工具不同，工具属性栏也会相应地发生变化。例如，图 1-10 中选择了画笔工具，工具属性栏就会显示画笔工具的一些属性参数的设置情况。

（3）浮动调板：通过浮动调板，可以对图像进行一部分的编辑工作。主要的几个浮动调板有图层、通道、路径、历史记录等。可以单击“窗口”菜单中的相应命令，显示或隐藏某个浮动调板，也可以对调板位置进行复位。

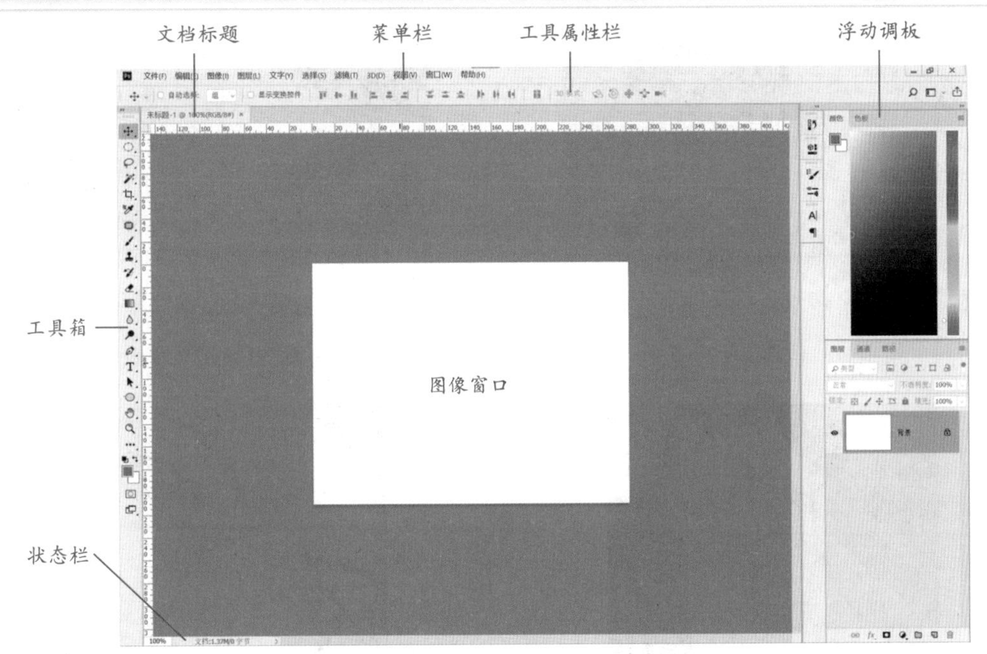

图 1-10 Photoshop 2021 的操作界面

(4) 工具箱：工具箱中集合了图像处理过程中使用最频繁的工具，是 Photoshop 比较重要的功能。在工具箱中可以单击选择需要的工具；单击并长按工具按钮，可以打开该工具对应的隐藏工具。在本书后续的案例讲解中，将会介绍工具的使用方法。

(5) 图像窗口：每个已经打开的图像都显示在图像窗口中。在编辑时，如果图像超出了图像窗口，超出部分的图像将不被显示。在图像窗口上方的文档标题中包含文件名称、图像显示比例、当前所在图层及其色彩模式和位深度等信息。

在 Photoshop 中编辑图像一般要先观察图像窗口，然后看图层调板中的当前图层是否为应该操作的图层，接下来根据编辑要求选择适合的工具，再在工具属性栏对这个工具进行必要的参数设置。如此重复，直到最后完成图像的编辑，并保存操作结果。

1.1.4 相关概念

在 Photoshop 中编辑图像后，源文件保存的格式为 PSD。PSD 格式的文件是 Photoshop 原始的图像文件，包含所有的 Photoshop 处理信息，如图层、文本、渲染效果等。PSD 格式还保存有图层、色板、路径，以及一些调整图层等（目前无法保存相关的历史记录）。

在平面设计中所使用的图像主要有位图和矢量图两类。位图又称光栅图，是由许多单独的像素点组成的，每个像素点都有特定的位置和颜色值。因此，位图图像放大后会出现马赛克现象。比如，位图图像放大前后对比效果如图 1-11 和图 1-12 所示。位图图像的色彩极为丰富，Photoshop 就是一款基于位图的图像编辑软件。

矢量图是基于图形的几何特征来描述的图像，因此矢量图所占的容量较少。与位图不同的是，矢量图像放大后不失真，但矢量图色彩不够丰富。矢量图放大前后对比效果如图 1-13 和图 1-14 所示。

图 1-11　位图原始的效果

图 1-12　位图放大后的效果

图 1-13　矢量图原始的效果

图 1-14　矢量图放大后的效果

每单位长度上的像素个数称为图像的分辨率，简单理解就是计算机的图像给观者的清晰度。在“新建”对话框中，需要设置文档的分辨率数值。一般来说，用于计算机显示的图像，分辨率设为 72 像素 / 英寸。但如果图像需要印刷或打印，则在编辑时，分辨率最好设为 300 像素 / 英寸及以上，才不致影响印刷效果。如果图像尺寸大、分辨率高，则文件较大，所占内存也较大，计算机处理速度会变慢；相反，任意一个因素减少，计算机的处理速度都会加快。

图像的常用颜色模式有 RGB 颜色模式、CMYK 颜色模式、灰度模式等。在“新建”对话框中可以通过下拉列表框选择文档的颜色模式。其中 RGB 颜色模式又叫加色模式，是屏幕显示的最佳颜色，由红、绿、蓝三种颜色组成，每一种颜色可以有 0 ～ 255 的亮度变化。CMYK 颜色模式由青色、洋红色、黄色和黑色组成，又叫减色模式。一般打印输出及印刷都是这种模式，所以打印图片一般都采用 CMYK 模式。灰度模式只用黑色和白色显示图像，像素中的值为 0 表示黑色，值为 255 表示白色。

1.2　相 关 知 识

1.2.1　文件操作

1．新建文件

在 Photoshop 中，如果开始制作一张新图像，就需要在 Photoshop 中新建一个文件。在“文件”菜单中选择“新建”命令或按 Ctrl+N 组合键，可以打开“新建文档”对话框，如图 1-15 所示，该对话框中可以设置文件的名称、尺寸、分辨率和颜色模式等。

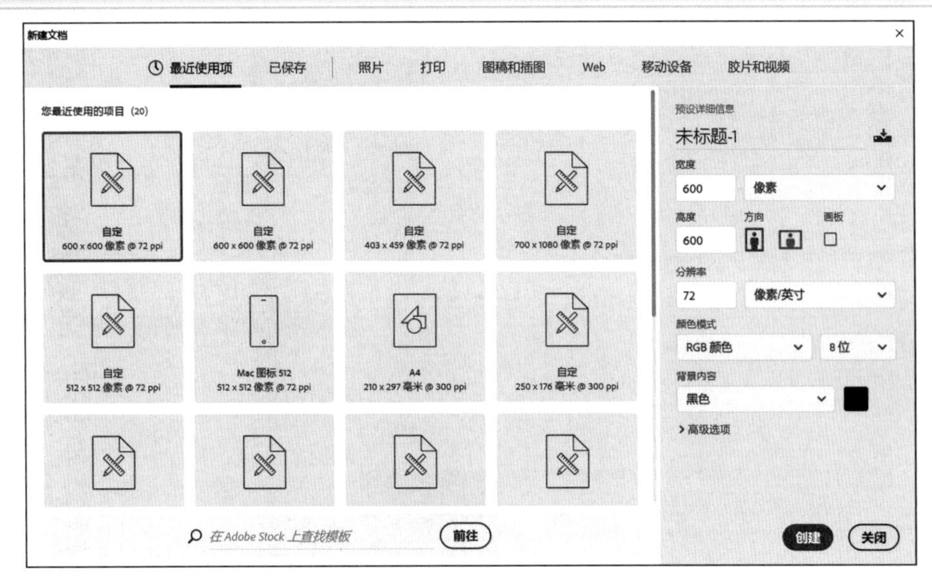

图 1-15 “新建文档”对话框

“名称”选项设置文件的名字,默认情况下的文件名为“未标题 -1”。如果新建文件时没有对文件进行命名,可以在“文件”菜单中选择“存储为”命令对文件进行命名。

在该对话框中可以通过“照片”、Web、“移动设备”及“胶片和视频”等选项卡快速设置新建文档的尺寸和分辨率。

“大小”选项用于设置预设类型的大小。

“宽度”和“高度”选项设置文件的宽度和高度,其单位有“像素”“英寸”“毫米”“点”“派卡”和“列”等。

“分辨率”选项用来设置文件分辨率的大小,其单位有“像素 / 英寸”“像素 / 厘米”两种。如果仅仅用于屏幕显示,则分辨率为 72 像素 / 英寸就可以了;如果用于印刷,分辨率最好为 300 像素 / 英寸及以上。在一般情况下,分辨率越高,印刷出来的成品的质量就越好。

“颜色模式”选项设置文件的颜色模式及相应的颜色深度。

“背景内容”选项有“白色”“背景色”和“透明”三种可供选择。

“颜色配置文件”选项用于设置新建文件的颜色配置。

“像素长宽比”选项用于设置单个像素的长宽比例。通常情况下保存默认的“方形像素”即可,如果需要应用于视频文件,则需要进行相应的更改。

可以单击“存储预设”按钮,将这些设置存储到预设列表中。

如果新建的文档不符合要求,可以在“图像”菜单中选择“图像大小”,打开“图像大小”对话框进行调整。该对话框可以保证像素大小不变,对分辨率进行改变;也可以重定图像像素,会产生一定的模糊效果,如图 1-16 所示相同尺寸下,分辨率越低,单个像素的宽和高就越大,马赛克现象越明显,图像就越模糊;相反,分辨率越高,单个像素的宽和高就越小,图像就越清晰。

如果新建的文档宽高度设置不合理,可以在“图像”菜单中选择“画布大小”进行调整,如图 1-17 所示。在“画布大小”对话框中,输入特定的宽度和高度数值,并在九宫格里单击可定位,就可以改变画布的大小了。

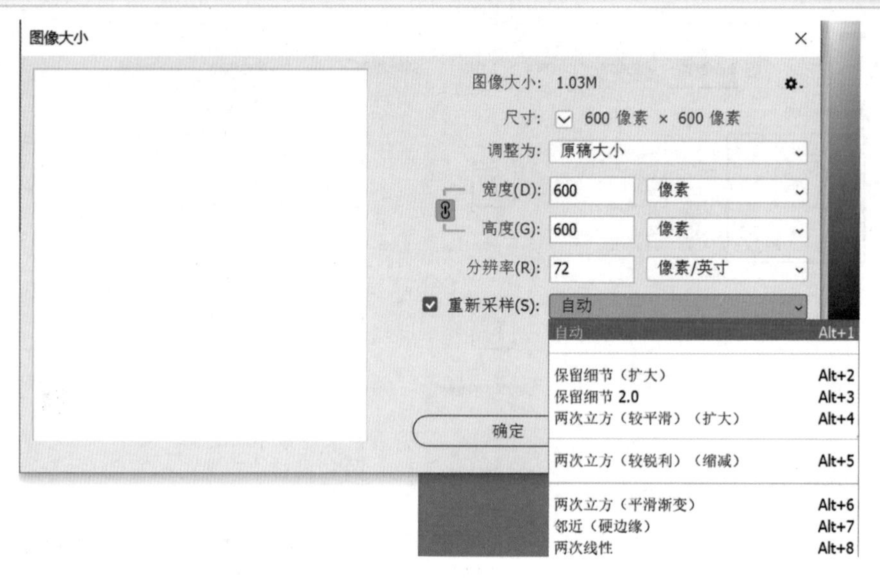

图 1-16 “图像大小”对话框

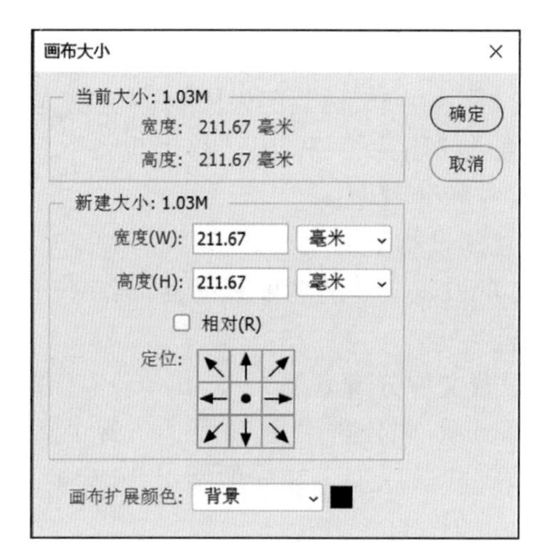

图 1-17 “画布大小”对话框

2．保存文件

如果打开的是 JPG 文件，且没有添加任何图层命令，在“文件”菜单中选择“存储”命令，存储时默认为还是 JPG 文件。其他情况下存储都是保存成 PSD 文件格式（Photoshop 源文件格式）。

如果想要保存成一般的图片，就需要用“文件”菜单中的“存储为”命令，然后在“保存类型”下拉框中选择 JPG、PDF、BMP 等，这三种是便于浏览的压缩图像。如有特殊需要，也可保存成 TIF、EPS 等无损图像和矢量图。

“文件”菜单中的“导出”命令一般是用来保存成动态图，即 GIF 格式；或者保留透明背景的 PNG 文件格式。

一般做完设计任务，应该先选择“存储”命令，应保存成 PSD 文件，以便以后更改方便，也可保留图层信息，然后选择“存储为”命令，保存为 JPG 格式，便于查看效果和网络传播。

在 Photoshop 2021 中有自动保存功能，为了防止意外造成文件丢失，可以先设置暂存盘的自动储存和恢复保存。具体做法是：在“编辑”菜单中选择“首选项”中的“性能”，一般来说，计算机中哪个盘符空间最大，就设置成 Photoshop 缓存文件的存放位置。

在“编辑”菜单中选择“首选项”中的“文件处理”命令，在这里有一个“自动储存恢复信息的间隔”选项，可以选择自己认为合适的间隔，时间间隔越小，意外退出时损失也越少，但这同时会消耗更多的系统资源。一旦发生意外，重新打开 Photoshop 软件，会自动加载最后一次的自动存储，文件名后面带有“恢复的”字样。在“文件”菜单中选择“存储为”命令，立即保存这个被恢复的 PSD 文件，以便挽回损失。

1.2.2 颜色模式

颜色模式贯穿 Photoshop 体系脉络的全过程。在“图像”菜单中选择“模式”命令，可以切换编辑文档颜色模式。

1. RGB 颜色模式

RGB 颜色模式是 Photoshop 中最常用的模式，也被称为真彩色模式。在 RGB 模式下显示的图像质量最高，因此成为 Photoshop 的默认模式，并且 Photoshop 中的许多效果都需在 RGB 模式下才可以生效。

RGB 颜色模式主要是由 R（红）、G（绿）、B（蓝）三种基本色相加进行配色，并组成了红、绿、蓝三种颜色通道，每个颜色通道包含了 8 位颜色信息，每一个信息是用 0 ~ 255 的亮度值来表示，因此这三个通道可以组合产生 1670 多万种不同的颜色。所以在打印图像时，不能打印 RGB 模式的图像，这时需要将 RGB 模式下的图像更改为 CMYK 模式。如果将 RGB 模式下的图像进行转换，可能会出现丢色或偏色现象。

2. HSB 颜色模式

HSB 颜色模式的建立主要是基于人类感觉颜色的方式，人的眼睛并不能够分辨出 RGB 模式中各基色所占的比例，而是只能够分辨出颜色种类、饱和度和强度。HSB 颜色就是依照人眼的这种特征，形成了自身符合人类可以直接用眼睛就能分辨出来颜色的直观法。它主要是将颜色看作由色相（Hue）、饱和度（Saturation）、明亮度（Brightness）组成。

色相指的是由不同波长给出的不同颜色区别特征，如红色和绿色具有不同的色相值。饱和度指颜色的深浅，即单个色素的相对纯度，如红色可以分为深红色、洋红色、浅红色等。明亮度用来表示颜色的强度，它描述的是物体反射光线的数量与吸收光线数量的比值。HSB 模式是通过 0 ~ 360° 的角度来表示的，就像是一个带有颜色的大风轮，每转动一点，其颜色就根据这个圆周角度进行符合一定规律的变化。

3. CMYK 颜色模式

CMYK 颜色模式也是常用的一种颜色模式，当对图像进行印刷时，必须将它的颜色模式转换为 CMYK 模式。因此，此模式主要应用于工业印刷方面。CMYK 模式主要是由 C（青色）、M（洋红色）、Y（黄色）、K（黑色）四种颜色相减而配色的。因此它也组成了青、洋红、黄、黑四个通道，每个通道混合而构成了多种色彩。

由于在 CMYK 模式下 Photoshop 的许多滤镜效果无法使用，所以一般都使用

RGB 模式，只有在即将进行印刷时才转换成 CMYK 模式，这时的颜色可能会发生改变。

4. 灰度模式

灰度模式下的图像只有灰度，而没有其他颜色。每个像素都是以 8 位或 16 位颜色表示。如果将彩色图像转换成灰度模式后，所有的颜色将被不同的灰度所代替。

5. 位图模式

位图模式是用黑色和白色来表现图像的，不包含灰度和其他颜色，因此它也被称为黑白图像。如果将一幅图像转换成位图模式，应首先将其转换成灰度模式。

6. 双色调模式

在打印时都要用到 CMYK 模式，即四色模式，但有时图像中只包含两种色彩及其所搭配的颜色，因此为了节约成本，可以使用双色调模式。

7. Lab 颜色模式

Lab 颜色模式是 Photoshop 的内置模式，也是所有模式中色彩范围最广的一种模式，所以在进行 RGB 与 CMYK 模式的转换时，系统内部会先转换成 Lab 模式，再转换成 CMYK 颜色模式。但一般情况下，很少用到 Lab 颜色模式。

Lab 模式是以亮度（L）、a（由绿色到红色）、b（由蓝色到黄色）三个通道构成的。其中 a 和 b 的取值范围都是 -120 ～ 120。如果将一幅 RGB 颜色模式的图像转换成 Lab 颜色模式，大体上不会有太大的变化，但会比 RGB 颜色更清晰。

8. 多通道模式

当在 RGB、CMYK、Lab 颜色模式的图像中删除了某一个颜色通道时，该图像就会转换为多通道模式。一般情况下，多通道模式用于处理特殊打印。它的每个通道都为 256 级灰度通道。

9. 索引颜色模式

索引颜色模式主要用于多媒体的动画以及网页上面。它主要是通过一个颜色表存放其所有的颜色，如果使用者在查找一个颜色时，这种颜色表里面没有，那么程序会自动为其选出一个接近的颜色或者是模拟此颜色。不过需要提及的一点是，它只支持单通道图像（8 位 / 像素）。

1.2.3 颜色设置与拾色器

在 Photoshop 工具箱中，有四个按钮可以设置颜色，如图 1-18 所示。一般来说，按 Alt+Delete 组合键可以对选区或图层填充前景色；按 Ctrl+Delete 组合键可以对选区或图层填充背景色；按 D 键可以将前景色设置为纯黑色，背景为纯白色；按 X 键可以将前景色与背景色对换。

单击“前景色”或“背景色”按钮，可以打开“拾色器”对话框，如图 1-19 所示。在 Photoshop 中的“拾色器”对话框中，可以允许使用者能够在一个界面上同时看到四种颜色模式的颜色值，它们所代表的是每一种颜色都有四种表达方式，只要其中任意模式的颜色值有过修改，其颜色的创建都会受到影响。

纯黑色 RGB 值为 #000000，纯白色 RGB 值为 #ffffff，纯红色 RGB 值为 #ff0000，纯绿色 RGB 值为 # 00ff00，纯蓝色 RGB 值为 # 0000ff。

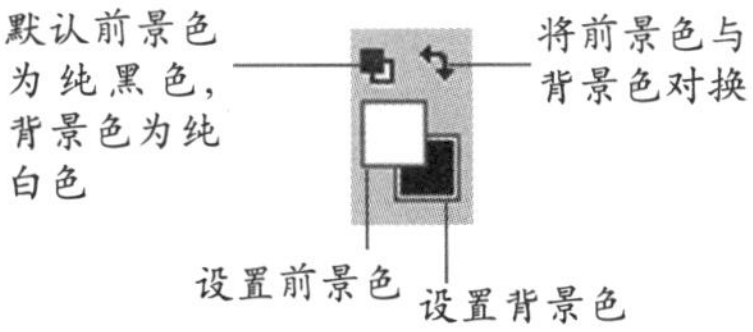

默认前景色为纯黑色，背景色为纯白色

将前景色与背景色对换

设置前景色

设置背景色

图 1-18　设置颜色

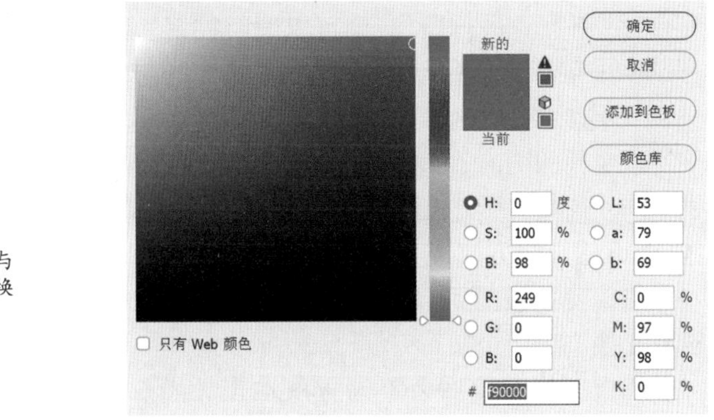

图 1-19　“拾色器”对话框

1.2.4　变换操作

对图像进行变换，也是经常的操作之一。在 Photoshop 的“编辑”菜单中选择“变换”命令，可以对图层对象进行缩放、旋转、斜切、透视、扭曲、变形、旋转（90°倍数）、翻转等变形操作。按 Ctrl+T 组合键可以进行自由变换操作。操作对象周围会出现变形边界，如图 1-20 所示。“变换”工具属性栏如图 1-21 所示。

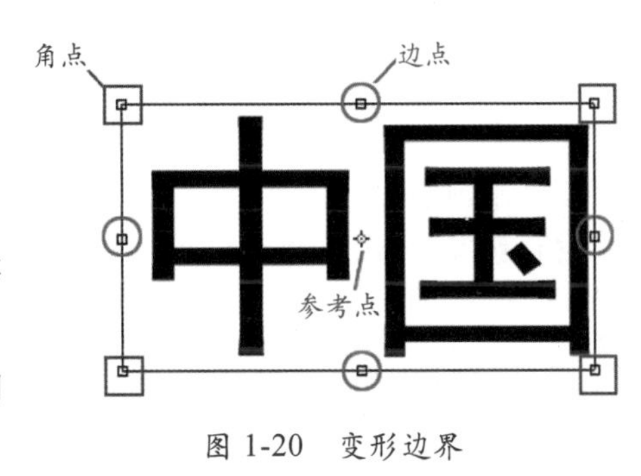

图 1-20　变形边界

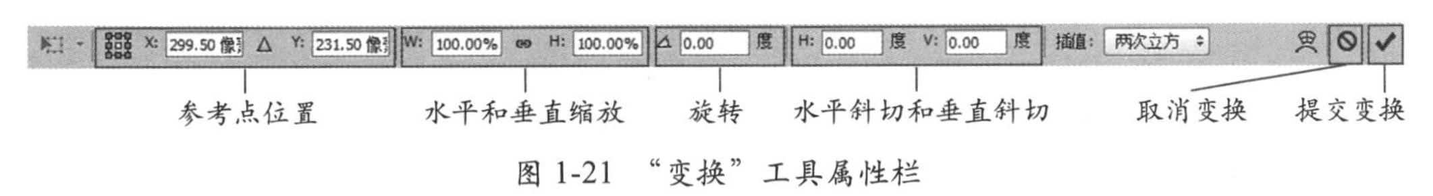

图 1-21　“变换”工具属性栏

可以在“变换”工具属性栏中输入数值完成相应的变换操作。默认情况下，参考点是中心位置。可以单击九宫格来改变参考点位置，也可以手动输入参考点位置。使用 W 和 H 进行缩放功能。旋转角度如果为正值，则顺时针旋转，负值为逆时针方向旋转。V 和 H 值负责水平斜切和垂直斜切。

也可以通过鼠标操纵变形边界来完成变换操作，如图 1-22 所示。

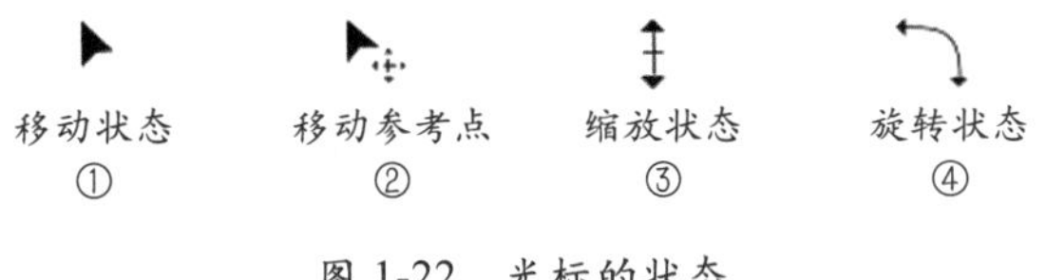

图 1-22　光标的状态

- 当鼠标光标移动到变形边界以内时，光标呈①状态时，可以移动变换操作对象的位置。
- 当鼠标光标移动到参考点上时，光标呈②状态时，可以移动参考点位置。
- 当鼠标光标移动到变形边界上时，光标呈③状态时，可以对操作对象进行缩放

变换。如果是对“边点”进行操作，只能控制长或宽的缩放变换；如果是对“角点”进行操作，则可以同时控制长和宽的缩放变换。

- 当鼠标光标移动到变形边界以外时，光标呈④状态时，可以对操作对象进行旋转变换。

在变换的同时，可以按辅助功能键 Ctrl、Shift、Alt。其中 Ctrl 键控制自由变换，如果操作“边点”，则进行的是斜切操作；如果操作的是“角点”，则进行的是任意变形操作。Shift 键控制方向、角度和等比例放大缩小。Alt 键控制以参考点为中心的对称变形。

完成变换设置后，需要单击工具属性栏中的“提交变换”按钮或按 Enter 键，以应用变换。

进行变换操作后会不同程度地损坏图片的像素，可以先将图片转化为智能对象（在“图层”调板的图层空白处右击，选择“转换为智能对象”命令），再执行相应的变换命令。

1.2.5 图层

引入“图层”，是因为分层绘制的作品具有很强的可修改性。比如，在一张张透明的玻璃纸上作画，透过上面的玻璃纸可以看见下面玻璃纸上的内容，但是无论在上一层如何涂画都不会影响到下面的玻璃纸，上面一层会遮挡住下面的图像。最后将玻璃纸叠加起来，通过移动各层玻璃纸的相对位置或者添加更多的玻璃纸即可改变最后的合成效果。

在“窗口”菜单中选择“图层”或按 F7 键可以打开“图层”调板。对图层的操作可以在“图层”调板中完成。“图层”调板如图 1-23 所示。

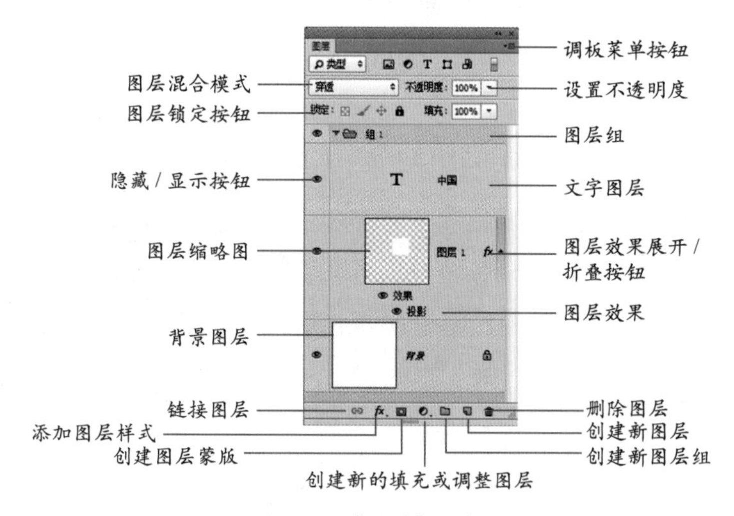

图 1-23 “图层”调板

Photoshop 中的图层可以分为普通层、背景层、文字层、调节层、效果层、图形层、图层组、图层蒙版、图层剪贴组。

- 调节层是图案、颜色、渐变填充和色阶、可选颜色等叠加的调整图层，会作用到下面的全部图层，但不破坏原有图层。不满意可以删去重做。
- 效果层是添加“图层样式”后产生的图层，它分层展现样式施加在图层上的效果。

- 图层组可以有效地组织和管理各个图层。图层组中所管理的所有图层对象，可以进行整体变换和移动操作。
- 图层蒙版可以理解为在当前图层上面覆盖一层玻璃片，这种玻璃片有透明的、半透明的、完全不透明的。然后用各种绘图工具在蒙版上涂色，涂黑色的地方蒙版变为不透明的，看不见当前图层的图像；涂白色则使涂色部分变为透明的，可看到当前图层上的图像；涂灰色使蒙版变为半透明，透明的程度由涂色的灰度深浅决定。蒙版是 Photoshop 中一项十分重要的功能，最大好处就是可以避免对原始素材的破坏。
- 图层剪贴组又称“剪贴蒙版”，也就是把上方图层的内容在下方基底图层的对象中显示。

如果要复制图层，可以按 Ctrl+J 组合键来完成。按 Ctrl+E 组合键可以合并所选图层，还可以将所选择的图层组成一个图层组。

一般建立的文字图层、形状图层、矢量蒙版和填充图层之类的图层，就不能在它们的图层上再使用绘画工具或滤镜进行处理了。如果要在这些图层上继续操作，就要使用“栅格化图层”命令，该命令可以将这些图层的内容转换为平面的光栅图像。在所选图层的空白处右击，可以选择“栅格化...”命令。

利用“图层样式”功能可快速生成阴影、浮雕、发光等效果。在“图层效果”上右击，对“图层样式”可以进行复制、粘贴、清除等操作。

所谓“图层混合模式”，就是指一个层与其下图层的色彩叠加方式，默认使用的是“正常”模式。除了“正常”以外，还有很多种混合模式，它们都可以产生迥异的合成效果。

1.2.6　首选项的设置

在 Photoshop 中，选择“编辑”菜单中的“首选项”命令或按 Ctrl+K 组合键可以打开“首选项”界面，如图 1-24 所示。

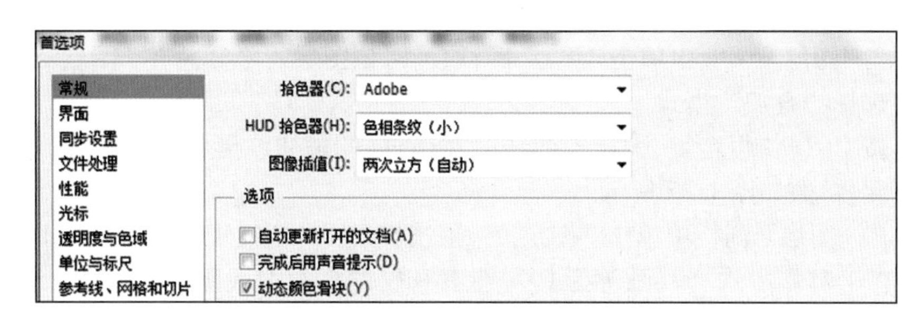

图 1-24 “首选项”界面

- “界面”页面设置包括屏幕颜色、字体大小以及其他一些选项。
- “文件处理”页面可以进行文件存储选项的设置。
- “性能”页面主要是设置暂存盘、历史记录、高速缓存及内存使用情况，并可设置图形处理器。
- “单位与标尺”页面，以及“参考线、网格和切片”页面可以设置标尺单位、网格大小等。

1.3 制作童年艺术照

1.3 制作童年艺术照.mp4

随着数码相机、手机摄像的普及，我们拥有了很多生活照。本案例用滤镜、图层混合模式以及调色等操作将一张非常普通的生活照片处理成艺术照，具体实现步骤如下。

（1）在 Photoshop 中打开素材图片“童年.jpg”，如图 1-25 所示。

（2）在“图层”调板中，按 Ctrl+J 组合键复制背景图层。再双击背景图层，对该图层进行解锁操作。

（3）在“图层”调板中，单击“图层 1”前的 按钮，隐藏该图层。然后单击“图层 0”，按 Ctrl+B 组合键，弹出“色彩平衡”对话框，参数设置如图 1-26 所示，可以改变该图层的图像色彩。

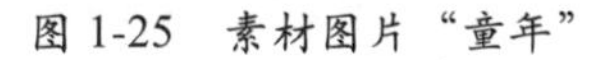

图 1-25 素材图片“童年”

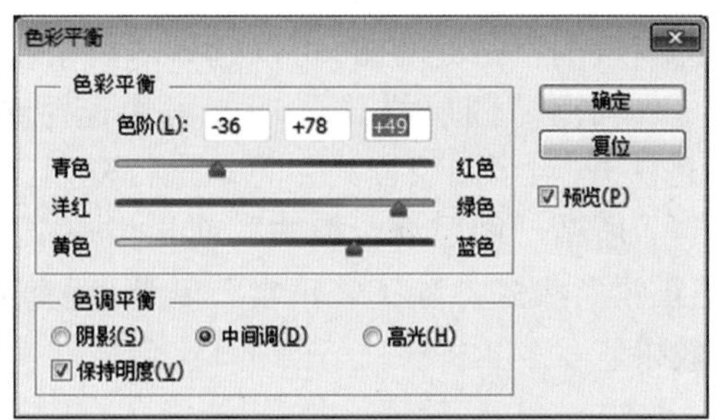

图 1-26 “色彩平衡”对话框

（4）在“滤镜”菜单中选择“模糊”中的“高斯模糊”命令，在弹出的“高斯模糊”对话框中将半径值设置为“4.5 像素”。

（5）在“图层”调板中单击“图层 1”，取消对该图层的隐藏。在“图层混合模式”下拉框中选择“叠加”模式。

（6）按 Ctrl+M 组合键，弹出“曲线”对话框，调整曲线形状为上弦线，可调整该图层的亮度，参数如图 1-27 所示。

（7）在“图层”调板中单击“图层 0”，单击“图层”调板下方的“添加图层蒙版”按钮，在工具箱中选择“画笔工具”，在工具属性栏中设置画笔大小为 45，画笔硬度为 0，在工具箱中将前景色设置为纯黑色。在蒙版上儿童所在的地方进行涂抹，如图 1-28 所示。

（8）在“图层”调板中单击“图层 1”，单击“图层”调板下方的“创建新图层”按钮，新建了一个空白的图层。在工具箱中选择“画笔工具”，画笔硬度为 0，大小用键盘上的“[”和“]”键来调节。在工具箱中将“前景色”设置为金黄色，在空白图层上进行绘制，如图 1-29 所示。

（9）在“图层”调板中单击“图层 2”，在“图层混合模式”下拉框中选择“叠加”模式。调整图层不透明度为 65%，效果如图 1-30 所示。

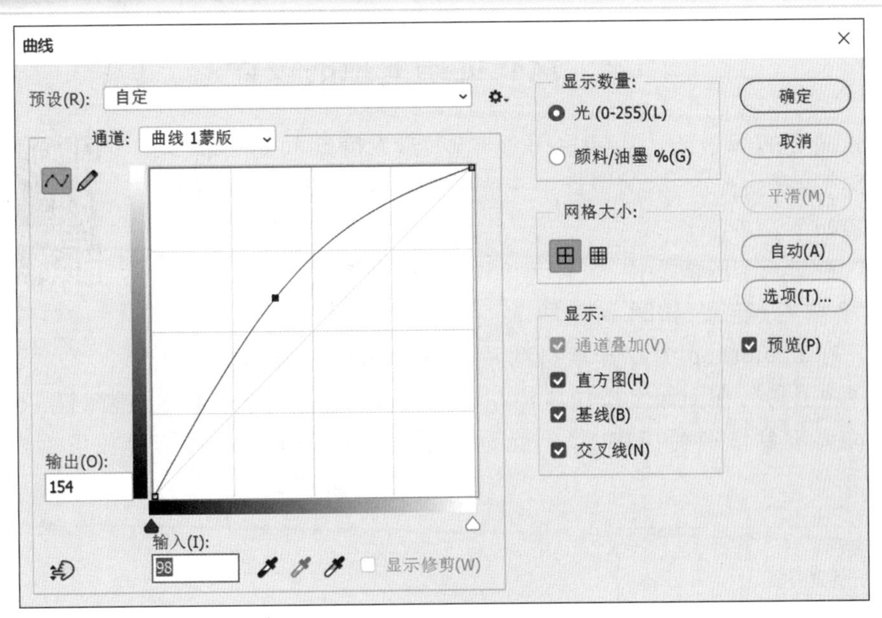

图 1-27　“曲线”对话框

图 1-28　添加图层蒙版

图 1-29　用画笔绘制

图 1-30　童年艺术照效果

1.4　疯狂促销海报的设计

1.4　疯狂促销海报的设计.mp4

一张漂亮的海报能让店铺显得更专业，激发顾客的购买欲、增加顾客购买的信心。本案例设计了一张色彩绚丽的店铺活动海报，实现步骤如下。

（1）新建一个图像文件，宽度为 950 像素，高度为 400 像素，分辨率为 72 像素 / 英寸，如图 1-31 所示。

（2）在 Photoshop 中打开素材图片“背景 .jpg”。在工具箱中选择“移动工具”，在图像上按住鼠标左键不放，移动光标到“疯狂促销海报”标题栏，然后移动光标到图像窗口中，直到光标右下角出现一个“加号”，释放鼠标左键，如图 1-32 所示。

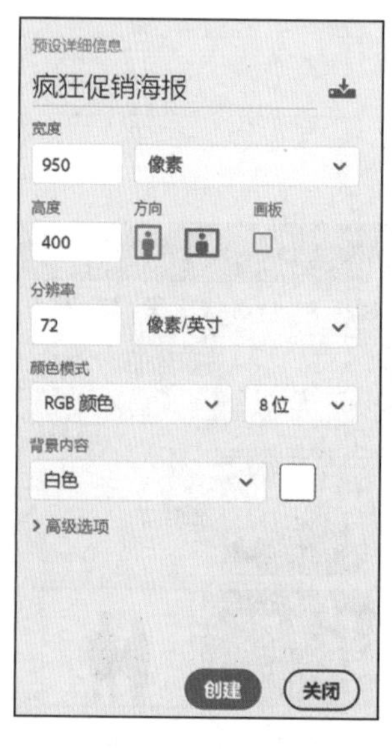

图 1-31　新建一个图像文件

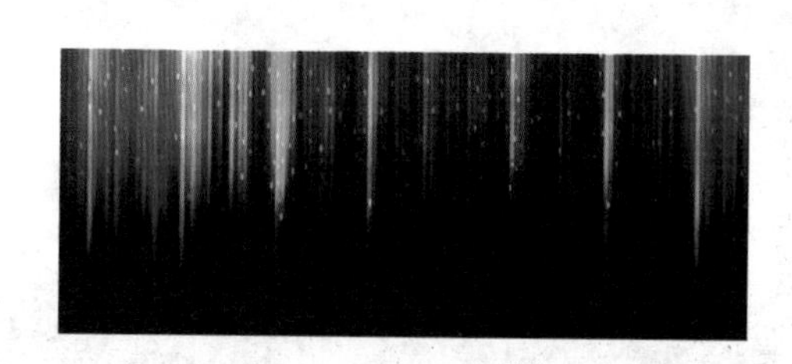

图 1-32　素材图片的背景

（3）安装“经典特宋简”字体。在素材文件夹中双击“经典特宋简 .TTF”字体文件，打开字体文件，如图 1-33 所示。单击左上角的“安装”按钮，完成字体的安装。

图 1-33　安装字体

（4）在工具箱中选择“横排文字工具”，在工具属性栏中选择“经典特宋简”字体，设置字体大小为 100 点、颜色为白色。在图像窗口中单击，输入文字“年终疯狂购”。用鼠标选中这几个文字，按住 Alt 键不放，连续按键盘上的“向右”箭头键，可以增大文字间的间距，如图 1-34 所示。

提示：按住Alt键不放，连续按键盘上的“向左”箭头键，可以减小文字间的间距。

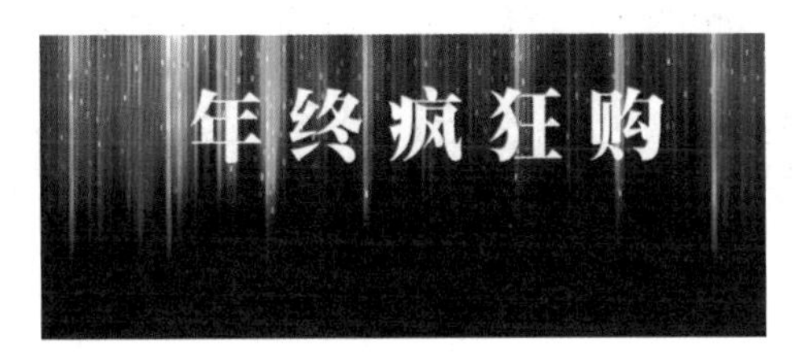

图 1-34　输入文字

(5) 在工具箱中选择“自定义形状”工具，在工具属性栏中选择“像素”，在形状中选择“花 2”，如图 1-35 所示。

图 1-35　“自定义形状”工具属性栏

(6) 在“图层”调板中，单击底部的“创建新图层”按钮，新建一个图层。在工具箱中将前景色设置为白色，在图像窗口中按住鼠标左键不放，拖动鼠标即可完成花朵的绘制。在工具箱中选择“移动工具”，将绘制的花朵移至“年”字的上方，如图 1-36 所示。

(7) 在工具箱中选择“自定义形状”工具，在工具属性栏中选择“像素”，在形状中选择“花型装饰 3”。在“图层”调板中，单击底部的“创建新图层”按钮，新建一个图层。在工具箱中将前景色设置为白色，在图像窗口中绘制另一个花朵图案。在菜单中选择“编辑”“变换”“垂直翻转”命令。按 Ctrl+T 组合键，花朵周围出现八个控制点，当鼠标光标移动到四个角上的控制点外侧时，可以对图像进行适当的旋转，如图 1-37 所示。

图 1-36　添加花朵装饰 1

图 1-37　添加花朵装饰 2

(8) 在“图层”调板中，单击底部的“创建新图层”按钮，新建一个图层。在工具箱中选择“矩形选框工具”，在图像窗口中绘制一个矩形选区。在工具箱中将前景色设置为白色，按 Alt+Delete 组合键，将选区填充为白色，如图 1-38 所示。

(9) 在“图层”调板的上方，将该图层的不透明度设置为 50%。单击“图层”调板底部的按钮，为该图层添加图层蒙版。在工具箱中选择“画笔工具”，在工具属性栏中设置“柔边缘”样式，大小为 250。将前景色设置为纯黑色，在矩形的两边进行绘制，如图 1-39 所示。

(10) 在工具箱中选择“横排文字工具”，在工具属性栏中选择“黑体”字体，设置字体大小为 46 点，颜色为黄色。在图像窗口中单击，输入文字“全场　折包邮”。用

图 1-38　绘制白色矩形

图 1-39　添加图层蒙版

鼠标选中这几个文字，按住 Alt 键不放，连续按键盘上的“向左”箭头键，可以缩小文字间的间距，如图 1-40 所示。

（11）在工具箱中选择“横排文字工具”，在工具属性栏中选择“黑体”字体，设置字体大小为 160 点，颜色为黄色。在图像窗口中单击，输入文字“5”。

（12）在“图层”调板中，单击“5”图层，单击图层调板底部的 fx. 按钮，为该图层选择“投影”图层样式，如图 1-41 所示。

图 1-40　添加文字

图 1-41　添加数字

（13）在 Photoshop 中打开素材图片“卡通 1.jpg”。在工具箱中选择“移动工具”，将其移动到本文档中。按 Ctrl+T 组合键进行适当的大小缩放和位置改变，如图 1-42 所示。

（14）在 Photoshop 中打开素材图片“卡通 2.jpg”。在工具箱中选择“移动工具”，将其移动到本文档中。按 Ctrl+T 组合键进行适当的大小缩放和位置改变。单击图层调板底部的 fx. 按钮，为该图层选择“外发光”图层样式，最终效果如图 1-43 所示。

图 1-42　添加素材

图 1-43　海报最终效果

1.5　制作莲花宝宝

“快速选择工具”可以通过调整画笔的笔触、硬度和间距等参数并单击或拖动鼠标来快速创建选区。拖动时，选区会向外扩展并自动查找和跟随图像中定义的边缘。它是一个非常好用而且操作简单的选取工具。本案例将可爱宝宝与莲花融合在一起，具体实现步骤如下。

（1）在 Photoshop 中打开素材图片“荷花.jpg”，如图 1-44 所示。

1.5 制作莲花宝宝.mp4

（2）在 Photoshop 中打开素材图片“宝宝 1.jpg”，在工具箱中选择“快速选择工具”，在工具属性栏中单击按钮，在图像上的宝宝区域按住鼠标左键不放，移动鼠标。用“快速选择工具”勾勒出来的部分会出现一个滚动的虚线框，在这个虚线框里面的部分是被选择的对象，在这个虚线框外面的部分是未被选择的图像，建立选区如图 1-45 所示。抠图的时候，笔触可调大或调小来满足抠图的需要。笔触调整的快捷方式是在英文输入法前提下按住键盘上的“[”和“]”键来调节。如果在勾勒的过程中不小心选取了多余的部分，只需选择工具属性栏中的按钮，按住鼠标左键，移动笔触到多选的地方，就可以减选了。如果单击工具属性栏中的按钮，则可以进行加选操作。

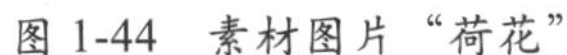
图 1-44 素材图片“荷花”

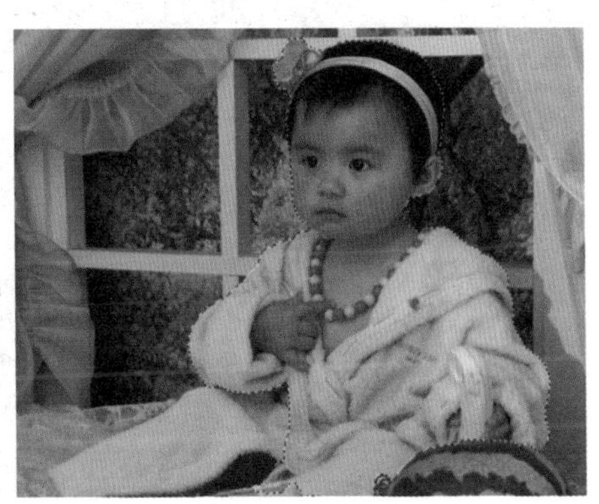

图 1-45 素材图片“宝宝 1”

（3）在工具箱中选择“移动工具”，在选区中按住鼠标左键不放，移动鼠标光标到“荷花.jpg”标题栏，然后再移动光标到“荷花”图像窗口中，直到光标右下角出现一个“加号”，释放鼠标左键。

（4）按 Ctrl+T 组合键，宝宝图像周围出现八个控制点，即可对宝宝图像进行缩放操作。按住 Shift 键的同时，鼠标光标移动到四个角上的任意控制点，可以对图像进行等比例放大或缩小操作。当鼠标光标移动到控制点内部时，可以移动图像的位置。当鼠标光标移动到四个角上的控制点外侧时，可以对图像进行适当的旋转。对宝宝图像进行缩小旋转后，如图 1-46 所示。

（5）在“图层”调板中单击“图层 1”（宝宝图像）前的按钮，隐藏该图层，然后单击背景图层。在工具栏中选择“快速选择工具”，勾画如图 1-47 所示选区。

（6）在“图层”调板中单击“图层 1”，取消该图层的隐藏。单击“图层”调板底部的按钮，为该图层添加图层蒙版。按 Ctrl+I 组合键，对蒙版进行“反相”操作，如图 1-48 所示。

（7）在 Photoshop 中打开素材图片“宝宝 2.jpg”，在工具箱中选择“快速选择工具”，勾画如图 1-49 所示选区。

（8）在工具箱中选择“移动工具”，将选区图像移动到“荷花”图像中。按 Ctrl+T 组合键对该图层图像进行适当缩放与旋转，如图 1-50 所示。

图 1-46　移动图像

图 1-47　用“快速选择工具”选取荷叶 (1)

图 1-48　添加图层蒙版

图 1-49　素材图片“宝宝 2”

（9）在“图层”调板中单击“图层 2”（宝宝图像）前的 按钮，隐藏该图层。然后单击背景图层，在工具栏中选择“快速选择工具”，勾画如图 1-51 所示选区。

图 1-50　添加素材图像

图 1-51　用“快速选择工具”选取荷叶 (2)

（10）在“图层”调板中单击“图层 2”，取消该图层的隐藏。单击“图层”调板底部的 按钮，为该图层添加图层蒙版。按 Ctrl+I 组合键，对蒙版进行“反相”操作，最终效果如图 1-52 所示。

图 1-52　莲花宝宝

1.6　给人物图片加上时尚背景

1.6　给人物图片加上时尚背景 .mp4

“画笔工具”是 Photoshop 中非常重要的一个工具。本案例用“画笔工具”与“滤镜”，为舞者添加了一个颇具时尚的背景，具体实现步骤如下。

（1）新建一个图像文件，宽度为 6 英寸，高度为 10 英寸，分辨率为 300 像素 / 英寸，如图 1-53 所示。

（2）将前景色设置为黑色，按 Alt+Delete 组合键将背景填充为黑色。

（3）在 Photoshop 中打开素材图片“舞者 .psd”，在工具箱中选择“移动工具”，将舞者移动到新建文档中。按 Ctrl+T 组合键，对舞者进行大小变换，如图 1-54 所示。

图 1-53　新建一个图像文件

图 1-54　素材图片“舞者”

（4）在“图层”调板中，单击“背景”图层，然后单击“图层”调板底部的“创建新图层”按钮，新建“图层 1”。在工具箱中选择“画笔工具”，在工具属性栏中单击“设置大小”的下拉三角按钮。在弹出的调板中单击“画笔设置”按钮，如图 1-55 所示，

选择“导入画笔”命令，在“载入”对话框中选择素材文件夹提供的“喷溅”笔刷。

（5）移动画笔样式右边的滚动滑块，新载入的笔刷就在最下方。选择其中一种喷溅笔刷样式，然后在工具箱中将前景色设置为黄色，按“[”或“]”键可调大或缩小画笔。在“图层 1”中单击鼠标，绘制喷溅图案。改变前景色和笔刷的样式和大小，绘制其他喷溅图案，如图 1-56 所示。

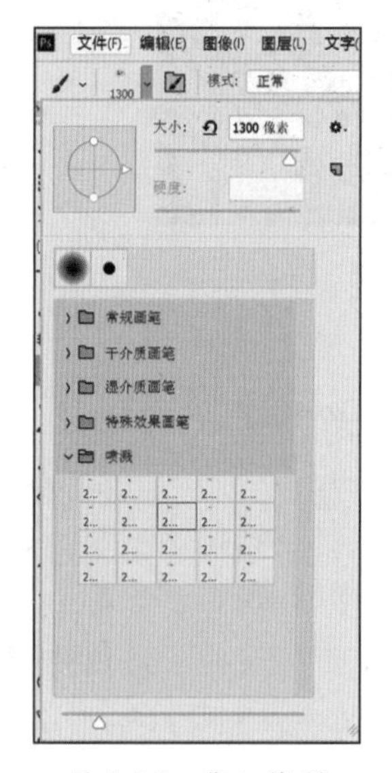

图 1-55　载入笔刷

图 1-56　“喷溅”笔刷

（6）在“滤镜”菜单中选择“模糊”“镜头模糊”命令，在“镜头模糊”对话框中调整参数设置，如图 1-57 所示。

（7）在“图层”调板中单击“图层 1”图层，然后单击“图层”调板底部的“创建新图层”按钮，新建“图层 2”，重命名为“云彩”。在工具箱中选择“画笔工具”，在工具属性栏中单击“设置大小”的下拉三角按钮。在弹出的调板中单击“画笔设置”按钮，选择“载入笔刷”命令，在“载入”对话框中选择素材文件夹提供的“云朵”笔刷。

（8）选择其中某一种云朵笔刷样式，然后在工具箱中将前景色设置为 #a5f4a2，按“[”或“]”键可调大或缩小画笔。在“云彩”图层中单击鼠标，绘制云彩图案，如图 1-58 所示。

（9）在“图层”调板中单击“舞者”图层，单击底部的“添加图层样式”按钮，选择“外发光”样式，外发光颜色设置为 #2dfb76，其他参数的设置如图 1-59 所示。

（10）在“图层”调板中单击“舞者”图层，单击“新建图层”按钮，选择一种云朵笔刷样式，然后在工具箱中将前景色设置为 #96de93，按“[”或“]”键可调大或缩小画笔。在新建图层中绘制云彩图案，使舞者仿佛在云端站立，如图 1-60 所示。

图 1-57　“镜头模糊”对话框

图 1-58　绘制云彩图案（1）

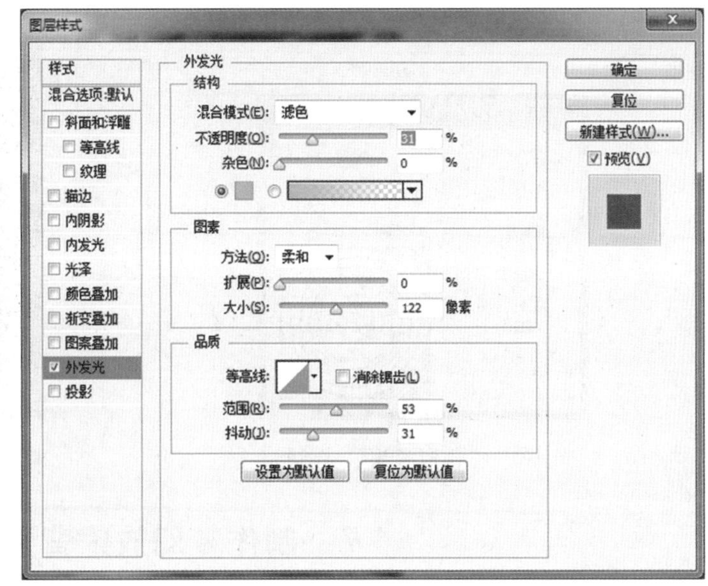

图 1-59　“外发光”图层样式

（11）在“图层”调板中单击“新建图层”按钮，选择一种喷溅笔刷样式，然后在工具箱中将前景色设置为黄色或绿色。在新建图层中绘制喷溅图案。单击“图层”调板底部的“添加图层样式”按钮，选择“外发光”，如图 1-61 所示。

（12）在“图层”调板中单击“新建图层”按钮，选择一种喷溅笔刷样式，然后在工具箱中将前景色设置为 #02fb89。在新建图层中绘制喷溅图案，如图 1-62 所示。

图 1-60　绘制云彩图案（2）

图 1-61　绘制喷溅图案（1）

图 1-62　绘制喷溅图案（2）

（13）在“滤镜”菜单中选择“模糊”“径向模糊”命令，在“径向模糊”对话框中调整“数量”参数为最大值，“模糊方法”为“旋转”方式，如图 1-63 所示。

（14）在“图层”调板中，将该图层调整到背景图层之上，效果如图 1-64 所示。

图 1-63 “径向模糊”对话框

图 1-64 图片合成效果

1.7 制作梦幻放射背景

“滤镜”主要是用来实现图像的各种特殊效果。它在 Photoshop 中具有非常神奇的作用。所有的 Photoshop 滤镜都按分类放置在菜单中，使用时只需要从该菜单中执行这个命令即可。本案例用“高斯模糊”“径向模糊”制作了一幅梦幻放射背景，具体实现步骤如下。

1.7 制作梦幻放射背景 .mp4

（1）新建一个图像文件，宽度为 600 像素，高度为 600 像素，分辨率为 72 像素 / 英寸，如图 1-65 所示。

（2）将前景色设置为蓝色，按 Alt+Delete 组合键将“图层 1”填充为蓝色。

（3）单击“图层”调板底部的“创建新图层”按钮，新建“图层 2”。选择“椭圆选框工具”，按住 Shift 键，在“图层 2”上绘制圆形选区。将前景色设置为白色，按 Alt+Delete 组合键将选区填充为白色。按 Ctrl+D 组合键取消选区，如图 1-66 所示。

图 1-65 新建一个图像文件

图 1-66 绘制圆形

(4) 在“滤镜”菜单中选择“模糊”中的“高斯模糊”命令,设置如图 1-67 所示,效果如图 1-68 所示。

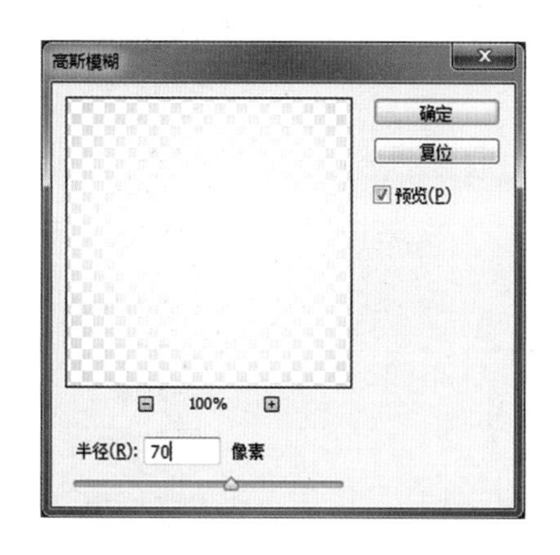

图 1-67 “高斯模糊”对话框

图 1-68 应用“高斯模糊”滤镜后的效果

(5) 在“图层”调板中,将“图层 2”的混合模式设置为“溶解”,效果如图 1-69 所示。

(6) 单击“图层”调板底部的“创建新图层”按钮,新建“图层 3”。按住 Shift 键,在“图层”调板中单击“图层 2”和“图层 3”,同时选中这两个图层。按 Ctrl+E 组合键合并这两个图层。

(7) 在“滤镜”菜单中,选择“模糊”中的“径向模糊”命令,设置如图 1-70 所示,可以按 Ctrl+F 组合键进一步强化径向模糊效果。

图 1-69 设置溶解图层混合模式

图 1-70 “径向模糊”对话框

(8) 选择“图层 3”,按 Ctrl+J 组合键复制“图层 3”,强化放射线的效果,如图 1-71 所示。

(9) 单击“图层”调板底部的“创建新图层”按钮,新建“图层 4”。选择“画笔工具”,在工具属性栏中载入“旧版画笔”中的“混合画笔”,如图 1-72 所示。

(10) 选择“虚线圆 2”画笔样式,按 F5 键,调出“画笔”调板。在调板中设置画笔笔尖形状、形状动态、散布设置,如图 1-73 所示。

图 1-71　放射线效果

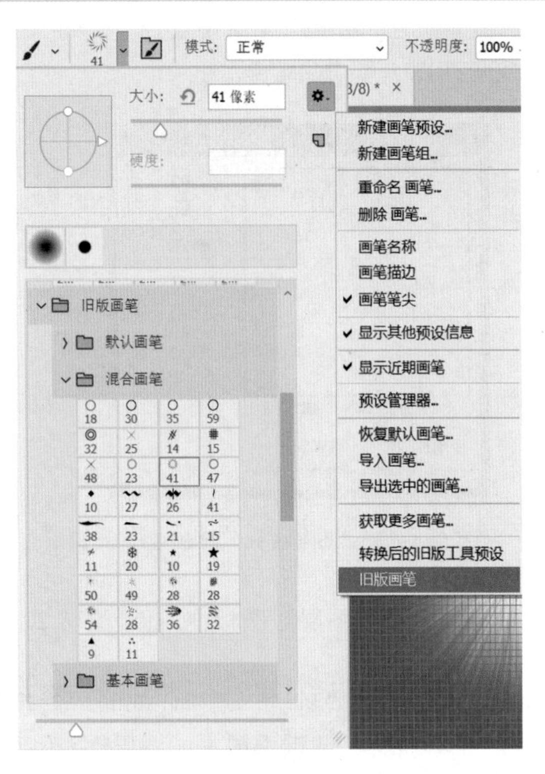

图 1-72　选择“混合画笔”

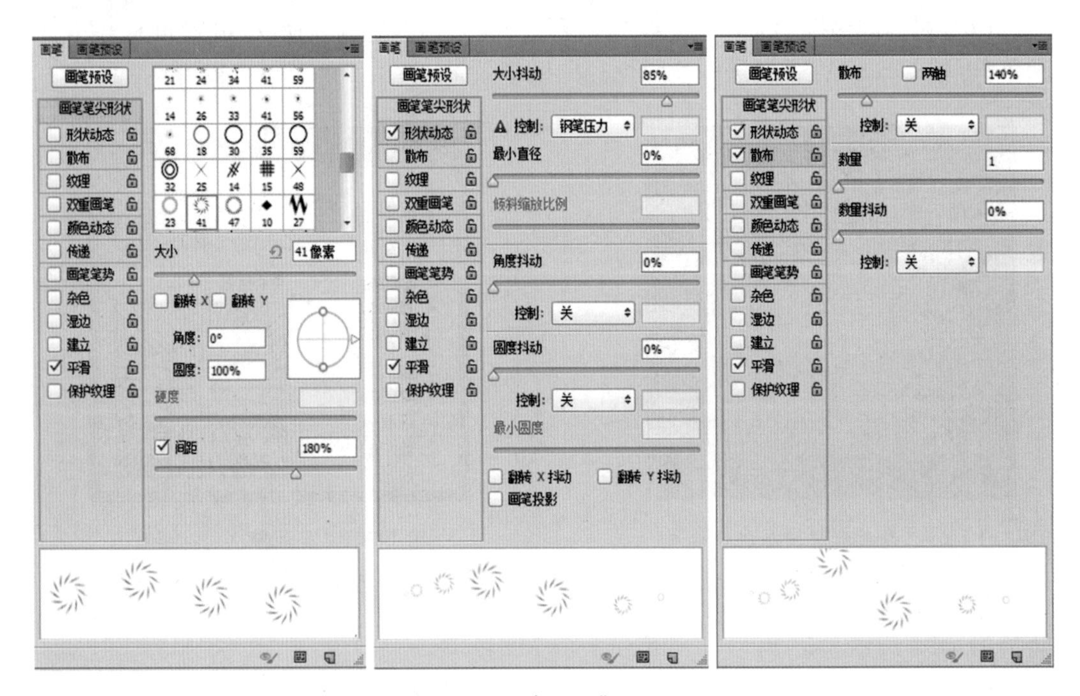

图 1-73　“动态画笔”的设置

（11）设置前景色为白色，在“图层 4”上画出如图 1-74 所示图案。在“图层”调板底部单击“添加图层样式”按钮，为“图层 4”添加“外发光”图层样式，设置如图 1-75 所示。

图 1-74　绘制图像（1）

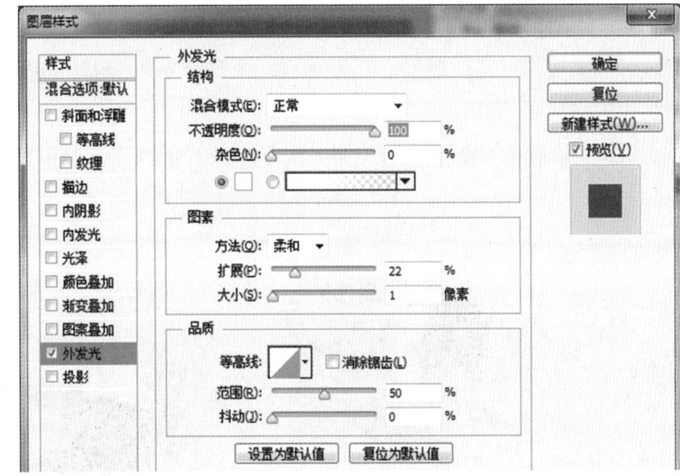

图 1-75　“外发光”图层样式

（12）单击“图层”调板底部的“创建新图层”按钮，新建“图层 5”。使用“柔边圆点”画笔，设置前景色为白色，绘制如图 1-76 所示图案，并添加外发光图层样式。

（13）单击“图层”调板底部的“创建新图层”按钮，新建“图层 6”。选择“渐变工具”，在工具属性栏中选择“橙、黄、橙渐变”，并单击“菱形渐变”按钮。在“图层 6”中设置渐变如图 1-77 所示。

（14）在“图层”调板中，将“图层 6”的混合模式设置为“颜色”，梦幻放射背景效果如图 1-78 所示。

图 1-76　绘制图像（2）

图 1-77　菱形渐变

图 1-78　梦幻放射背景效果

1.8 思维拓展

根据提供的相册模板及照片,制作如图 1-79 和图 1-80 所示的相册。

图 1-79 相册 1

图 1-80 相册 2

第2章　绘画类工具的应用

本章学习目标

- 掌握各种绘图和修饰工具的应用。
- 掌握钢笔工具的绘制方法。
- 熟练操作画笔工具。
- 能利用各种修复、修补工具进行图像处理。

2.1 相关知识

2.1.1　画笔工具

画笔工具是Photoshop工具中较为重要及复杂的一款工具,运用非常广泛。鼠标绘图爱好者可以用来绘画,平常可以下载一些自己喜爱的笔刷来装饰画面等。

1．画笔工具使用步骤

画笔工具的使用步骤如下。

(1) 设置合适的前景色,因为画笔在绘制过程中使用的是前景色。

(2) 设置画笔工具的相关属性,如画笔形状、不透明度、画笔模式等。

在画笔绘制过程中,画笔光标的形态也会影响绘制的效果。在“编辑”菜单中,选择“首选项”中的“光标”命令,打开“首选项—光标”对话框,可以设置画笔光标的形态。绘图过程中,可以按Caps Lock键在普通模式和精确光标模式之间切换。

在画笔工具属性栏中单击下拉列表框,可以打开“画笔预设”选取器,具体设置功能如图2-1所示。在用“画笔工具”绘图过程中,可以按“[”或“]”键修改画笔直径的大小。

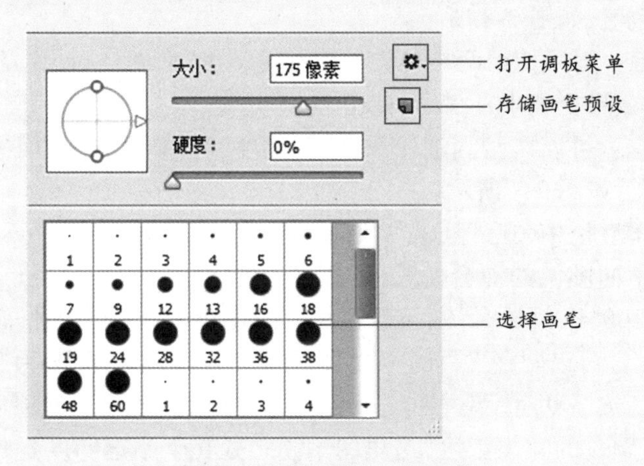

图2-1　“画笔预设”选取器

2．画笔工具常用设置

在画笔工具属性栏中，单击按钮或按 F5 键，可以打开“画笔”调板。常用设置如下。

（1）画笔笔尖形状：可以选择画笔预设，改变画笔的角度以及圆度。还可以设置间距，设置过的笔刷将比默认的笔刷更好用，如图 2-2 所示。

（2）形状动态：主要微调笔刷的尺寸、角度以及圆度。如果有绘图板，可以调节倾斜度。如果使用鼠标绘图，可以试试渐隐效果。角度抖动和圆度抖动都可以自行调节，如图 2-3 所示。

（3）散布：利用此功能可以修改笔尖的布置，并且将它们散布到笔画路径的周围，如图 2-4 所示。

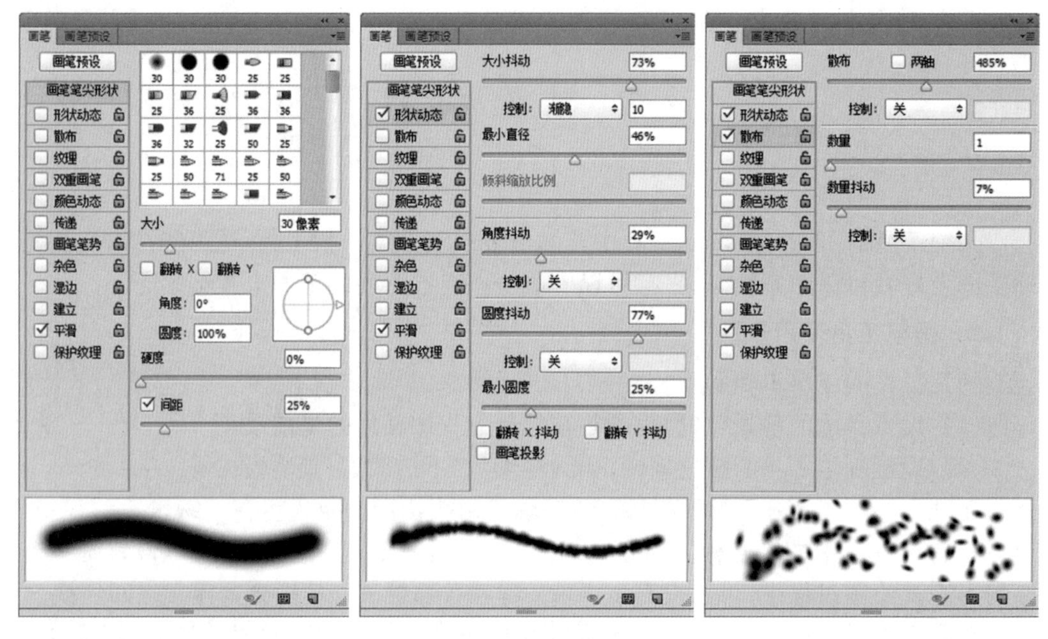

图 2-2　画笔笔尖形状　　图 2-3　形状动态　　图 2-4　散布

（4）传递：该选项可以改变笔刷的可见度（流量和不透明度），可以改变流量和不透明度的抖动数值，如图 2-5 所示。

（5）双重画笔：可以使用两个笔尖创建画笔笔迹，从而创造出两种画笔的混合效果，使绘制的笔触效果更加丰富多彩，如图 2-6 所示。

（6）颜色动态：可以调整画笔的颜色、明暗度和饱和度等，从而来控制绘制图像的颜色的变化方式，如图 2-7 所示。

在画笔工具属性栏中，在“模式”后面的弹出式菜单中可选择不同的混合模式，即画笔的色彩与下面图像的混合模式，可根据需要从中选取一种着色模式。“不透明度”取值为 0 ～ 100，取值越大，画笔颜色的不透明度越高，取 0 时，画笔是透明的。按下键盘中的数字键可以调整工具的不透明度。按下 1 时，不透明度为 10%；按下 5 时，不透明度为 50%；按下 0 时，不透明度会恢复为 100%。“流量”选项设置与不透明度有些类似，指画笔颜色的喷出浓度，这里的不同之处在于不透明度是指整体颜色的浓度，而喷出量是指画笔颜色的浓度。

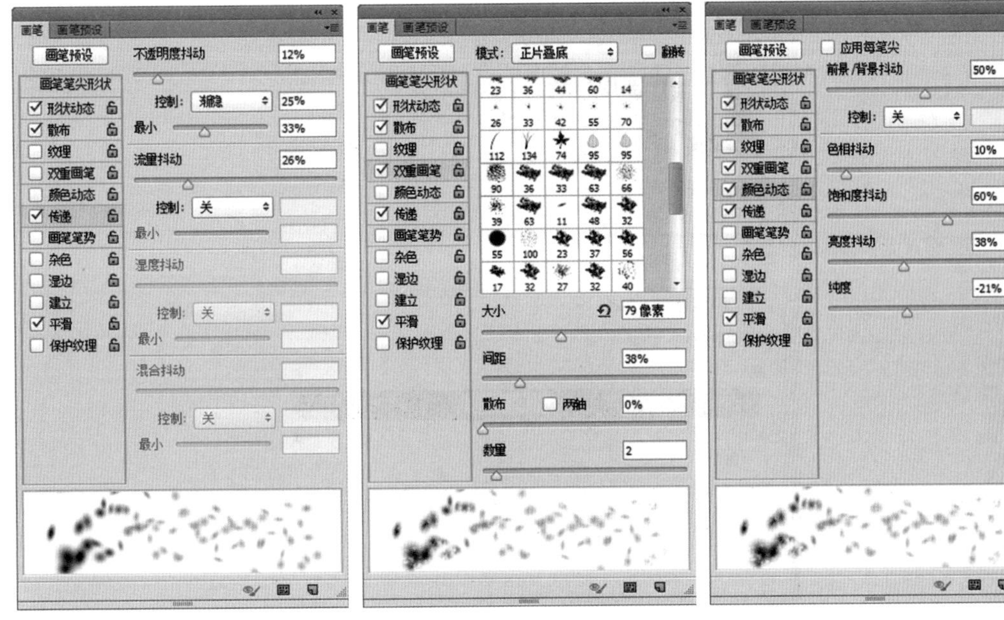

图 2-5　传递　　　　图 2-6　双重画笔　　　　图 2-7　颜色动态

单击工具属性栏中的“启用喷枪模式”图标，图标凹下去表示选中喷枪效果。再次单击图标，表示取消喷枪效果。“流量”数值的大小和喷枪效果作用的力度有关。

如果需要画笔绘制时保持直线效果，可在画面上单击，确定起始点，然后在按住 Shift 键的同时将其移动到另外一处，再单击，两个单击点之间就会自动连接起来形成一条直线。按住 Shift 键还可以绘制水平、垂直或 45° 角的直线。

在 Photoshop 中，可以将图像转换成笔刷，只不过图像只能以灰度图的形式记录。在选中了图像之后，选择“编辑”菜单中的“定义画笔预设”命令，输入画笔名称后，单击“确定”按钮即可得到新的笔刷。

3．载入画笔笔刷文件的方法

如果已经下载了画笔笔刷文件“*.abr”，载入画笔笔刷文件的方法有以下两种。

(1) 把“*.abr”文件复制到 Photoshop 安装路径下的“预设 / 画笔”文件夹中。

(2) 利用“载入画笔”载入即可。在画笔工具属性栏中单击下拉框，可以打开“画笔预设”选取器，单击按钮，可以选择“载入画笔”命令，还可以加载系统自带的笔刷样式。

2.1.2　渐变工具

渐变工具的使用可以说是变幻无穷，很多立体感的图案及背景都经常用它来完成，所以掌握其基本的使用方法是有必要的。在工具属性栏中单击“可编辑渐变”按钮，可以打开“渐变编辑器”调板，如图 2-8 所示。

1．获取渐变的方式

方法 1：通过“预设”加载。预设渐变是系统自带或已经保存过的渐变配色方案。

方法 2：载入渐变方案，单击“载入”按钮，选择“*.grd”文件，即可完成载入。载入的渐变就保存在预设中。

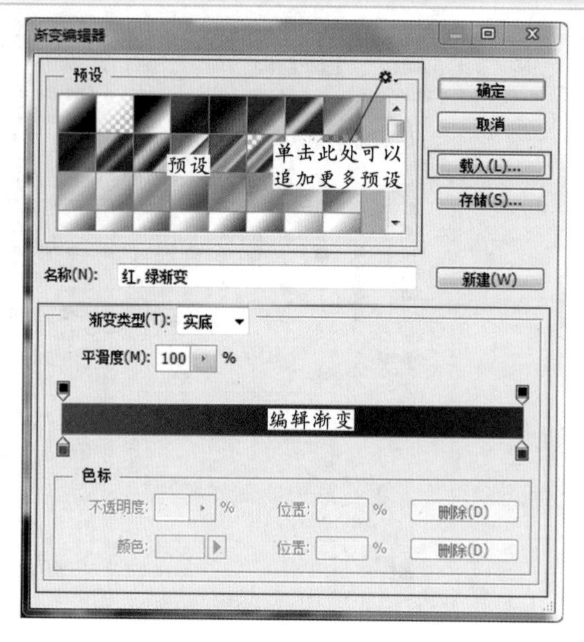

图 2-8 “渐变编辑器”调板

方法 3：在“渐变编辑器”调板下半部分编辑渐变。“渐变编辑器”里的渐变条上面的滑块是不透明度色标，下面的滑块是颜色色标。

单击色标，可以在下面的“色标”区域对相应色标进行设置。单击渐变条上方或下方空白处，可以增加一个色标。选定一个色标，单击“删除”按钮，可以删除这个色标，也可以直接将色标移动到渐变条以外的位置，同样也可以删除色标。

在工具属性栏中选中“反向”选项，可转换渐变条中的颜色顺序，得到反向的渐变效果。

2．渐变的类型

（1）线性渐变：从起点到终点以直线渐变。

（2）径向渐变：从起点到终点以圆形图案渐变。

（3）角度渐变：围绕起点以顺时针方向环绕渐变。

（4）对称渐变：在起点两侧产生对称直线渐变。

（5）菱形渐变：从起点到终点以菱形图案渐变。

2.1.3 油漆桶工具

油漆桶工具是一款填色工具。这个工具可以快速对选区、画布、色块等填色或填充图案。操作也较为简单，先选择“油漆桶工具”，在相应的地方单击即可填充。如果要在色块上填色，需要设置好属性栏中的容差值。

油漆桶工具的图案填充步骤如下。

（1）新建文档编辑图案，或打开一张要制作成图案的图片，用“矩形选框工具”将图案进行框选。

（2）选择“编辑”菜单中的“定义图案”命令，输入图案名称后存储图案。

（3）在目标文档中选择将要填充的目标区域。

(4) 打开“油漆桶工具”,在工具属性栏中设置填充区域的源为“图案”,从“图案拾色器”中选择刚定义的图案,即可完成“图案”填充。或者在“图层”调板的底部单击“创建新的填充或调整图层”按钮,选择“图案”,在弹出的“图案填充”对话框中选择图案及缩放比例,完成“图案”填充。

2.1.4　修图工具

在 Photoshop 中,修图工具有污点修复画笔工具、修复画笔工具、修补工具、红眼工具、仿制图章工具、图案图章工具等。

(1) 污点修复画笔工具：相当不错的修复及去污工具。使用的时候只需要适当调节笔触的大小及在属性栏设置好相关属性。然后在污点上面单击,就可以修复污点。如果污点较大,可以从边缘开始逐步修复。选中工具属性栏中的“对所有图层取样”选项,可以从所有可见图层中提取信息。不选中,只能从现用图层中取样。

(2) 修复画笔工具：用来修复图片的工具,可以去除图像中的杂斑、污迹,修复的部分会自动与背景色相融合。如果在工具属性栏中的“源”中选择“取样”方式,此选项可以用取样点的像素来覆盖单击点的像素,从而达到修复的效果。选择此选项,必须按下 Alt 键进行取样。若选择“图案”,是指用修复画笔工具移动过的区域将用所选图案进行填充,并且图案会和背景色相融合。选中“对齐”选项再进行取样,然后修复图像,取样点位置会随着光标的移动而发生相应的变化；若取消选中“对齐”选项,再进行修复,取样点的位置是保持不变的。

(3) 修补工具：较为精确的修复工具。操作方法为：先选择这款工具,把需要修复的部分选取出来,这样就得到一个选区。把鼠标光标放置在选区上面后,按住鼠标左键拖动就可以修复。同时,在工具属性栏中可以设置相关的属性,可同时选取多个选区进行修复,极大地方便了操作。

(4) 红眼工具：专门用来消除人物眼睛因灯光或闪光灯照射后瞳孔产生的红点、白点等反射光点。操作方法为,先选择这款工具,在属性栏中设置好瞳孔大小及变暗数值,然后在瞳孔位置上单击就可以修复,非常实用。

(5) 仿制图章工具：可以用来消除人物脸部的斑点、背景部分不相干的杂物、填补图片空缺等。操作方法为先选择这款工具,在需要取样的地方按住 Alt 键取样,然后在需要修复的地方涂抹,就可以快速消除污点等。同时也可以在工具属性栏中调节笔触的混合模式、大小、流量等,从而进行更为精确的污点修复。

(6) 图案图章工具：有点类似图案填充效果,使用此工具之前我们需要定义好想要的图案,然后适当设置好工具属性栏的相关参数,如笔触大小、不透明度、流量等。然后在画布上涂抹就可以得到图案效果,绘制的图案会重复排列。

2.1.5　历史记录画笔

(1) 历史记录画笔工具：一款复原工具,就是我们在制作效果的时候,如对一幅图片进行调色,经过几步操作之后,如果觉得画面的局部或人物有点偏色,就可以打开“历史记录”调板,在上面选择没有偏色的那一步,将其设置为源,然后在最后一步用这个工具涂抹就可以回到之前的效果,这款工具应用也较为广泛。

(2) 历史记录艺术画笔工具：跟历史记录画笔工具基本类似,不同的是用这

款工具涂抹快照的时候加入了不同的色彩和艺术风格，有点类似绘画效果。

2.1.6 橡皮擦工具组

橡皮擦工具组有橡皮擦工具、背景橡皮擦工具、魔术橡皮擦工具等，使用方法比较简单。

（1）橡皮擦工具：一款擦除工具，利用这款工具，可以随意擦去图片中不需要的部分，如擦除人物图片的背景等。没有新建图层的时候，擦除的部分默认是背景颜色或透明的。同时可以在属性栏设置相关的参数，如模式、不透明度、流量等可以更好地控制擦除效果。跟画笔有点类似，这款工具还可以配合蒙版来使用。

（2）背景橡皮擦工具：主要用于图片的智能擦除。选择这款工具后，可以在属性栏设置相关的参数，如取样一次、取样背景色等，这款工具会智能地擦除我们吸取的颜色范围图片。如果选择工具属性栏中的“查找边缘”功能，这款工具会识别一些物体的轮廓，可以用来快速抠图，非常方便。

（3）魔术橡皮擦工具：有点类似于魔棒工具，不同的是魔棒工具是用来选取图片中颜色近似的色块，魔术橡皮擦工具则是擦除色块。这款工具使用起来非常简单，只需要在属性栏设置相关的容差值，然后在相应的色块上面单击即可擦除。

2.1.7 钢笔工具

钢笔工具是工具中最为基础同时也是较为重要和常用的工具。钢笔工具属于矢量绘图工具，其优点是可以勾画平滑的曲线，在缩放或者变形之后仍能保持平滑效果。钢笔工具绘制出来的矢量图形称为路径，路径允许不封闭的开放状，如果把起点与终点重合绘制，就可以得到封闭的路径。

路径是由锚点和锚点所确定的曲线或直线所组成的，路径的构成如图 2-9 所示。路径上的点称为“锚点”，锚点分为三种类型：无曲率调杆的锚点（角点）、两侧曲率一同调节的锚点和两侧曲率分别调节的锚点。各锚点控制线如图 2-10 所示。

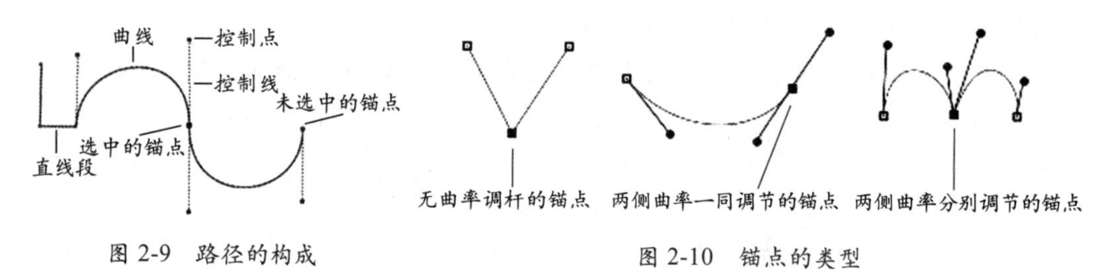

图 2-9 路径的构成

图 2-10 锚点的类型

1. 用“钢笔工具”绘制路径的方法

（1）用“钢笔工具”在图像窗口中单击，会看到在单击点之间有线段相连。保持按住 Shift 键，可以让所绘制的点与上一个点保持 0、45° 或 90°。这样绘制的那些锚点，由于它们之间的线段都是直线，所以又称为直线型锚点。

（2）在图像窗口中，用“钢笔工具”在起点按下鼠标左键之后不要松手，向上拖动出一条控制线后放手，然后在第二个锚点处同样操作拖出一条控制线，以此类推，就能画出曲线路径了。若在绘制路径的过程中，可以按住 Alt 键改变控制线方向。如果要绘制闭合路径时，将鼠标光标箭头靠近路径起点，当鼠标光标箭头旁边出现一个小

圆圈时，单击就可以使路径闭合。通过单击工具箱中的“钢笔工具”结束绘制，也可以按住 Ctrl 键的同时在图像窗口空白处的任意位置单击来结束绘制。

钢笔工具在 Photoshop 中的应用非常广泛，小到基本几何形状的绘制，大到复杂曲线的绘制，钢笔工具都可以游刃有余地完成，多一点耐心，我们可以将钢笔工具用得更好。

2．使用“钢笔工具”的一般步骤

（1）用“钢笔工具”绘制路径。路径可以是封闭的，也可以不封闭。

（2）如果是封闭的路径，可以按 Ctrl+Enter 组合键将其转为选区。

（3）对于路径可以进行填色或描边。在“编辑”菜单中选择“填充”命令，弹出“填充”对话框，可以完成填色或图案填充。在“编辑”菜单中选择“描边”命令，可以打开“描边”对话框，设置描边的宽度、颜色等信息。

2.1.8　模糊工具组与海绵工具组

模糊工具组与海绵工具组这两组工具的使用方法类似于“画笔工具”。

模糊工具是用于局部模糊效果的工具。

锐化工具是单纯的针对色彩饱和度提纯的，要谨慎使用。真正做锐化，需要的是突出轮廓。这个工具可以放弃。

涂抹工具是做画面涂抹的，涂抹后还会虚掉，更要放弃。滤镜下的液化完全可以代替涂抹工具。

海绵工具调整图像的饱和度，海绵工具有去色和加色两种模式，去色会变成灰色效果，这是默认的，加色模式是加饱和度。

减淡工具是用来提亮的。例如如果肤色不够亮，就可以用减淡工具提亮。

加深工具是用来加深颜色的。

2.2　制作卡通画

使用“钢笔工具”绘图，对于初学者来说有一定的难度。但掌握了一定的绘图技巧，并多加练习，也可以绘制出不错的图形来。本案例利用“钢笔工具”绘制了一个憨态可掬的卡通熊猫形象。具体实现步骤如下。

2.2　制作卡通画.mp4

（1）打开 Photoshop，选择“文件”菜单中的“新建”命令，宽度为 10 厘米，高度为 10 厘米，分辨率为 96 像素 / 英寸，如图 2-11 所示。

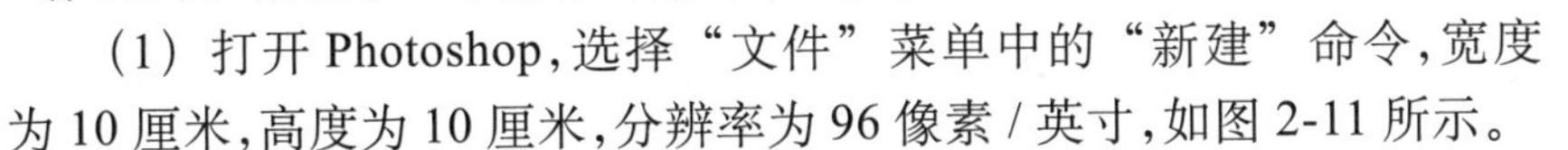

（2）将背景色设置为 #ef99be，按 Ctrl+Delete 组合键填充背景色。然后新建图层，在工具箱中选择“椭圆选框工具”，在画布上绘制椭圆选区，然后在“选择”菜单中选择“变换选区”命令，将椭圆选区变换成自己想要的形状，将前景色设置为白色，按 Alt+Delete 组合键填充白色，效果如图 2-12 所示。

（3）在工具箱中选择“钢笔工具”，在白色椭圆的左上角绘制路径，如图 2-13 所示。

（4）然后用“路径选择工具”选择该路径，按住 Alt 键的同时再按住鼠标左键进行拖动复制路径。按 Ctrl+T 组合键对复制得到的路径进行自由变换，然后右击，选择“水平翻转”命令，将翻转后的路径移动到合适的位置，效果如图 2-14 所示。

图 2-11　新建一个图像文件

图 2-12　绘制白色椭圆

（5）按 Ctrl+Enter 组合键将路径转换为选区，然后新建图层，将选区填充为黑色。并按 Ctrl+D 组合键取消选区，效果如图 2-15 所示。

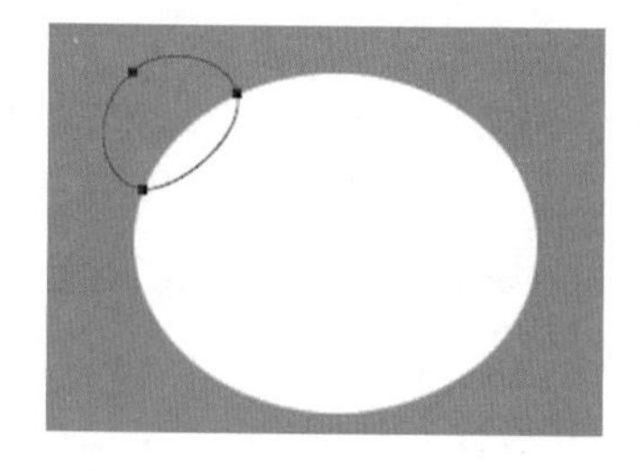

图 2-13　绘制路径（1）

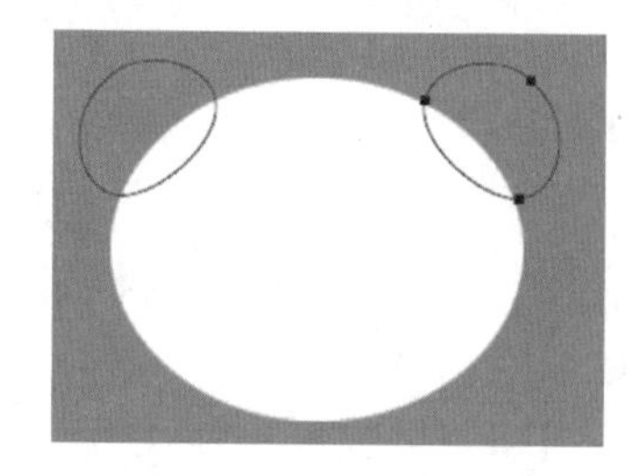

图 2-14　复制路径

图 2-15　填充颜色

（6）新建图层，在工具箱中选择“钢笔工具”，在白色椭圆里绘制路径。然后用“路径选择工具”选择该路径，按住 Alt 键的同时按住左键拖动鼠标来复制路径。对复制得到的路径按 Ctrl+T 组合键进行自由变换。然后右击，选择“水平翻转”命令，将翻转后的路径移动到合适的位置，如图 2-16 所示。

（7）按 Ctrl+Enter 组合键将路径转换为选区，然后新建图层，将选区填充为黑色。并按 Ctrl+D 组合键取消选区，效果如图 2-17 所示。

（8）在工具箱中选择“画笔工具”，在属性栏中设置画笔样式为“硬边圆”，然后按“[”或“]”键对画笔直径进行缩小或放大。设置前景色为白色，并新建图层，在合适的位置单击，操作方法一致，绘制如图 2-18 所示效果的瞳孔。

图 2-16　绘制眼睛的路径

图 2-17　填充眼睛的颜色

图 2-18　绘制瞳孔

(9) 新建图层,在工具箱中选择“椭圆选框工具”,在画布上绘制椭圆选区,将前景色设置为黑色,按 Alt+Delete 组合键填充黑色,效果如图 2-19 所示。

(10) 新建图层,在工具箱中选择“钢笔工具”,在白色椭圆里绘制路径,如图 2-20 所示。

(11) 在工具箱中选择“路径选择工具”,选中该路径,然后在工具箱中选择“画笔工具”,设置画笔样式为“硬边圆”,“大小”设置为 2 像素。设置前景色为黑色,切换到“路径”调板,单击“用画笔描边路径”按钮,效果如图 2-21 所示。

图 2-19　绘制鼻子

图 2-20　绘制路径（2）

图 2-21　用画笔描边路径

(12) 新建图层,在工具箱中选择“钢笔工具”,绘制路径,如图 2-22 所示。

(13) 按 Ctrl+Enter 组合键将路径转换为选区,然后新建图层,将选区填充为白色。并按 Ctrl+D 组合键取消选区,然后按 Ctrl+J 组合键复制该图层,并按 Ctrl+T 组合键进行自由变换。右击并选择“水平翻转”命令,再移动到合适的对称位置。最后选中这两个图层并右击,在弹出的菜单中选择“合并图层”命令,并命名为“身体”,效果如图 2-23 所示。

(14) 在工具箱中选择“画笔工具”,在属性栏中设置画笔样式为“硬边圆”,设置前景色为黑色。新建图层,在大熊猫左脚和右脚两侧进行涂抹,如图 2-24 所示。

图 2-22　绘制路径（3）

图 2-23　身体

图 2-24　用“画笔工具”绘制图形

(15) 按 Alt+Ctrl+G 组合键创建剪贴蒙版,效果如图 2-25 所示。

(16) 新建图层,在工具箱中选择“钢笔工具”,绘制路径,如图 2-26 所示。

(17) 按 Ctrl+Enter 组合键将路径转换为选区,然后新建图层,将选区填充为黑色。并按 Ctrl+D 组合键取消选区,然后按 Ctrl+J 组合键复制该图层,并按 Ctrl+T 组合键进行自由变换。右击并选择“水平翻转”命令,再移动到合适的对称位置,一个卡通熊猫就绘制好了,效果如图 2-27 所示。

图 2-25　创建剪贴蒙版后的效果

图 2-26　绘制上肢的路径

图 2-27　卡通熊猫

2.3　制作十二生肖邮票

2.3　制作十二生肖邮票.mp4

十二生肖邮票，是以中国古老的干支纪年的十二种生肖动物为图案的贺年邮票。本案例用“画笔工具”绘制邮票的边缘。具体实现步骤如下。

（1）新建一个图像文件，宽度为 450 像素，高度为 600 像素，分辨率为 72 像素 / 英寸，背景内容为透明，如图 2-28 所示。将前景色设置为白色，按 Alt+Delete 组合键将背景填充为白色。

（2）在“图层”调板中单击“新建图层”按钮。在工具箱中选择“画笔工具”，在工具属性栏中设置画笔样式为“硬边圆”，“大小”设置为 30 像素。按 F5 键调出“画笔”调板，在“画笔笔尖形状”中设置画笔间距为 116%，如图 2-29 所示。

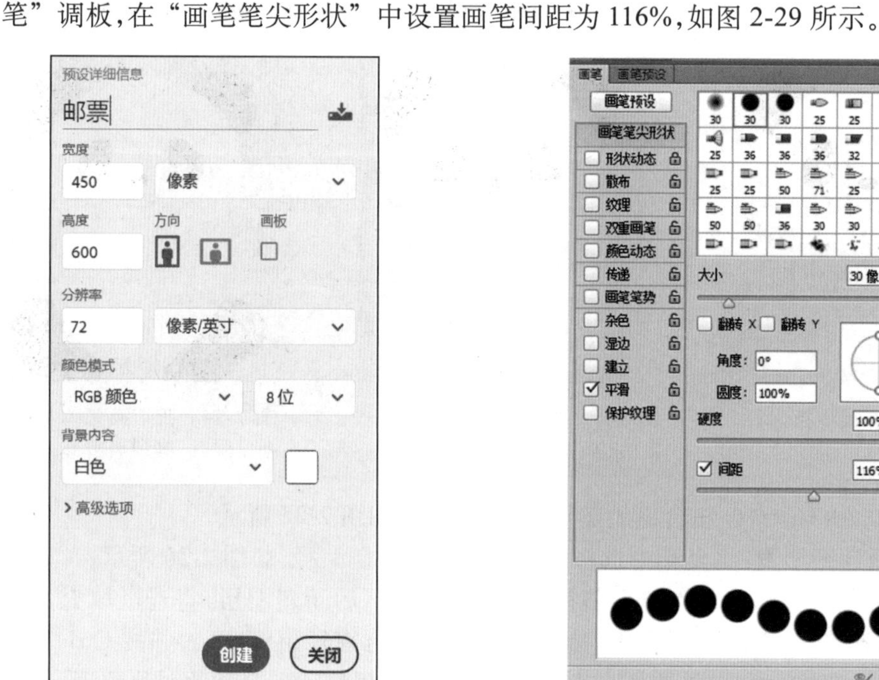

图 2-28　新建一个图像文件

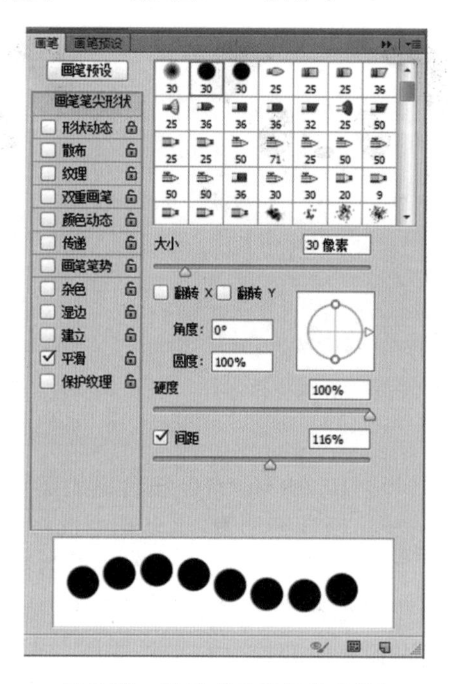

图 2-29　设置“画笔笔尖形状”

(3) 将前景色设置为黑色，选中新建的图层，按住 Shift 键，再按住鼠标左键不放拖动鼠标，得到如图 2-30 所示的圆点直线。用同种方法绘制另外三条圆点直线，如图 2-31 所示。

(4) 在工具箱中选择“裁剪工具”，对绘制的圆点直线做裁剪，裁剪后的效果如图 2-32 所示。

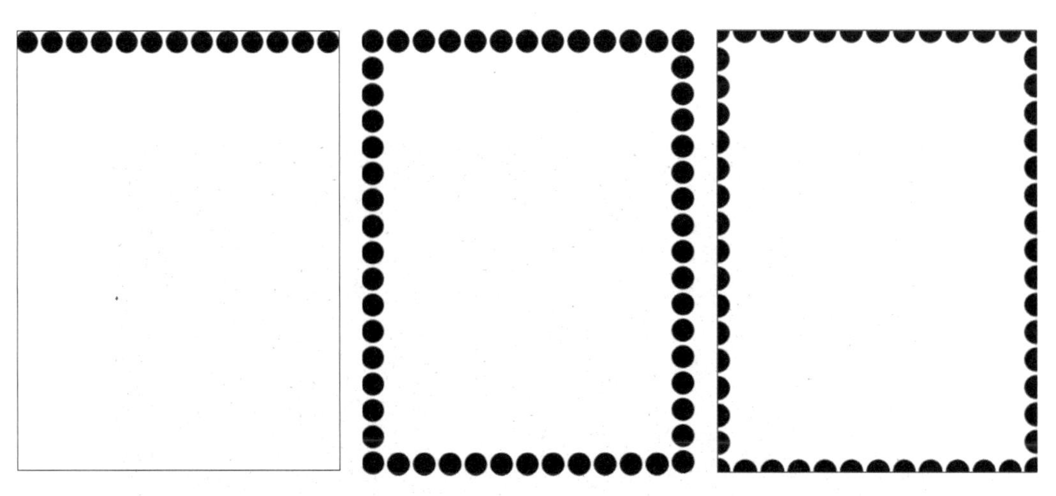

图 2-30　绘制圆点直线　　图 2-31　绘制圆点矩形　　图 2-32　裁剪后的图形

(5) 打开素材图片“十二生肖 .jpg”，在工具箱中选择“矩形选框工具”，框选老鼠图案。然后在工具箱中选择“移动工具”，按住鼠标左键不放，将老鼠图案拖动到“邮票”文档图像窗口后释放鼠标左键。按 Ctrl+T 组合键，对老鼠图案做一定程度的大小变换。

(6) 在工具箱中选择“矩形选框工具”，按住鼠标左键不放并拖出一个矩形选框，如图 2-33 所示。在图层调板中单击“新建图层”按钮，在“编辑”菜单中选择“描边”命令，在弹出的“描边”对话框中设置描边的宽度为“2 像素”，颜色为老鼠图案的颜色，位置为“内部”，单击“确定”按钮，完成描边操作。按 Ctrl+D 组合键取消选区。

(7) 在工具箱中选择“横排文字工具”，在工具属性栏中设置字体为“黑体”，颜色设置为黑色。在图像窗口中单击，然后输入文字“中国邮政”。按 Ctrl+T 组合键对文字进行大小调整，效果如图 2-34 所示。

图 2-33　创建矩形选框

图 2-34　输入文字

（8）同上述操作，在邮票右上角输入文字“80”与“分”。

（9）在图层调板中，单击最上面一个图层，按住 Shift 键，然后单击“图层 1”，也就是选择了所有图层，按 Ctrl+G 组合键将这些图层进行群组，并将组的名字重命名为“邮票”。

（10）新建一个文档命名为“十二生肖邮票”，文档大小为 1400 像素 ×700 像素，背景为黑色。

（11）在工具箱中选择“移动工具”，将“邮票”群组移动到“十二生肖邮票”文档中。按 Ctrl+T 组合键进行缩放，如图 2-35 所示。

图 2-35　一枚邮票

（12）在工具箱中选择“移动工具”，按住 Alt 键不放，在图像窗口中移动邮票，即可以复制出另一张邮票。按类似操作，即可制作十二张邮票，如图 2-36 所示。

图 2-36　复制邮票

（13）在“图层”调板中，单击“邮票 副本”群组前的三角按钮，展开群组中邮票图案那一个图层，按 Delete 键删除原来的图案。然后在“十二生肖.jpg”素材中用“矩形选框工具”框选牛图案，用“移动工具”移到“十二生肖邮票”文档中，按 Ctrl+T 组合键作大小调整。用类似操作，依次替换剩余的十张邮票图案，效果如图 2-37 所示。

（14）在工具箱中选择“竖排文字工具”，在工具属性栏中设置字体为“宋体”，输入文字“子鼠、丑牛、寅虎、卯兔、辰龙、巳蛇、午马、未羊、申猴、酉鸡、戌狗、亥猪”，分别放置于邮票右下角位置，如图 2-38 所示。

图 2-37　替换邮票上的生肖图案

图 2-38　十二生肖邮票添加文字后的效果

2.4　制作泡泡笔刷

2.4　制作泡泡笔刷.mp4

自定义笔刷可以让你做出更具个性的图像。本案例制作了一个透明泡泡笔刷,并用“画笔工具”对图像进行了修饰,具体实现步骤如下 。

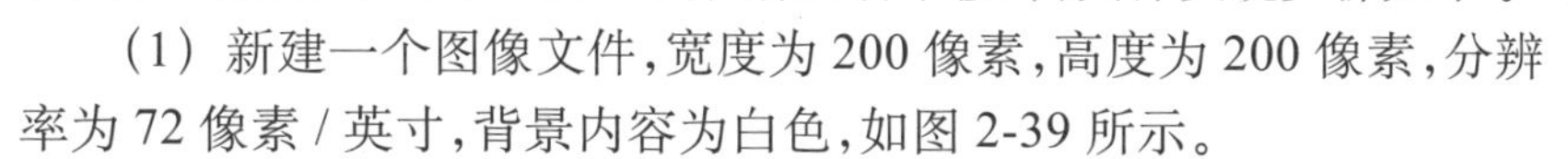

(1) 新建一个图像文件,宽度为 200 像素,高度为 200 像素,分辨率为 72 像素 / 英寸,背景内容为白色,如图 2-39 所示。

(2) 在“图层”调板中单击“新建图层”按钮,在工具箱中选择“椭圆选框工具”,在画布上拖动的过程中按住 Shift 键,绘制一个大小合适的圆形选区,然后将前景色设置为黑色,按 Alt+Delete 组合键将圆形填充为黑色。最后按 Ctrl+D 组合键取消选区,效果如图 2-40 所示。

(3) 在工具箱中选择“橡皮擦工具”,在工具属性栏中设置画笔样式为“柔边圆”,将鼠标光标移动到画布上圆的内部,然后按“[”键缩小笔头的大小,或按“]”键放大笔头的大小,将笔头调整到合适的大小,再在圆的内部擦除,擦除到合适的效果为止,如图 2-41 所示。

(4) 现在制作泡泡高光部分。新建一个图层,在工具箱中选择“画笔工具”,在属性栏中设置画笔样式为“柔边圆”,设置合适的画笔大小,然后将前景色设置为黑色,在正圆的左上角单击,如果位置不满意,可以利用“移动工具”微调位置,直到满意为止。然后设置图层不透明度为“70%”,效果如图 2-42 所示。

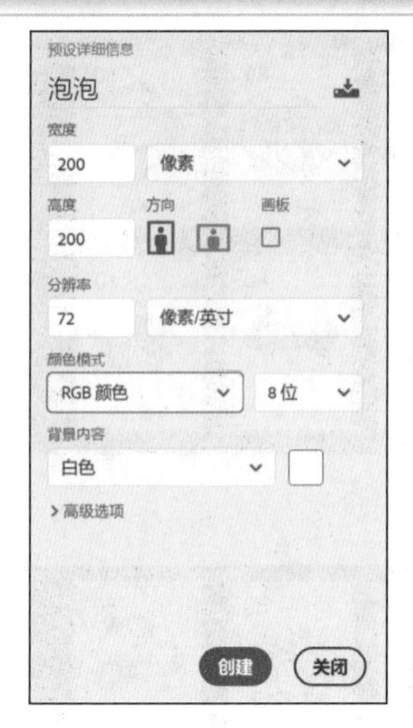

图 2-39 “新建文档”对话框

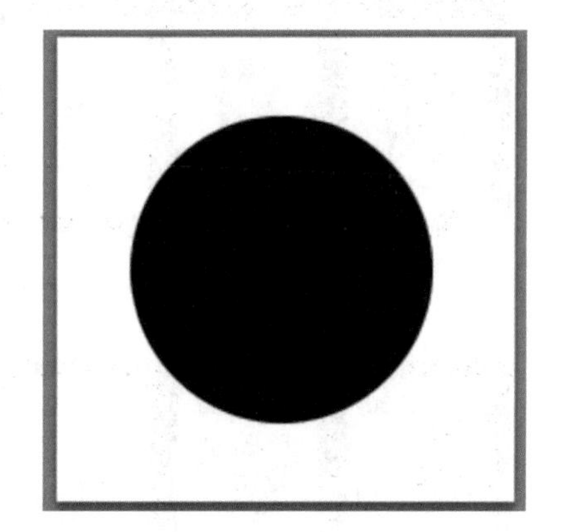

图 2-40 绘制圆形

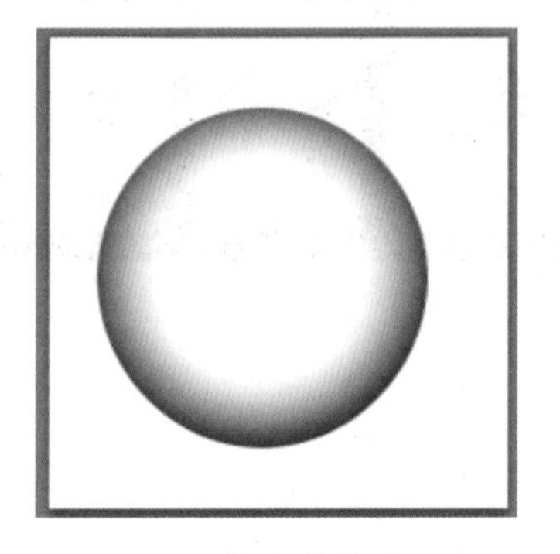

图 2-41 擦除中间的像素

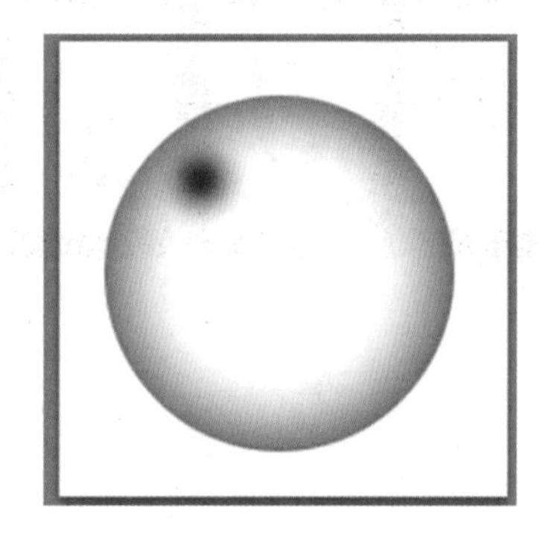

图 2-42 制作泡泡高光

（5）在工具箱中选择“钢笔”工具，在画布中绘制路径。按 Ctrl+Enter 组合键，将路径转换成选区，在“选择”菜单中选择“修改”中的“羽化”命令，在弹出的“羽化选区”对话框中将选区进行 5 像素的羽化设置。新建一个图层，按 Alt+Delete 组合键，用黑色填充选区，并按 Ctrl+D 组合键取消选区，然后设置图层不透明度为 70%，效果如图 2-43 所示。

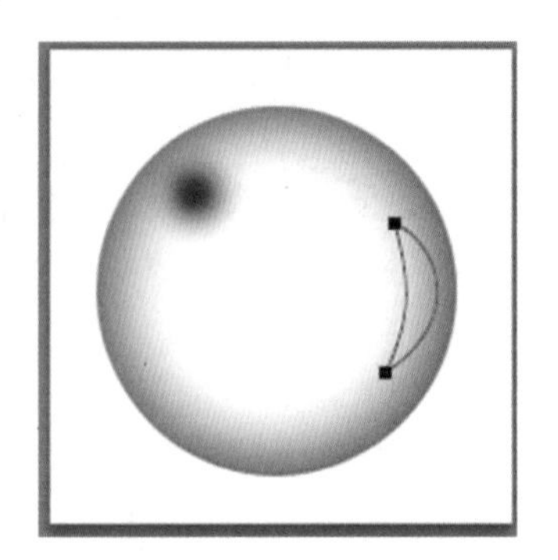

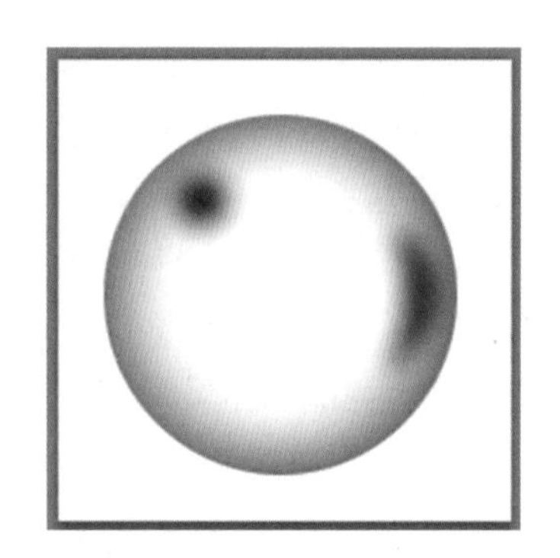

图 2-43 制作泡泡反高光

（6）接着将绘制完成的泡泡定义为画笔笔头。除了“背景”层外，将其他的图层选中，即“图层 1”“图层 2”和“图层 3”，右击，在弹出的快捷菜单中选择“合并图层”命令，然后隐藏“背景”层，在“编辑”菜单中选择“定义画笔预设”，在弹出的“画笔名称”对话框中输入名称“泡泡”，如图 2-44 所示，完成画笔的定义。

（7）打开素材图片“泡泡宝宝.jpg”，在工具箱中选择“画笔工具”，在工具属性栏中自定义画笔笔尖“泡泡”。设置前景色为白色，新建一个图层，然后按“]”键放大笔头，调整到差不多能够容纳小孩图像时，在画布上单击，效果如图 2-45 所示。

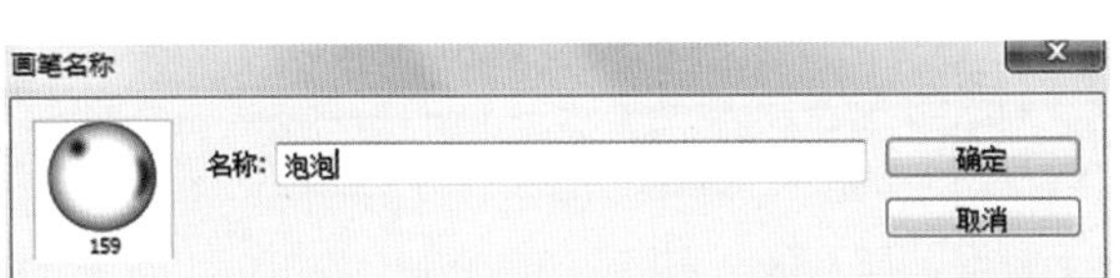

图 2-44　“画笔名称”对话框

图 2-45　绘制泡泡

（8）对该图层设置“图层样式”。双击该图层，打开“图层样式”对话框，选中“外发光”，设置“大小”为 1 像素，等高线为对数，如图 2-46 所示。

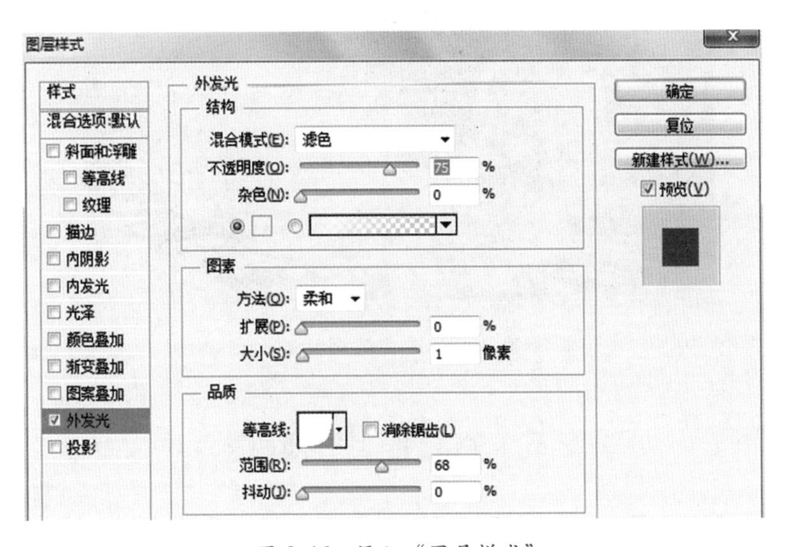

图 2-46　添加“图层样式”

（9）新建一个图层，选择“画笔工具”，画笔笔尖为“泡泡”，将“大小”设置为 300 像素。按住 F5 键弹出“画笔”调板，在“画笔笔尖形状”中设置画笔间距为 124%，再分别选中“形状动态”和“散布”选项，并设置对应的参数，如图 2-47 所示。

（10）设置前景色为白色，使用“画笔工具”在画布上单击并拖动鼠标，画出一些泡泡，效果如图 2-48 所示。

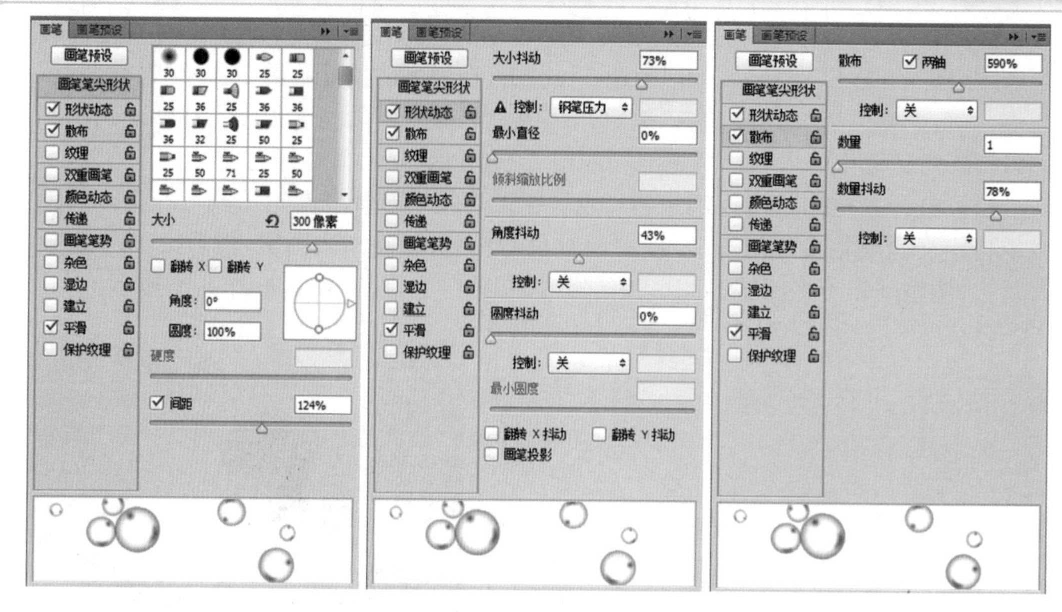

图 2-47　设置画笔的动态效果

图 2-48　泡泡笔刷效果

2.5　修复照片的瑕疵

2.5　修复照片的瑕疵 .mp4

有时候拍摄的很漂亮的照片只是因为背景或其他一些瑕疵而变得不那么完美。其实要想去掉这些瑕疵很简单，只要选择适合的工具处理就可以了。本案例修复照片瑕疵。具体实现步骤如下。

（1）打开 Photoshop，在“文件”菜单中选择“打开”命令打开“修复照片瑕疵 .jpg”，按 Ctrl+J 组合键复制背景层。

（2）原图人物皮肤偏黄，因此需要提亮肤色，让皮肤更加白皙，又不破坏原图的衣服颜色。所以在工具箱中选择“快速选择工具”，在工具属性栏中设置笔尖大小，按住鼠标左键不放，沿着人物皮肤的轮廓拖动鼠标，将人物的皮肤选中，效果如图 2-49 所示。然后单击“图层”调板底部的“添加图层蒙版”按钮，为人物添加图层蒙版。

(3) 新建“曲线”调整图层，向上拉曲线，调整整体的亮度，曲线参数如图 2-50 所示。然后按 Alt+Ctrl+G 组合键创建剪贴蒙版，实现人物衣服颜色不变、皮肤变白皙的效果。

图 2-49　选取肤色

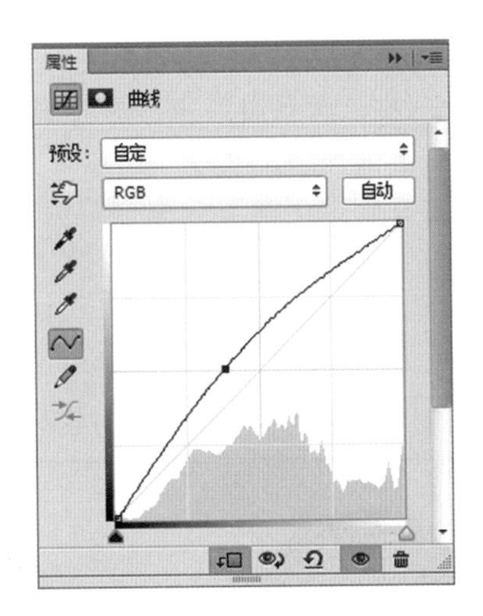

图 2-50　曲线调整

(4) 去除脸部的头发和较明显的斑点。单击“图层 1”，在工具箱中选择“污点修复画笔工具”，调整笔头的大小，类型选择“内容识别”，选中“对所有图层取样”，按 Ctrl++ 组合键放大图像，单击斑点处，即可去除斑点。在去除的过程中可以按住空格键，拖动鼠标以便移动图像，去除脸部的头发和较明显的斑点。

(5) 去除黑眼圈。单击“图层 1”，在工具箱中选择“修复画笔工具”，调整笔头大小，按住 Alt 键，单击人物脸颊处进行取样，然后在黑眼圈的位置拖动鼠标进行涂抹，不断地重复，直到把黑眼圈都遮盖了，效果如图 2-51 所示。

(6) 修复鼻梁处镜框。在工具箱中选择“修补工具”，用“修补工具”框选镜框的掉漆处，效果如图 2-52 所示，拖动到下方镜框色彩相似的位置，松开鼠标即可完成复制，然后按 Ctrl+D 组合键取消选区。右侧镜框的掉漆处用相同方法处理。

图 2-51　去除黑眼圈

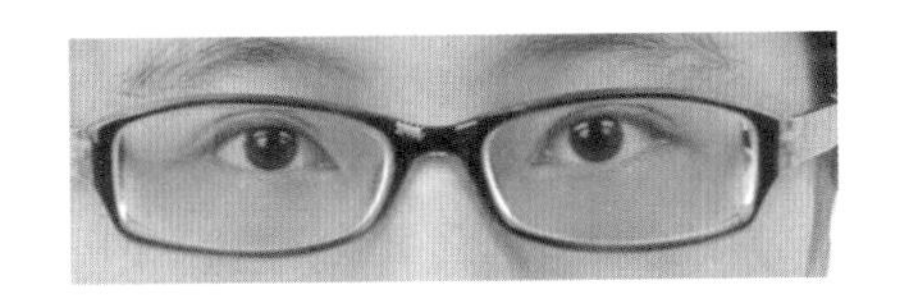

图 2-52　修复眼镜

（7）去除耳朵下方和头颈上方的碎头发。因为这些碎头发的背景是白色的，所以先设置背景颜色为白色，然后在工具箱中选择“橡皮擦”，在工具选项栏中选择“硬边圆”，在“背景层”上将碎头发擦除。如果有部分擦除不了，则选择“图层 1”进行擦除。

（8）去除头颈和衣服上的头发。在工具箱中选择“污点修复画笔工具”，调整笔头的大小，在“背景层”和“图层 1”进行涂抹，即可去除碎发，效果如图 2-53 所示。

（9）修饰嘴唇。新建“图层 2”，在“图层 1”和曲线调整图层之间，在工具箱中选择“磁性套索工具”，频率设置为 100，在嘴唇处单击，然后沿着嘴唇的轮廓继续移动，直到光标移至起点处，光标右下角会出现圆圈，单击可封闭选区，如图 2-54 所示。在“选择”菜单中选择“修改”中的“羽化”命令，设置“羽化”值为 10 像素。设置前景色为 #f9667e，按 Alt+Delete 组合键进行填充，并按 Ctrl+D 组合键取消选区，然后设置图层混合模式为“颜色”，图层不透明度为 37%，效果如图 2-55 所示。

图 2-53　去除碎发

图 2-54　选取嘴唇

图 2-55　修复照片的瑕疵

2.6　去除图片的水印

一般我们从网上下载的图片都会带着网站的 Logo 或者网址的水印，而很多时候这将影响我们使用图片达到需要的效果。本案例用修图工具对水印进行去除，具体实现步骤如下。

2.6　去除图片的水印 .mp4

（1）打开 Photoshop，在“文件”菜单中选择“打开”命令，选择“去水印图片 .jpg”，如图 2-56 所示。

（2）按 Ctrl+J 组合键复制图层，并将背景层隐藏。在工具箱中选择“仿制图章工具”，按住 Alt 键，在文字“灌木丛”左侧无文字的地方选择相似的色彩处单击进行采样，然后在“灌木丛”文字上方拖动鼠标，进行采样区域的复制并覆盖文字，效果如图 2-57 所示。

（3）下方水印底部的背景色彩和周边的比较一致，所以在工具箱中选择“修补工具”，用“修补工具”框选文字“昵图网 www.nipic.com”，如图 2-58 所示。

图 2-56　有水印图片

图 2-57　用“仿制图章”修复

图 2-58　用“修补工具”框选文字

（4）拖动到无文字区域并且色彩或图案相似的位置，松开鼠标即可完成复制，然后按 Ctrl+D 组合键取消选区。图片右侧的水印去除方法一致，最终效果如图 2-59 所示。

（5）图片下方的水印也可以用“污点修复画笔工具”，在工具箱中选择“污点修复画笔工具”，设置如图 2-60 所示的参数，然后在文字处涂抹，即可去除水印。

图 2-59　修复后的照片

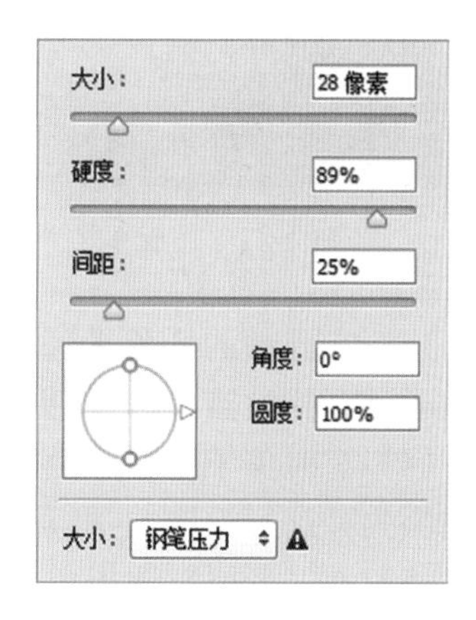

图 2-60　“污点修复画笔工具”调板

2.7 超酷的火焰碎片效果

2.7 超酷的火焰碎片效果.mp4

超酷的火焰碎片效果制作分为三个部分，首先把兔子抠出来，然后用裂纹素材给兔子身体增加裂纹，最后用碎片素材增加碎片，局部增加火焰效果，再整体润色即可。具体实现步骤如下。

（1）打开 Photoshop，在“文件”菜单中选择“打开”命令，打开“火焰兔子 .jpg”，在工具箱中选择“磁性套索工具”，“频率”设置为 100，在兔子边缘处单击，然后沿着兔子的轮廓继续移动，直到光标移至起点处，光标右下角会出现圆圈，单击可封闭选区，效果如图 2-61 所示。

（2）兔子边缘的毛发没有处理完整，则在工具属性栏中单击“调整边缘”按钮，弹出“调整边缘”对话框，视图选择“黑底”，半径设置为 3 像素左右，然后在兔子的边缘进行涂抹，直到兔子边缘的毛发大部分能够显示，设置“平滑”为 2，“羽化”值为 3.6 像素，输出“新建带有图层蒙版的图层”，如图 2-62 所示。

图 2-61 选取兔子

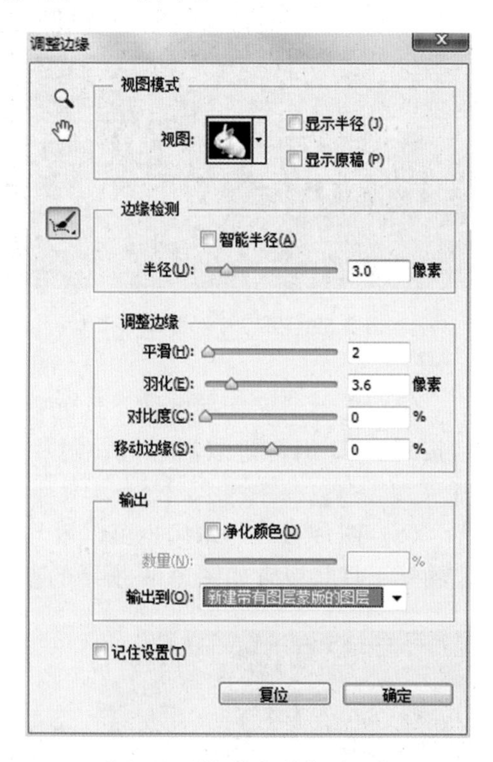

图 2-62 “调整边缘”对话框

（3）在隐藏的“背景”图层上方新建“图层 1”，按 Alt+Delete 组合键填充黑色，使兔子的背景为黑色，这样更突出火焰的碎片效果。

（4）有时兔子边缘的毛发可能有些丢失，可以单击“图层蒙版”，用白色的画笔在毛发丢失处进行涂抹，这样可以处理出较完整的兔子。

（5）在“图层”调板中单击“创建新的填充或调整图层”按钮，选择“黑白”，参数采用默认设置。为了符合火焰碎片效果的意境，在“图层”调板中单击“创建新的填充或调整图层”按钮,选择“色阶”,参数如图 2-63 所示。

（6）打开“裂纹 1”素材图片并拖动到文档中形成“图层 2”,再设置其图层混合模式为“正片叠底”,按 Ctrl+T 组合键进行自由变换,调整至合适的大小,并移动到兔子眼睛下方。然后为“图层 2”添加图层蒙版,用黑色的画笔对裂纹进行修饰,擦除多余的部分,效果如图 2-64 所示。

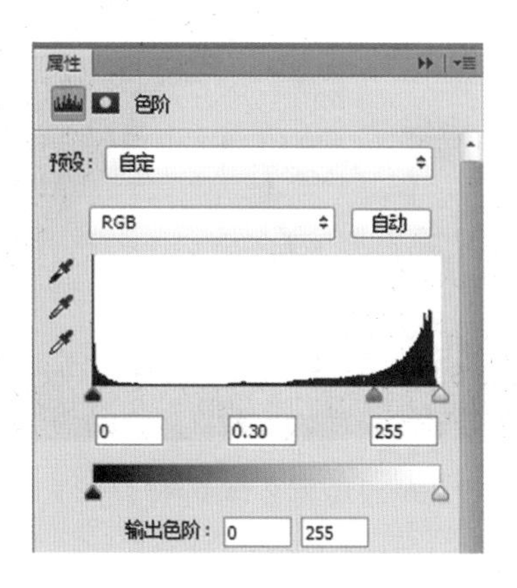

图 2-63　“色阶”的调整

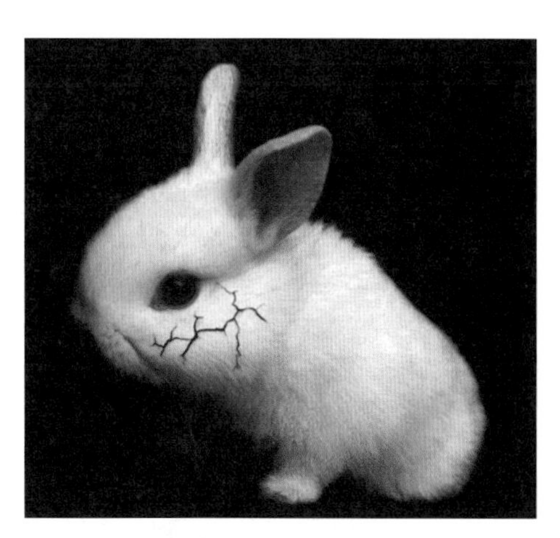
图 2-64　添加裂纹素材（1）

（7）打开“裂纹 2”素材图片并拖动到文档中形成“图层 3”,操作同上,将裂纹移动到兔子身体处。裂纹 2 和兔子的颜色对比明显,所以在“图层”调板中,单击“创建新的填充或调整图层”按钮,选择“色阶”,参数设置如图 2-65 所示。然后按 Alt+Ctrl+G 组合键创建剪贴蒙版。再为“图层 3”添加“图层蒙版”,用黑色的画笔对裂纹进行修饰,擦除多余的部分,效果如图 2-66 所示。

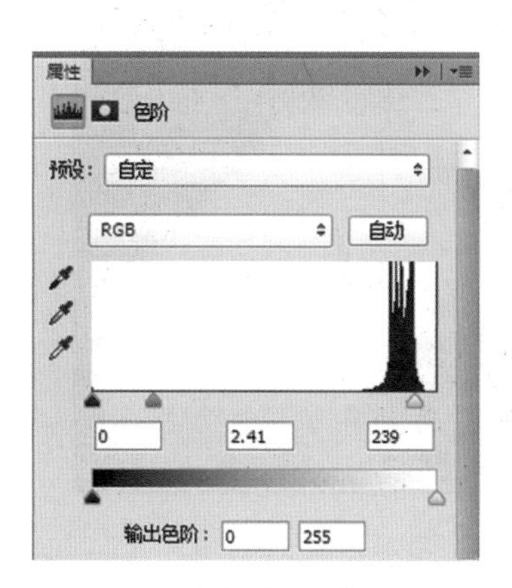

图 2-65　继续“色阶”的调整

图 2-66　添加裂纹素材（2）

（8）打开“裂纹 3”素材图片并拖动到文档中形成“图层 4”,操作同上,将裂纹移动到兔子眼睛上方处。右击“色阶 2”,在弹出的快捷菜单中选择“复制图层”命令,弹出“复制图层”对话框,如图 2-67 所示。将“色阶 2 拷贝”图层拉到“图层 4”上方,

然后按 Alt+Ctrl+G 组合键，创建剪贴蒙版。然后为“图层 4”添加“图层蒙版”，用黑色的画笔对裂纹进行修饰，擦除多余的部分，效果如图 2-68 所示。

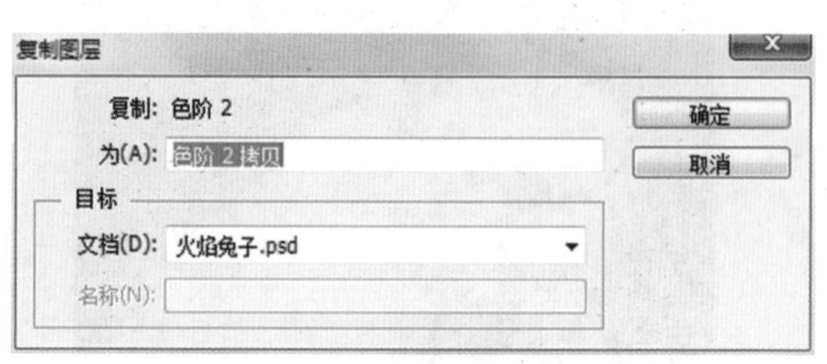

图 2-67 “复制图层”对话框

图 2-68 添加裂纹素材（3）

（9）打开“裂纹 4”素材图片并拖动到文档中形成“图层 5”，再设置其图层混合模式为“正片叠底”，按 Ctrl+T 组合键进行自由变换，调整至合适的大小和角度，并移动至兔子耳朵处。在“图层”调板底部单击“创建新的填充或调整图层”按钮，选择“色阶”命令，参数设置如图 2-69 所示，然后按 Alt+Ctrl+G 组合键创建剪贴蒙版。再为“图层 5”添加“图层蒙版”，用黑色的画笔对裂纹进行修饰，擦除多余的部分，效果如图 2-70 所示。

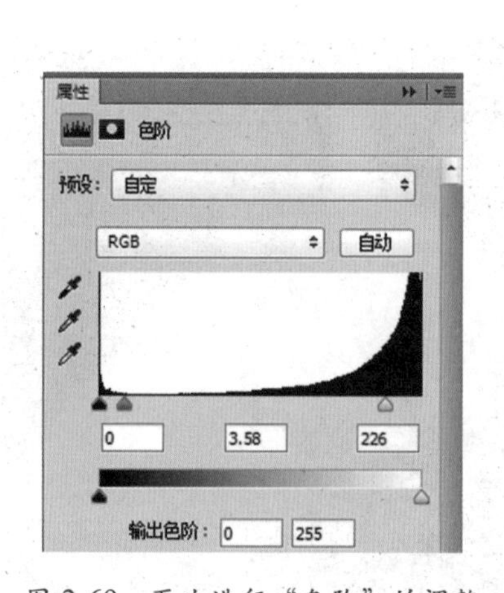

图 2-69 再次进行“色阶”的调整

图 2-70 添加裂纹素材（4）

（10）打开“裂纹 2”素材图片并拖动到文档中形成“图层 6”，再设置其图层混合模式为“正片叠底”，按 Ctrl+T 组合键进行自由变换，调整至合适的大小和角度，并移动至兔子背部下方。然后为“图层 6”添加“图层蒙版”，用黑色的画笔对裂纹进行修饰，擦除多余的部分，效果如图 2-71 所示。

(11) 打开“裂纹 4”素材图片并拖动到文档中形成“图层 7”，再设置其图层混合模式为“正片叠底”，按 Ctrl+T 组合键进行自由变换，调整至合适的大小和角度，并移动至兔子背部下方。在“图层”调板底部单击“创建新的填充或调整图层”按钮，选择“色阶”命令，参数设置如图 2-72 所示，然后按 Alt+Ctrl+G 组合键，创建剪贴蒙版。再为“图层 7”添加“图层蒙版”，用黑色的画笔对裂纹进行修饰，擦除多余的部分，效果如图 2-73 所示。

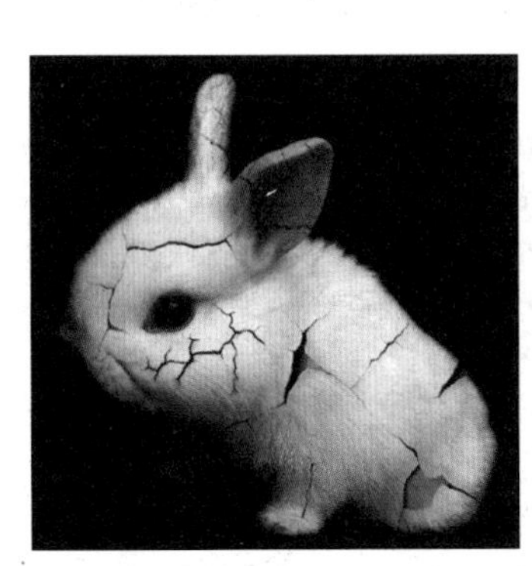

图 2-71 添加裂纹素材 (5)

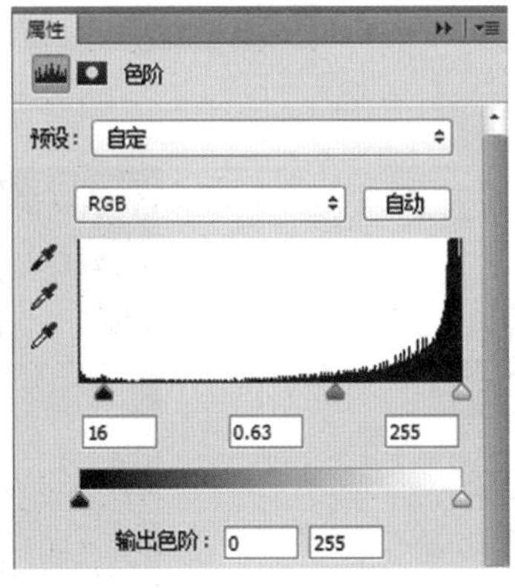

图 2-72 又一次进行“色阶”调整

图 2-73 添加裂纹素材 (6)

(12) 打开“火山熔岩”素材图片，用“移动工具”将其拖动到文档中形成“图层 8”。多复制几层，按 Ctrl+T 组合键改变角度和位置。在工具箱中选择“套索工具”，选择合适的火焰，按 Ctrl+J 组合键进行复制，然后拖动到合适的裂缝处。多处理几次，达到满意的效果。再选中这几个图层，右击，在弹出的快捷菜单中选择“合并图层”命令，将图层混合模式设置为“变亮”。然后为“图层 8”添加“图层蒙版”，用黑色的画笔擦除多余的火山熔岩。右击，在弹出的快捷菜单中选择“应用图层蒙版”命令。为了体现兔子身体中的火苗效果，在工具箱中选择“涂抹工具”，强度为 40%，使用“柔边圆压力大小”在兔子身体处擦出火苗，如图 2-74 所示。

(13) 在“文件”菜单中选择“打开”命令，打开“粒子 .jpg”。然后在工具箱中选择“魔棒工具”，在工具属性栏中设置“容差”为 30，不选中“连续”，在图像黑色处单击，接着按 Ctrl+Shift+I 组合键进行反选，最后将粒子选区拖动到火焰兔子中，形成“图层 9”。按 Ctrl+J 组合键建立粒子副本，然后按 Ctrl+T 组合键进行自由变换，调整到适当的大小和角度，并移动到合适的位置，如图 2-75 所示。

(14) 为了体现破碎的粒子效果，则隐藏黑色背景、粒子图层及其副本，然后按 Ctrl+Alt+Shift+E 组合键进行盖印，得到“图层 10”。按 Ctrl+T 组合键进行自由变换，对该图层进行放大拉宽，效果如图 2-76 所示。

(15) 按 Ctrl+Shift 组合键的同时，用鼠标单击粒子图层和副本的缩略图，将这两个图层的粒子转换为选区，然后回到被拉宽的图层，即“图层 10”，按 Ctrl+Shift+I 组合键进行反选，接着按 Delete 键删除多余的选区，最后按 Ctrl+D 组合键取消选区，并将黑色背景显示出来，这样就可以得到破碎的粒子效果。然后为“图层 10”添加“图层蒙版”，用黑色的画笔擦除兔子身体的粒子，兔子身体中和腿部的粒子被隐藏，如图 2-77 所示。

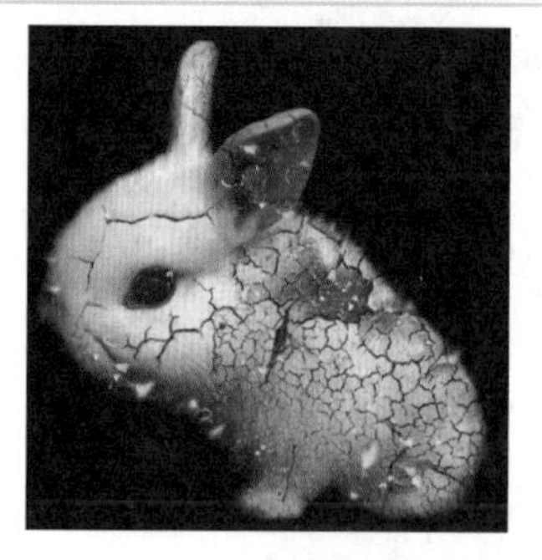

图 2-74　添加火苗

图 2-75　添加碎片

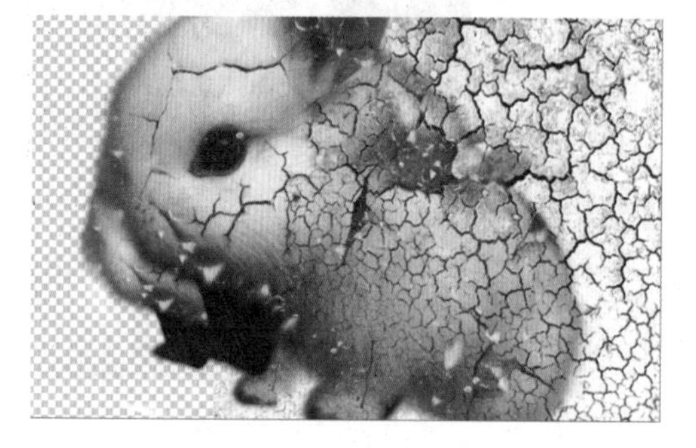

图 2-76　加强粒子效果

图 2-77　粒子效果

（16）打开“烟雾”素材图片并拖动到文档中形成“图层 11”，按 Ctrl+T 组合键进行自由变换，调整好角度和位置，设置图层混合模式为“滤色”，然后创建“色相 / 饱和度”调整图层，参数如图 2-78 所示。按 Alt+Ctrl+G 组合键创建剪贴蒙版，再为“图层 11”添加“图层蒙版”，用黑色的画笔擦除多余的烟雾，这样兔子背部呈现燃烧的烟雾效果，如图 2-79 所示。

图 2-78　“色相 / 饱和度”的调整

图 2-79　调整“色相 / 饱和度”后的效果

（17）按 Ctrl+Alt+Shift+E 组合键进行盖印，得到“图层 12”，接着对火焰兔子进行调色。创建“照片滤镜”调整图层，滤镜采用“加温滤镜（81）”，浓度采用 30%，如图 2-80 所示。创建“色阶”调整图层，使整体效果分明些，参数如图 2-81 所示。经过调色后，让图像的整体颜色看起来有种发热的温度感，色彩由冷色调转换为暖色调，火焰兔子的效果如图 2-82 所示。

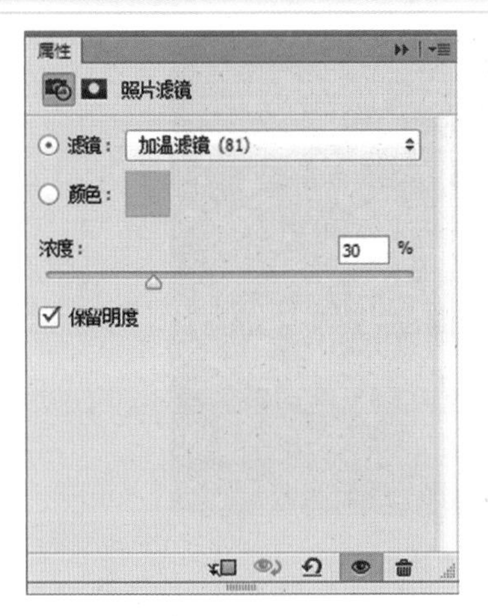

图 2-80　添加“照片滤镜”

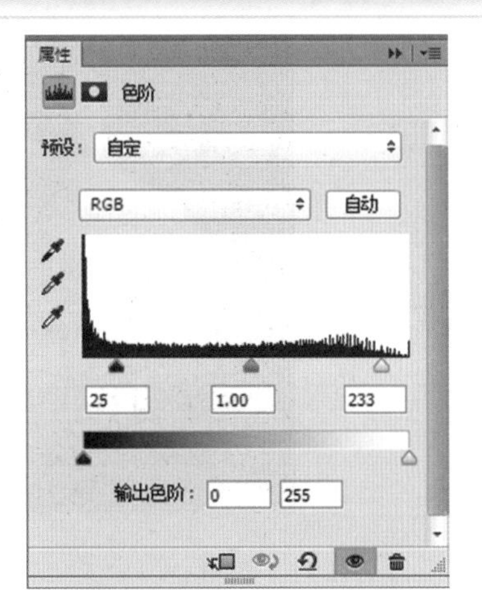

图 2-81　“色阶”对话框

图 2-82　火焰兔子

（18）新建图层，在工具箱中选择“画笔工具”，在属性栏中设置画笔样式为“柔边圆”，设置前景色为红色，用柔边画笔把裂纹的部分画上红色，如图 2-83 所示。然后在“滤镜”菜单中选择“模糊”中的“高斯模糊”命令，在弹出的“高斯模糊”对话框中设置半径为 20 像素，如图 2-84 所示。并将图层混合模式设置为“滤色”，最终效果如图 2-85 所示。

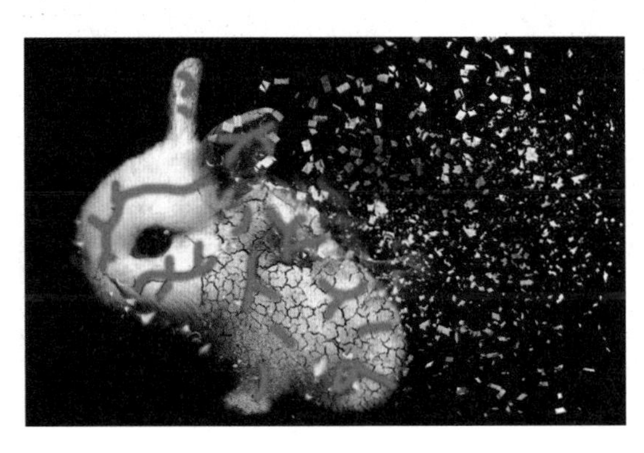

图 2-83　绘制红色区域

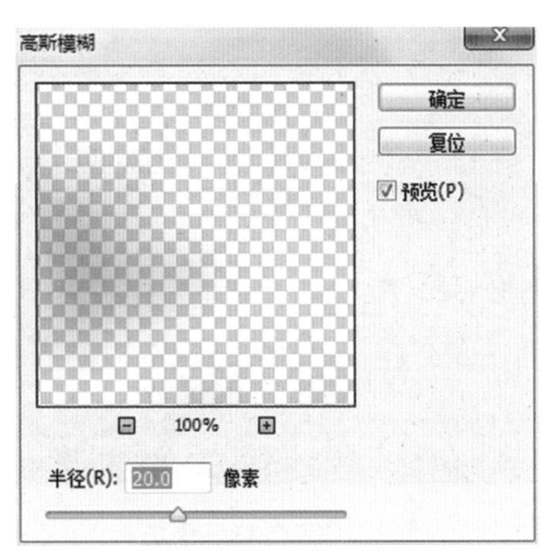

图 2-84　“高斯模糊”对话框

图 2-85　火焰碎片效果

2.8　思 维 拓 展

根据所学的知识，完成以下任务。

（1）制作如图 2-86 所示的小球。

（2）制作如图 2-87 所示的条纹图像。

图 2-86　小球

图 2-87　条纹图像

（3）给定的素材如图 2-88 所示，经过仿制后如图 2-89 所示。

图 2-88　梅花

图 2-89　仿制梅花

（4）素材如图 2-90 所示，请清除照片中的涂鸦，效果如图 2-91 所示。

（5）制作如图 2-92 所示的背景。

图 2-90　照片涂鸦

图 2-91　清除照片中的涂鸦

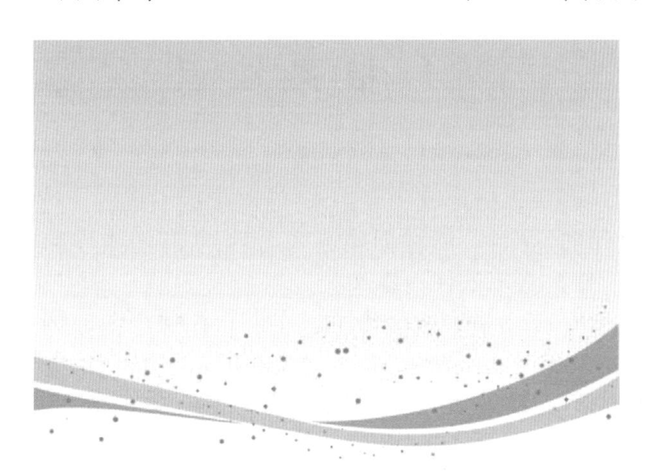

图 2-92　背景

第3章　选　　区

本章学习目标

- 掌握选取类工具的使用方法。
- 掌握色彩范围的使用方法。
- 掌握编辑选区，对选区的羽化、调整、交换、增减、反选、存储、加载等操作方法。
- 掌握边缘清晰的图像、大范围颜色相近的图像、背景色单一的图像的抠图方法。
- 掌握快速蒙版、通道的基本操作。
- 学会调整边缘的抠图技巧。

3.1　相关知识

在使用Photoshop处理图像时，经常只需要操作图像的某一部分，那么我们可以考虑将这部分像素从图像中挑选或分隔出来，这就形成了选区。选区有两个正好相反的用途，施加影响和加以保护，即在创建选区之后，所有的操作和效果只针对选区起作用，而选区之外的像素将不受任何影响。

创建选区是图像处理中最频繁的操作之一。将图像中需要的部分从画面中精确地提取出来，是后续图像处理的重要基础。Photoshop为我们提供了大量的选取工具和选取方法，掌握好选区的创建技巧，将会给你的图像处理带来很大的方便。

3.1.1　选框工具组

在Photoshop的工具箱中，有一组专门用于在图像中创建规则选区的工具，即选框工具组。

（1）矩形选框工具：在工具箱中选择“矩形选框工具”后，在图像中按下鼠标左键并拖动一段距离，然后释放鼠标左键，即可以创建一个矩形选区。在创建矩形选区的同时，如果按住Shift键不放，则可以创建正方形选区。如果按住Alt键不放，就可以创建以起始点为中心的矩形选区。

（2）椭圆选框工具：用于在被处理的图像中创建椭圆形或圆形选区。其操作方法同矩形选框工具。

（3）单行选框工具和单列选框工具：在工具箱中选择单行或单列选框工具后，只要在图像中单击，即可创建1像素宽的横行或竖行选区。

在创建选区的时候，如果按住空格键不放，就可以移动正在创建的选区边界；在创建完选区之后，将鼠标光标移到选区内部并拖动，同样也可以移动选区边界。

在工具箱中选择任一种选框工具后，在菜单栏的下方就会出现一个与之相对应的工具属性栏。图 3-1 所示为“矩形选框工具”的属性栏。

图 3-1　“矩形选框工具”的属性栏

左边的四个按钮分别表示新选区、添加到选区、从选区减去、与选区交叉四种模式。

单击新选区按钮，光标为十字形。表示每次只能在图像中创建一个新的选区。如果原来已经有选区存在，创建新选区时，原来的选区将会自动取消。

如果原来已经存在选区，单击添加到选区按钮或按下 Shift 键，光标就变为带加号的十字形。在图像中创建新选区时，新的选区与已经存在的选区将共同构成选区。

如果原来已经存在选区，单击从选区减去按钮或按下 Alt 键，光标就变为带减号的十字形。在图像中创建新选区时，将从已存在的选区中减去新选区。若新选区与原来的选区无重合区域，则无任何变化。

如果原来已经存在选区，单击与选区交叉按钮或同时按下 Shift 键与 Alt 键，光标就变为带乘号的十字形。在图像中创建新选区时，将以新选区与原来选区相交的部分作为选区。

羽化：它可以实现选区内部边界和外部边界的颜色过渡。输入的值越大，所选取图像边缘的柔和度也越大。该属性必须在选区被创建之前设置，才会产生效果。

消除锯齿：当选中该属性时，可部分地选取边界像素，使像素的硬边界变得柔和。当在工具箱中选择“椭圆选框工具”创建选区时，一般要先选中该属性。

样式：在样式的下拉选项中，有“正常”“固定长宽比”“固定大小”三种选择设置。其中“正常”表示可以在图像中随意创建任意大小的选区；选择“固定长宽比”样式，将按照宽度和高度输入框中的数值比例创建选区；选择“固定大小”样式，则可按照宽度和高度输入框中的数值建立选区。

其他选框工具的工具属性栏的属性设置与矩形选框工具的类似，下面就不作一一介绍了。

3.1.2　套索工具组

在 Photoshop 的工具箱中，有一组专门用于在图像中创建不规则形选区的工具，即套索工具组。

（1）套索工具可用于在图像中创建任意形状的选区。在工具箱中选择“套索工具”，在起点按下左键并拖动鼠标，在终点释放鼠标左键，那么在图像中就会沿鼠标拖动的轨迹创建一个不规则选区。

（2）多边形套索工具可以通过单击不同的点来创建多边形的选区。在工具箱中选择“多边形套索工具”，在图像中单击，拖动鼠标到另一位置，再次单击，如此下去，在终点处双击或当鼠标移到起点处时光标右下角出现带空心圆圈时单击，即可结束选区的选取，在图像中就创建了一个以鼠标单击点为多边形顶点的多边形选区。“多边形套索工具”常用于创建形状不规则且选区边缘是直线型的选区。

(3) 磁性套索工具可用于在图像中根据颜色的差别自动勾画出选区。在工具箱中选择“磁性套索工具”，在图像边缘处单击，然后沿着图像边缘慢慢移动鼠标，选区边界会自动吸附于图像边缘，并且在选区边界上会自动生成一些紧固点。在终点处双击或当鼠标移到起点处且光标右下角出现带空心圆圈时单击，就可以结束选区的选取。当选区边缘与未选取区域边缘颜色对比度差异很大时，就可以使用磁性套索工具快速创建选区。

3.1.3 魔棒工具组

魔棒工具组包含魔棒工具与快速选择工具。

(1) 魔棒工具通常被认为是功能最强的选取工具。在图像中单击，就会将图像上与鼠标单击处颜色相近的区域作为选区。

工具属性栏的容差取值为 0 ~ 255。该数值的大小决定了创建选区的精度。值越大，选区的精度越小。如果图像具有纯色背景，则可以用“魔棒工具”来快速选取背景。

当选中“连续的”属性后，在图像中就只能选择与鼠标单击处颜色相近且相连的区域作为选区。

选中“用于所有图层”属性后，在图像中可以选择所有可见部分中颜色相近的区域作为选区。

(2) 快速选择工具类似于笔刷，并且能够调整圆形笔尖大小来绘制选区。在图像中单击并拖动鼠标即可绘制选区。这是一种基于色彩差别但却是用画笔智能查找主体边缘的新颖方法。

3.1.4 选定色彩范围

在 Photoshop 的“选择”菜单中选择“色彩范围”命令，在弹出的“色彩范围”对话框中可以指定颜色来创建选区，并可以通过指定其他颜色来增加或减少活动选区。“色彩范围”对话框设置如图 3-2 所示。

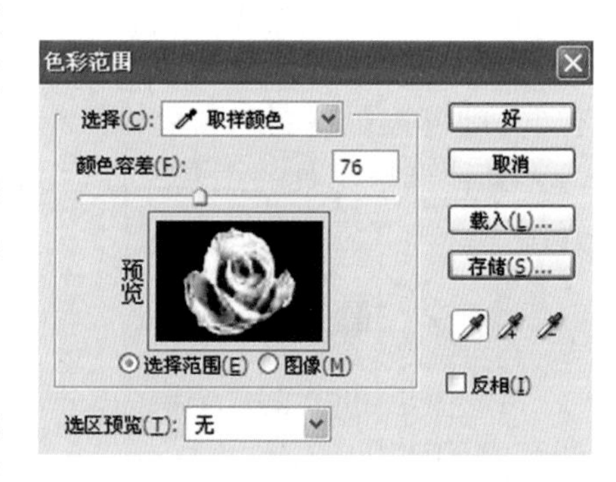

图 3-2 “色彩范围”对话框

在“选择”属性中，若选择“取样颜色”样式，这时光标将变成吸管状，其功能类似于魔棒工具。在该属性中，还可以以指定颜色、高光、中间调、暗调等为方式来创建选区。在预览框中，白色显示部分为选区范围，黑色显示部分为未选中区域范围。当选中“反相”属性后，可交换这两个区域。

若想增加选区范围，则可选择带加号的吸管；若想减少选区范围，则可选择带减号的吸管。

“色彩范围”命令可以一次性从图像中选择一种或多种颜色的区域作为选区。它常常与其他选择技巧结合起来，可以在图像中创建极为复杂的选区。

3.1.5 选区操作

对于已经创建好的选区，可以在“选择”菜单下选择相应的命令，对选区作一定的调整或修改。其中“反选”“羽化”“存储选区”和“载入选区”命令是图像处理中经常要使用的操作。

1．调整选区

在创建好选区后，通过调整选区，往往能够实现许多特殊的图像效果。调整选区的操作通过“选择”菜单下的“修改”命令来实现。“修改”命令提供了以下几种功能。

若选择“边界”功能，会弹出“边界选区”对话框。在“宽度”输入框中输入像素值，则可在原选取区域的选取框线外建立以输入像素值为宽度的边框选取区域。

若选择“平滑”功能，会弹出“平滑选区”对话框。在“取样半径”中输入像素值，则可形成圆滑边缘的选取区域。

若选择“扩展”功能，会弹出“扩展选区”对话框。输入要扩展的像素值，则可扩大选取区域。

若选择“收缩”功能，会弹出“收缩选区”对话框。输入要收缩的像素值，则可缩小选取区域。

若选择“羽化”功能，提供了一种选区内部边界和外部边界的渐变过渡。羽化值越大，所选取图像的边缘到选区外部边界的过渡越柔和。

2．变换选区

“变换选区”就是对当前选区进行缩放、旋转、斜切等操作。在“选择”菜单下选择“变换选区”命令，则在当前选区周围会出现一个定界框。通过拖动定界框周围的各个调整节点即可自由调整或旋转选取区域，也可以在工具属性栏中通过输入设置值来变换选区。在“选择”菜单下选择“变换选区”命令或按 Ctrl+T 组合键，即可对选区进行变换操作。在菜单栏的下方出现“变换选区”工具属性栏，属性设置如图 3-3 所示。

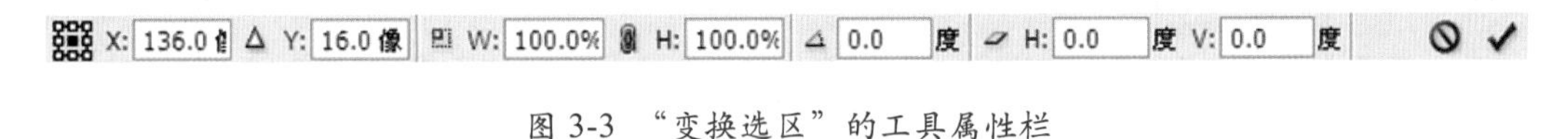

图 3-3 “变换选区”的工具属性栏

参考点位置按钮：黑点显示了调节中心正处于定界框的中央。可以在其他白色小点上单击，使调节中心调到相应的位置。也可以将鼠标光标移到调节中心上，当光标变成带空心圆圈的箭头时，即可拖动调节中心到指定的位置。

X、Y 属性是设置调节中心的坐标值。单击按钮表示所设置的坐标值为相对坐标。

缩放输入框：W、H 属性可分别设置定界框中选区的宽度和高度缩放比例。单击按钮，将保持长宽比进行缩放。

旋转输入框：设置定界框中选区绕调节中心的旋转角度。

斜切输入框：H、V 属性分别设置水平方向和垂直方向上的倾斜程度。

按钮表示取消变换选区操作，按钮表示确定变换选区操作。

3．选区的其他操作

反向选择：选择菜单中的“反选”命令，就是取消现有选区的选取，而将未被选

取的区域作为选区。在创建选区时，有时采用逆向思维方式可大大提高选取的效率。比如要选择纯色背景上的复杂对象，可先使用魔棒工具选取背景，然后利用“选择”菜单下的“反选”命令或者按 Ctrl+Shift+I 组合键就可以轻松选取该对象了。

取消选区：在“选择”菜单中选择“取消选择”命令，或按 Ctrl+D 组合键，可取消选区。

全选：按 Ctrl+A 组合键为全选。

移动选区：在创建选区的同时，按住空格键不放可移动正在创建的选区边界。

增减选区：“扩大选取”命令会根据误差值区域内色彩相似的邻近像素而扩大选取区域。“选取相似”命令是对整个图像的相近区域进行选取。

4. 载入和存储选区

在用 Photoshop 处理图像时，经常需要将不同图层上的选区进行叠加，这就要用到“载入选区”和“存储选区”命令。

“存储选区”命令对现有选区进行保存，以备用。保存的选区被存放于通道中。“存储选区”对话框如图 3-4 所示。

“载入选区”命令对保存的选区进行调用。常用于将保存的选区与现有选区进行相加、相减、相交等操作。“载入选区”对话框如图 3-5 所示。

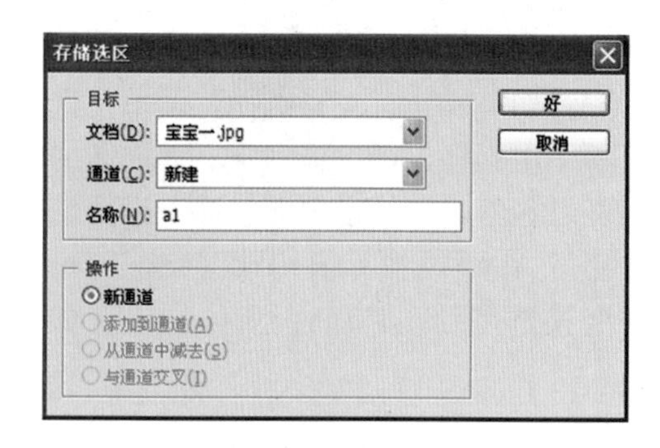

图 3-4 “存储选区”对话框

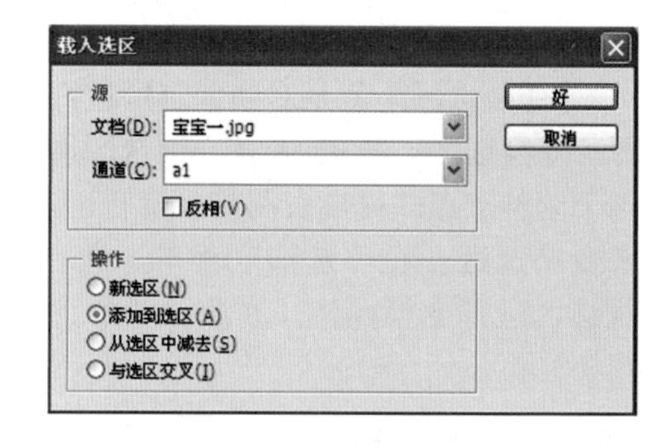

图 3-5 “载入选区”对话框

3.1.6 调整图像的边缘并抠图

自 Photoshop CS5 增加了“调整边缘”模式之后，可以轻而易举地解决诸如毛发这样的复杂图像抠图。在图像窗口中创建选区之后，在任意一个选框工具的工具属性栏中都会出现“选择并遮住”按钮，单击这个按钮，就会弹出“调整边缘”模式，如图 3-6 所示。

“调整边缘”工具分为“视图模式”“边缘检测”“全局调整”“输出设置”四个大的区域。

“视图模式”使用各种方式显示出选区的范围，以屏蔽选区外图像对操作的影响，便于观察抠出图像与各种背景的混合效果。

“边缘检测”使用滑块改变选区的边缘，使它更加柔和或锐化，平滑或细致；也可以改变选区的扩展与收缩量，从而最终符合选取的要求。

“全局调整”分为平滑度、羽化、对比度和移动边缘四个参数。

“输出设置”是指在本操作结束之后的图层输出方式。

图 3-6　“调整边缘”模式

使用“调整边缘”模式抠图的一般步骤如下。

(1) 先做一个大致的选区,较难选出的边缘可以忽略。

(2) 进入“调整边缘”模式中,可以先选中“显示边缘”选项,将“视图”设为“叠加”。然后选中“智能半径”选项,将“智能半径”值设定,参数根据实际情况来确定。

(3) 利用“调整边缘画笔工具” 涂抹半径区域,以处理较难抠取的图像复杂区域。其中“调整边缘画笔工具”是用来加大边缘宽度的。选中 Alt 键,该工具可做橡皮擦。

(4) 取消选中“显示边缘”选项。按 F 键循环切换视图,预览抠像效果,不完美就继续用“调整边缘画笔工具”处理半径,直到满意为止。在“输出到”下拉列表框中选择一种输出方式。推荐使用“新建带有图层蒙版的图层”这种输出方式。

(5) 最后还可以使用“画笔工具”强化边缘的一些细节。调整边缘抠图可以通过 3.6 节案例学习,有详尽的实现步骤。

3.1.7　用通道抠图

在 Photoshop 中通道有颜色通道、Alpha 通道和专色通道,通道中只有黑、白、灰三类颜色,在后台影响图像。颜色通道记录颜色信息。专色通道保存专色,专色是特殊的预混油墨,它们用于替代或补充印刷色(CMYK)油墨,如金属质感的油墨、荧光油墨等。Alpha 通道是用来存储选区的。

Alpha 通道是用黑到白中间的 8 位灰度将选区保存。可以用 Alpha 通道中的黑白对比来制作我们所需要的选区。白色代表被选择的区域,黑色则代表了未被选择的区域,灰色代表了被部分选择的区域。可以通过色阶来加大图像的黑白对比,以此来确定选取范围。

通道抠图一般流程如下。

(1) 打开“通道”调板,首先在“红”“绿”“蓝”三个通道中选择出一个颜色对

比较明显的通道，然后复制这个通道。注意，如果是要抠选半透明的图像，要在三个通道中选择灰色值丰富的通道进行复制。

（2）按 Ctrl+L 组合键，弹出“色阶”调板，尽量调整色阶参数，使抠像的部分区域以白色显示，其他部分以黑色显示。也可以通过“画笔工具”绘制。

（3）按 Ctrl 键，再单击通道微缩图标，载入通道选区，然后转到“图层”调板中进行复制图层操作。具体实现步骤可以学习 3.3 节、3.5 节中的案例。

3.1.8 绘制路径并抠图

对于清晰的轮廓，若想非常精确地抠选出来，可以考虑使用“钢笔工具”绘制路径，然后用“将路径转换为选区”这种方法。

首先打开图片，然后用“钢笔工具”沿着轮廓边缘绘制路径，按 Ctrl+Enter 组合键或单击“路径”调板底部的“将路径转换为选区”按钮，将路径转为选区，适当羽化（羽化值为 1～3）。在“图层”调板下单击“添加图层蒙板”按钮，完成抠图操作。

在准备对图像选区进行操作之前，需要从选区的形状、图像的色彩、选区与未选区之间的对比等多方面进行分析，然后采取最简单、最适合的操作。

3.2 给儿童衣服更换颜色

本案例中，儿童的衣服用“快速选择工具”来选取，对于一些细节部分，可以将图像放大到足够大，然后通过“套索工具”进行选取。天空则采用了“魔棒工具”进行选取，具体实现步骤如下：

3.2 给儿童衣服更换颜色 .mp4

（1）在 Photoshop 中打开素材图片“儿童 .jpg”，在“图像”菜单中选择“图像旋转”中的“90°（顺时针）”命令，如图 3-7 所示。

（2）在工具箱中选择“裁剪工具”，图像四周会出现裁剪边界。将鼠标光标移至下边界中间位置，按住左键并向上拖动鼠标，对图像进行裁剪，如图 3-8 所示。

图 3-7 旋转后的素材图像“儿童”

图 3-8 裁剪图像

（3）在工具箱中选择“快速选择工具”，在工具属性栏中单击按钮（添加到选区），设置画笔大小为30。在图像窗口中，在儿童的裙子上按住鼠标左键进行拖动，直至裙子部位很快被选取出来，如图3-9所示。

（4）在工具箱中选择“套索工具”，在工具属性栏中单击按钮（从选区减去），按住鼠标左键不放，在儿童大拇指的地方进行绘制。可以按Ctrl++组合键放大图像进行操作。调整后的选区如图3-10所示。

图3-9　创建选区

图3-10　细节地方的选取

（5）按Ctrl+U组合键，调整所选区域的“色相/饱和度”，参数设置如图3-11所示。

（6）按Ctrl+D组合键，取消选区，效果如图3-12所示。

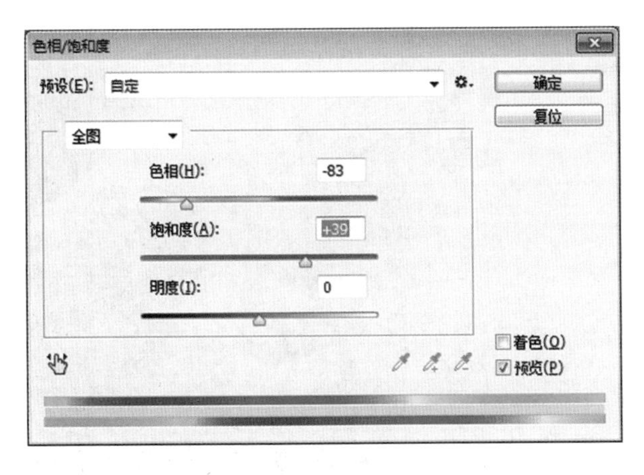

图3-11　“色相/饱和度”对话框

图3-12　更换衣服的颜色

（7）在“图层”调板中，双击“背景”图层的空白处，解锁“背景”图层。在工具箱中选择“魔棒工具”，在工具属性栏中选中“连续”，然后在图像窗口中单击白色

天空部分，则白色天空作为选区载入，如图 3-13 所示。

（8）在“图层”调板中，单击此调板底部的“添加图层蒙版”按钮，为该图层添加“图层蒙版”。然后按 Ctrl+I 组合键进行反相操作，如图 3-14 所示。

图 3-13　选取天空

图 3-14　添加图层蒙版

（9）在 Photoshop 中打开“天空”素材，在工具箱中选择“移动工具”，按住鼠标左键不放，将天空素材拖动到儿童文档中。在“图层”调板中，将“天空”图层移到“儿童”图层的下方，并适当调整天空的位置，效果如图 3-15 所示。

（10）单击“图层调板”底部的“创建新的填充或调整图层”按钮，选择“曲线”，设置如图 3-16 所示，即得到最终的效果。

图 3-15　添加天空

图 3-16　“曲线”的调整

3.3　制作身份证件照

3.3　制作身份证件照.mp4

对于人物的头发、动物的皮毛这类复杂的选区，可以采用调整边缘的方法来获取选区，效果非常不错。具体实现步骤如下。

(1) 在Photoshop中打开素材图片“女孩.jpg”，如图3-17所示。在“图层”调板中双击“背景”图层的空白处，解锁“背景”图层，图层名字更名为“女孩头发”。按Ctrl+J组合键复制图层。将“女孩头发　副本”图层更名为“女孩实”。

(2) 分析素材发现，女孩头发比较凌乱，是抠图的难点所在。因此，在抠图时，在图层“女孩实”上用“钢笔工具”抠出没有凌乱头发的身体及面部，在图层“女孩头发”中用通道抠出头发丝细节。

(3) 在工具箱中选择“钢笔工具”，在工具属性栏中选择“路径”模式[路径 ÷]，在图像窗口中沿着女孩的轮廓进行绘制，如图3-18所示。

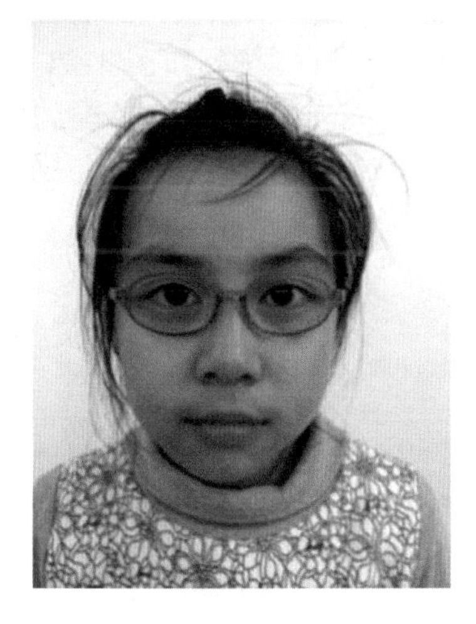
图3-17　素材图片“女孩”

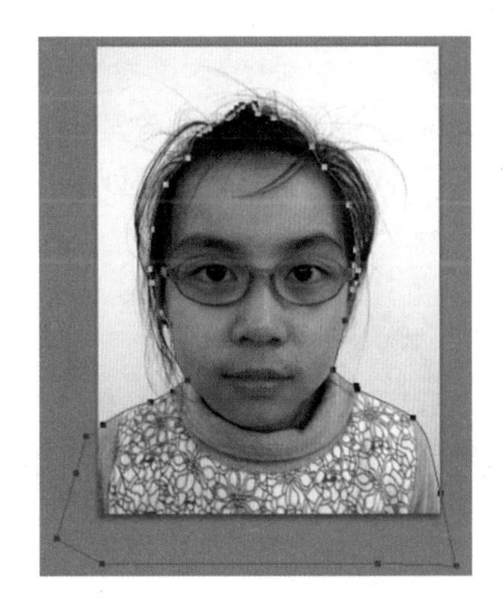
图3-18　“钢笔工具”绘制路径

说明：在用“钢笔工具”进行绘制时，在圆弧边缘按住鼠标左键拖出控制线，使得控制线与轮廓圆弧成切线方向，并适当调整控制线的长短。一般来说，大弧控制线较长，小弧控制线较短。松开鼠标左键后，就绘制了路径上的一个锚点。在前进方向的轮廓上找另一段圆弧，按上述方法绘制出另一个锚点，使得两个锚点之间的曲线贴紧人物轮廓。

在绘制过程中，若按住Alt键可改变控制线方向；按住Ctrl键则暂时可以将“钢笔工具”转换成“直接选取工具”，就可以调整锚点的位置；也可以单击空白处结束路径的绘制。

(4) 按Ctrl+Enter组合键可以将路径转换成选区，如图3-19所示。

(5) 在“图层”调板中单击“女孩实”图层，在调板底部单击“添加图层蒙版”按钮，给图层添加“图层蒙版”。单击“女孩头发”图层前的👁图标，隐藏该图层，如图3-20所示。

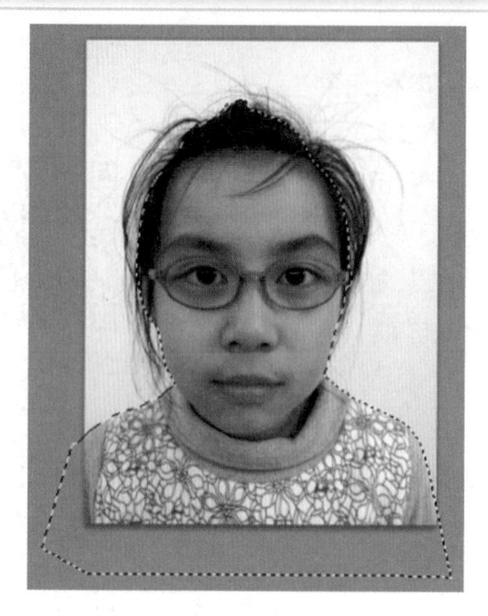

图 3-19　路径转换为选区

图 3-20　添加“图层蒙版”

（6）在“图层”调板中单击“女孩头发”图层，并隐藏“女孩实”图层。切换到“通道”调板，仅显示“红”“绿”“蓝”中的一个通道进行观察，如图 3-21 所示。由于“蓝通道”保留了较多的头发丝细节。在“蓝通道”空白处右击，选择“复制通道”命令。在“蓝　拷贝”通道的空白处单击，仅显示这个通道，其他通道全部隐藏。

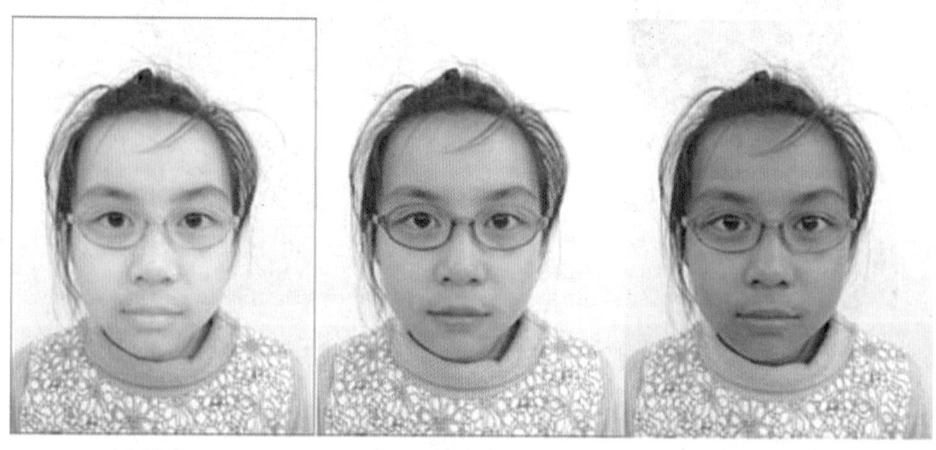

红通道　　绿通道　　蓝通道

图 3-21　三原色通道对比

（7）按 Ctrl+I 组合键对通道进行反相操作。按 Ctrl+L 组合键会弹出“色阶”对话框，单击“选项”按钮下方的图标（在图像中取样以设置黑场），然后在图像窗口中单击女孩图像的背景，再单击“确定”按钮，如图 3-22 所示。

（8）经过上述步骤，背景已经有一部分成了黑场。但还有些地方呈现灰色。在工具箱中选择“套索工具”，在图像窗口中将灰色部分选中，如图 3-23 所示。按 Ctrl+L 组合键，弹出“色阶”对话框，单击“选项”按钮下方的图标（在图像中取样以设置黑场），单击选区中的背景区域。按 Ctrl+D 组合键取消选区。如此反复，直至所有背景都被设置为黑场为止，如图 3-24 所示。

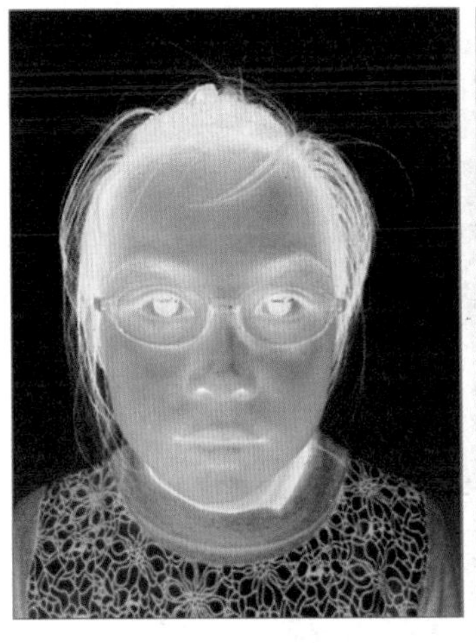
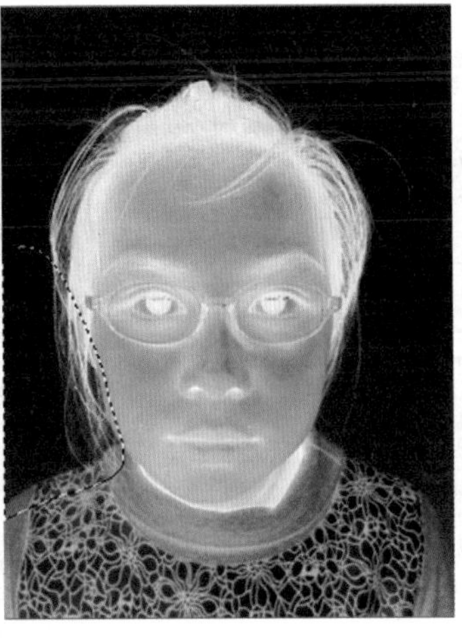
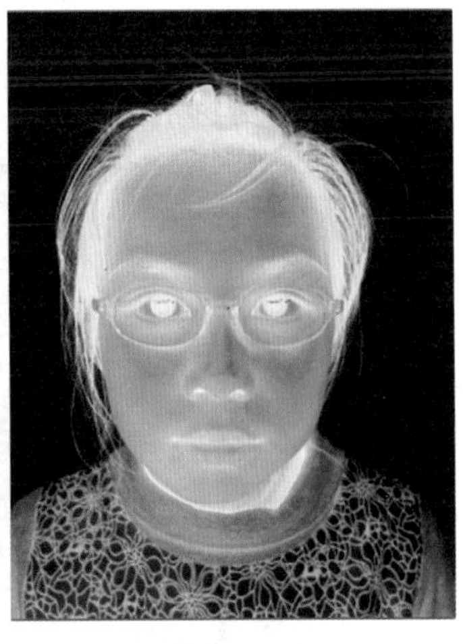

图 3-22　“反相”操作　　图 3-23　对背景进行选取　　图 3-24　设置背景为黑场

(9) 在“通道”调板中，按 Ctrl 键，单击“蓝 拷贝”微缩图标，载入含有头发丝的选区。显示 RGB 及红、绿、蓝三通道，隐藏“蓝 拷贝”通道。切换到“图层”调板，单击“女孩头发”图层，单击调板下方的“添加图层蒙版”按钮，如图 3-25 所示。

(10) 在“图层”调板中显示“女孩实”图层。将图层“女孩头发”设为当前图层。在该图层的蒙版微缩图标上右击，选择“应用图层蒙版”命令。单击“图层”调板上方的“锁定透明像素”按钮，在工具箱中选择“画笔工具”，在工具属性栏中设置画笔大小为 250、硬度为 0。单击工具箱中的“前景色”按钮，在图像窗口中吸取女孩的头发颜色。然后用画笔在头发丝处进行涂抹，以强化头发的细节部分，如图 3-26 所示。

(11) 新建一个图层，设置前景色为红色，按 Alt+Delete 组合键对该图层填充红色。在“图层”调板中将这个图层调到所有图层的最下方，如图 3-27 所示。

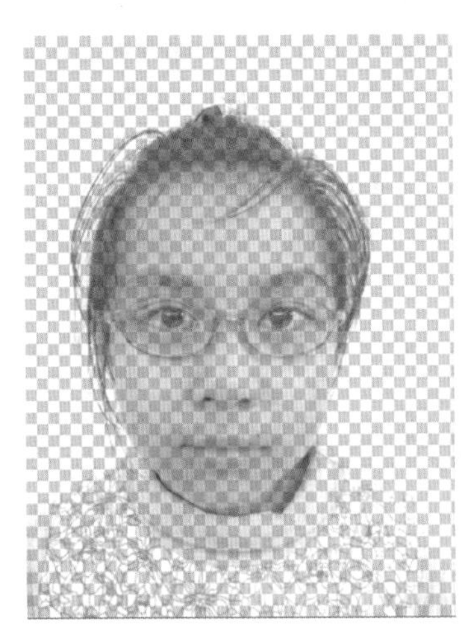
图 3-25　添加图层蒙版

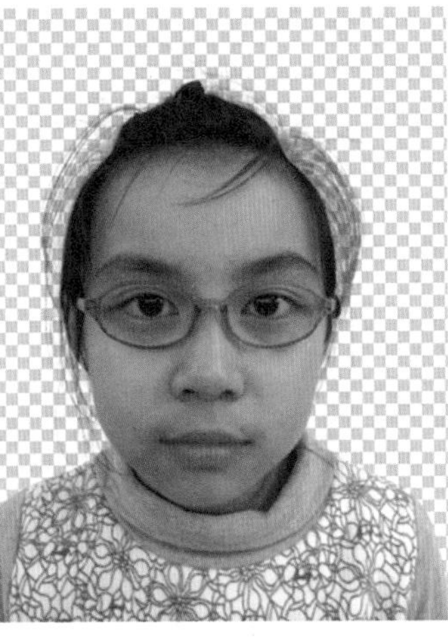
图 3-26　强化头发丝细节

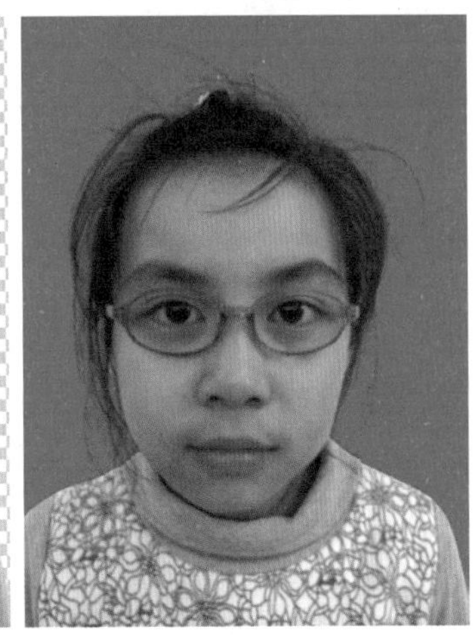
图 3-27　添加红色背景

(12) 单击“图层调板”底部的“创建新的填充或调整图层”按钮，选择“曲线”，设置如图 3-28 所示。

(13) 按住 Alt 键，用鼠标单击曲线图层与下方图层中的分隔线，创建“图层剪贴

蒙版”。选择“曲线”图层，单击“图层调板”底部的“添加图层蒙版”按钮，用黑色的柔角画笔在女孩的面部之外的地方涂抹，如图 3-29 所示。

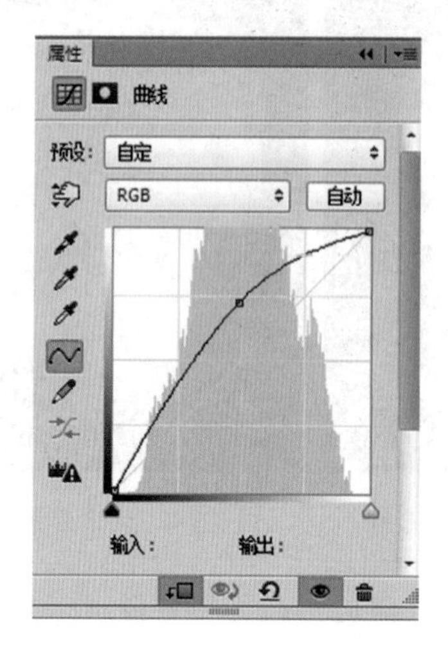

图 3-28　创建“曲线调整图层”

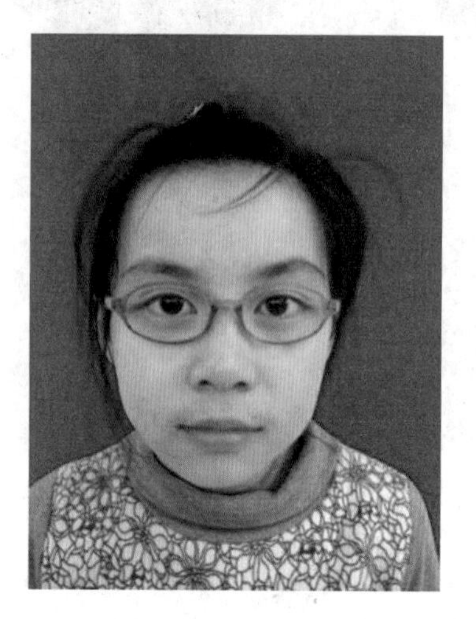

图 3-29　调整肤色

（14）证件照按照尺寸来定义，主要有一寸、小两寸、两寸三种，其中一寸和两寸主要用于各种毕业证书、简历等，小两寸主要用于护照。证件照规格及对应尺寸如表 3-1 所示。下面以 5 寸相纸打印 1 寸照片为例进行说明。在工具箱中选择“裁剪工具”的属性栏的设置如图 3-30 所示。

表 3-1　证件照规格及对应尺寸

证件照规格	实际尺寸	备　注
一寸	2.5cm × 3.5cm	一张 5 寸相纸上可以排 8 张照片
小两寸	3.3cm × 4.8cm	一张 5 寸相纸上可以排 4 张照片
两寸	3.5cm × 5.2cm	一张 5 寸相纸上可以排 4 张照片

图 3-30　“裁剪工具”的属性栏

（15）在“文件”菜单中选择“存储为”命令，弹出“另存为”对话框。设置保存类型为 JPEG，名字命名为“证件照（红底 1 寸）”。

（16）新建一个图像文件，宽度为 5 英寸，高度为 3.5 英寸，分辨率为 300 像素 / 英寸，如图 3-31 所示。

（17）在工具箱中选择“移动工具”，将“证件照（红底 1 寸）”移动到此文档中。按住 Alt 键不放，在图像窗口中，用鼠标拖动证件照，可以复制出 3 个副本图层。在“图层”调板中，按 Shift 键，单击选择所有证件照图层。在工具箱中选择“移动工具”，在工具属性栏中单击（顶对齐）和（水平居中分布）按钮。在“图层”调板中按 Ctrl+G 组合键将所选图层进行群组。按住 Alt 键不放，在图像窗口中用鼠标拖动证件照，即可完成排版，如图 3-32 所示。

图 3-31　新建一个图像文件

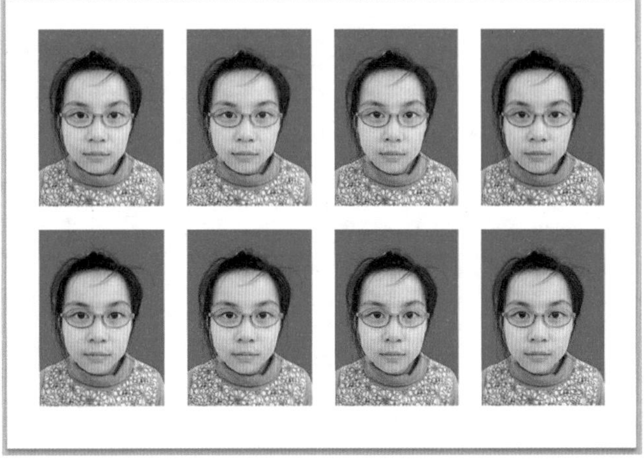

图 3-32　身份证件照片

3.4　制作半透明花朵

3.4　制作半透明花朵.mp4

本案例利用“矩形选框工具”“椭圆选框工具”绘制了一幅漂亮的计算机屏幕壁纸,具体实现步骤如下。

(1) 新建一个图像文件,宽度为 1024 像素,高度为 768 像素,分辨率为 72 像素 / 英寸,如图 3-33 所示。

(2) 在工具箱中选择“渐变工具”,在工具属性栏中单击按钮,进入“渐变编辑器”对话框,设置渐变如图 3-34 所示。渐变两端色块颜色为 #7376f9,中间色块颜色为 #d1d3fd。在工具属性栏中单击“线性渐变”按钮。在图像窗口中按住鼠标左键不放,在图像左上角拖动鼠标到图像右下角,用设置好的渐变色填充背景。

(3) 在“图层”调板中新建一个图层。在工具箱中选择“矩形选框工具”,按住 Shift 键在图像窗口中拖动鼠标创建一个正方形选区。按 Alt+Delete 组合键填充前景色,按 Ctrl+D 组合键取消选区。在“图层”调板中单击“添加图层样式”按钮 fx,选择“内发光”样式,设置如图 3-35 所示,发光颜色设置为白色,“大小”为 30。

(4) 在“图层”调板上方,将“填充”值设置为 0。在工具箱中选择“移动工具”,按住 Alt 键不放,用鼠标移动“图层 1”上的内容,可以复制多个“图层 1 副本”,如图 3-36 所示。在“图层”调板中单击“图层 1”,按住 Shift 键,再单击“图层 1 副本 4”,按下 Ctrl+G 组合键将这些图层建立为群组。按 Ctrl+T 组合键作适当变形。

图 3-33　新建一个图像文件

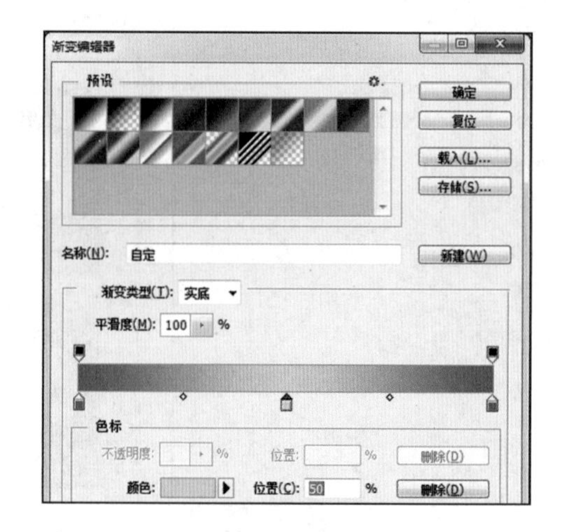

图 3-34　设置渐变色

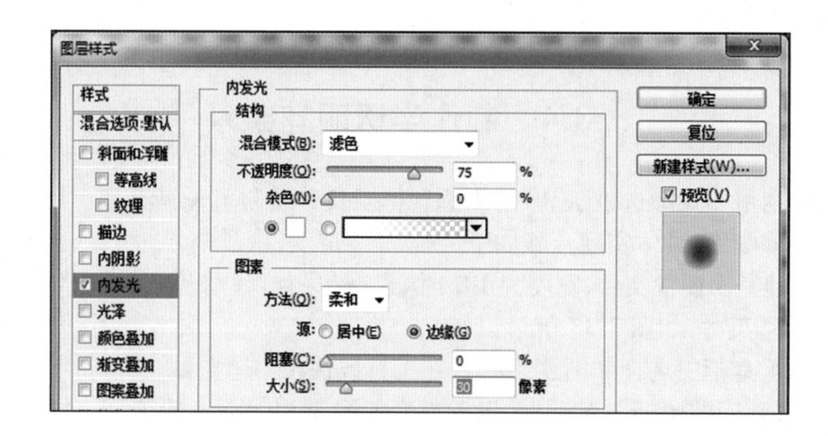

图 3-35　“内发光”图层样式

（5）在工具箱中选择“移动工具”，选择“组 1”，按住 Alt 键不放，用鼠标移动“组 1”的内容，如图 3-37 所示。

（6）在“图层”调板中新建一个图层。在工具箱中选择“椭圆选框工具”，在图像窗口中用鼠标拖出一个椭圆选框，如图 3-38 所示。

（7）在“选择”菜单中选择“存储选区”命令，在弹出的对话框中输入名称为“1”。在“选择”菜单中选择“变换选区”命令，在工具箱中选择“移动工具”，在键盘上连续按向右的箭头键多次。确定变形后，在“选择”菜单中选择“载入选区”命令，设置如图 3-39 所示。

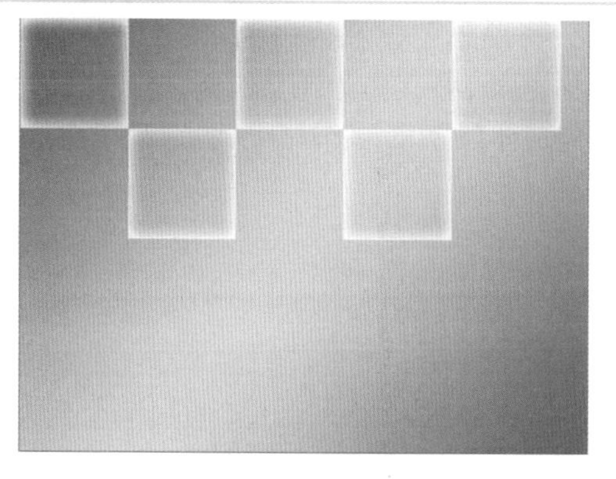

图 3-36 复制图层

图 3-37 复制群组

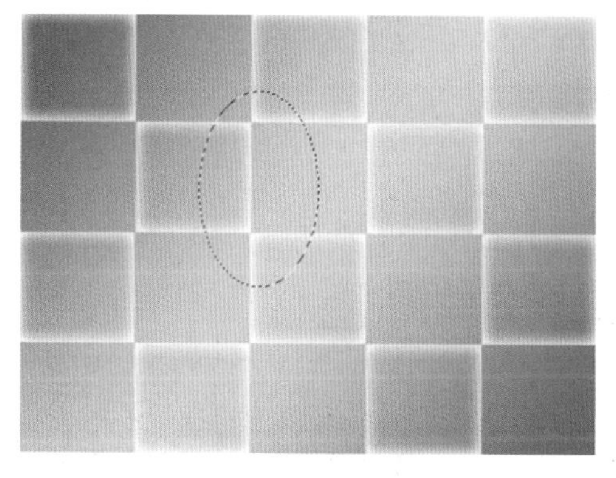

图 3-38 创建椭圆选区

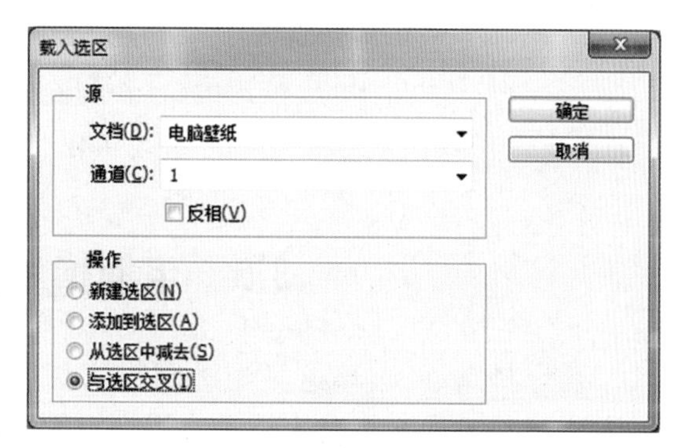

图 3-39 “载入选区”对话框

（8）将前景色设置为白色，在工具箱中选择“渐变工具”，选择“白色到透明”渐变颜色，对选区填充线性渐变，如图 3-40 所示。按 Ctrl+D 组合键取消选区，一个花瓣制作完成。

（9）按 Ctrl+Alt+T 组合键进行变形操作，将变形中心变成花瓣下方的中心，然后旋转 30°，按 Enter 键确定变形。按 Ctrl+Alt+Shift+T 组合键重复变形 3 次。对“图层 2”及其副本作群组操作。按 Ctrl+T 组合键作旋转缩放，如图 3-41 所示。

图 3-40 填充线性渐变

图 3-41 组合花朵

（10）在“图层”调板中新建一个图层，在工具箱中选择“单列选框工具”，在图

像窗口中单击鼠标，得到一个 1 像素宽的选区。将前景色设置为白色，按 Alt+Delete 组合键对选区填充前景色。用移动工具移动选区部分，将其作为花茎。

（11）复制多个花朵图像，如图 3-42 所示，完成本案例的制作。

图 3-42　复制花朵

3.5　用通道抠出红色丝绸

3.5　用通道抠出红色丝绸 .mp4

要想将婚纱、玻璃这类半透明物体从图像中抠选出来，用一般的方法很难实现。将通道技术应用到抠图上，可以取得意想不到的效果。具体实现步骤如下。

（1）在 Photoshop 中打开素材图片“红色丝绸 .jpg”，如图 3-43 所示。

图 3-43　素材图片“红色丝绸 .jpg”

（2）打开“通道”调板，依次只显示“红”“绿”“蓝”通道，观察通道上的灰度颜色信息，见图 3-44。如果想抠出透明度好且薄的丝绸图像，就可以挑选“红”或“蓝”通道进行复制；如果想抠出清晰的丝绸轮廓，可以挑选“绿”通道进行复制。在“通道”调板中选择“蓝”通道，在该通道图层的空白处右击，选择“复制通道”命令，单击“确定”按钮后，就新建了“蓝 副本”通道。显示“蓝 副本”通道，隐藏其他所有通道。

（3）在“图像”菜单中选择“调整”中的“反相”命令或按 Ctrl+I 组合键。在工具箱中选择“画笔工具”，将前景色设置为纯黑色，在如图 3-45 所示区域涂抹，去除背景杂色。

（4）在“通道”调板中，按住 Ctrl 键，单击“蓝 副本”通道的微缩图标，载入选区，如图 3-46 所示。

图 3-44　三原色通道对比

图 3-45　将背景设置为纯黑色

图 3-46　载入选区

（5）隐藏“蓝 副本”通道，显示 RGB 通道。转到“图层”调板，按 Ctrl+J 组合键复制选区的内容。在“图层 1”的下方可以新建一个图层，填充为黑色。选择“图层 1”，单击“锁定”后面的“锁定透明区域”按钮。在工具箱中选择“画笔工具”，将前景色设置为丝绸的颜色，然后在“图层 1”上涂抹，如图 3-47 所示。

图 3-47　给丝绸上色

3.6　调整边缘并抠出可爱的小猫

3.6　调整边缘并抠出可爱的小猫.mp4

本案例同样利用调整边缘的方法抠选动物的皮毛，具体实现步骤如下。

（1）在 Photoshop 中打开素材图片“小猫 .jpg”，如图 3-48 所示。

（2）在工具箱中选择“快速选择工具”，单击工具属性栏中的按钮，在小猫身体上按住鼠标左键进行拖动，得到一个选区。若这个选区超出了小猫身体，则单击工具属性栏中的按钮，在超出部分上按住鼠标左键进行拖动，注意要合理调整画笔的大小，得到的选区如图 3-49 所示。

图 3-48 素材图片“小猫.jpg”

图 3-49 用“快速选择工具”选取小猫

（3）单击工具属性栏上的“选择并遮住”按钮，在弹出的“属性”调板中，选中“显示边缘”选项，并在“视图”下拉框中选择“叠加”。然后选中“智能半径”选项，并设置智能半径大小为 8 像素，如图 3-50 所示。

（4）单击左侧的“调整边缘画笔工具”，在图像窗口中小猫半径的外侧拖动鼠标，将小猫的毛（可以看到背景的那部分）都涂抹成半径区域。需要特别注意的是，在涂抹时，要适当改变画笔大小，做到精确绘制，并提高效率。涂抹半径区域如图 3-51 所示。

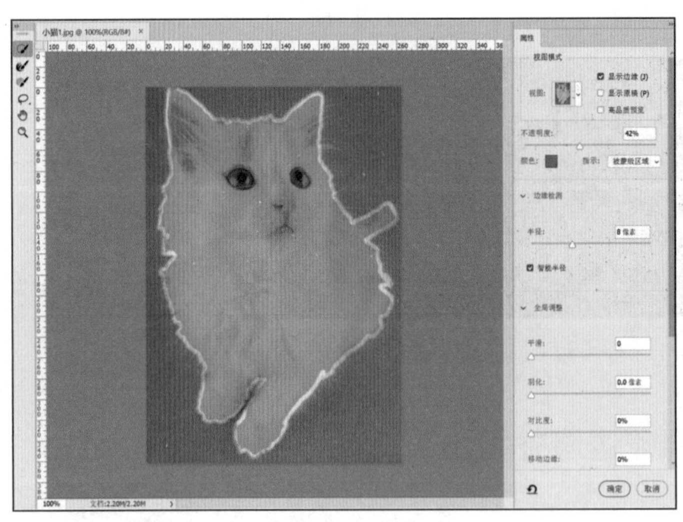

图 3-50 进入“调整边缘”界面

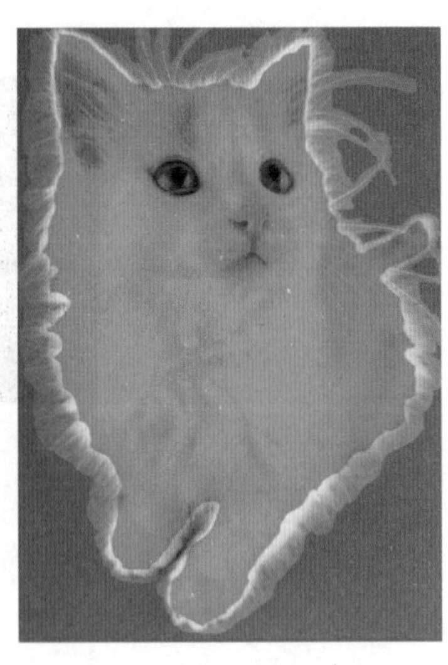

图 3-51 涂抹半径区域

（5）在“属性”调板中取消选中“显示边缘”选项。按 F 键循环切换视图模式，预览抠图效果。如在“黑白”视图下的抠图效果如图 3-52 所示。如果对预览效果满意，就可以进行输出操作了；若不满意，就再次选中“显示半径”选项，进入“叠加”视图，继续进行半径编辑。

（6）在“属性”调板中，将“羽化”值设为0.5，“对比度”设置为3，“移动边缘”设置为-8。选中“净化颜色”选项，其值设置为50。在“输出到”的下拉框中选择“新建带有图层蒙版的图层”，单击“确定”按钮，如图3-53所示，完成小猫的抠图。

图3-52 “黑白”视图

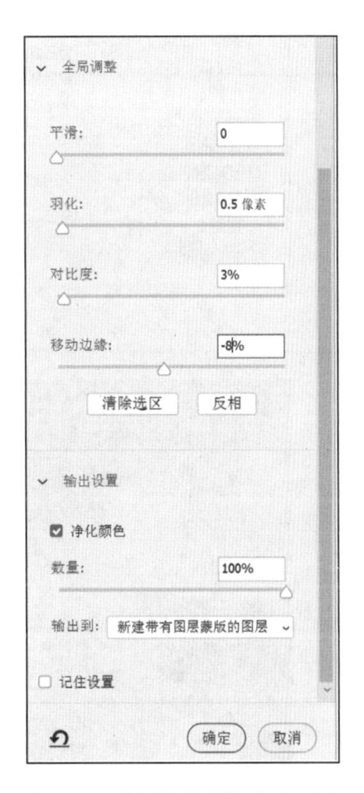

图3-53 “调整边缘”输出设置

（7）在“图层”调板中，右击“背景 副本”图层的蒙版微缩图标，选择“应用图层蒙版”。然后单击“锁定”后面的锁定透明区域按钮。在工具箱中选择“画笔工具”，将前景色设置为小猫毛皮的颜色，在小猫边缘拖动鼠标进行绘制，可以强化小猫毛的效果，如图3-54所示。

图3-54 强化小猫毛细节

（8）打开素材图片“草地.jpg”，用移动工具将小猫移动到草地上。按Ctrl+T组合键，再同时按住Shift键，对小猫进行等比例缩放。在“图层”调板底部单击 fx 按钮，选择“投影”命令，设置如图3-55所示。

（9）在“图层”调板中新建一个图层，在工具箱中选择“仿制图章工具”，在工具属性栏中的“样本”下拉框中选择“所有图层”，将画笔设为硬度为0、大小为20的笔刷。按Alt键，在草地上单击进行取样。然后按住鼠标左键不放，在小猫前爪处进行涂抹。仿制后效果如图3-56所示。

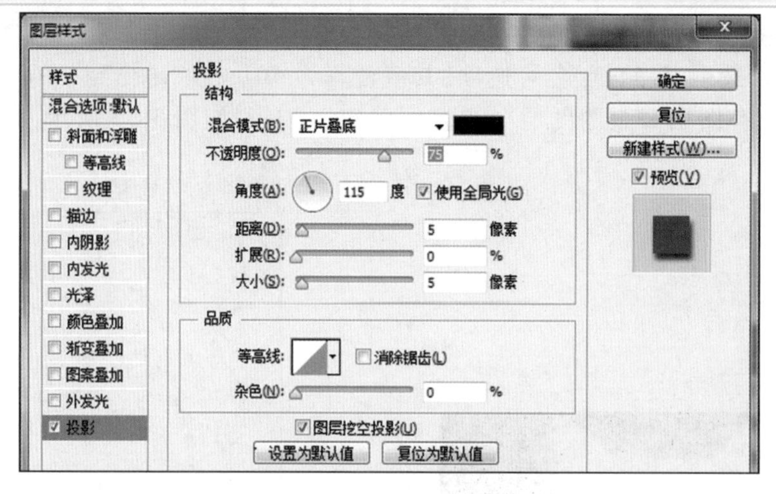

图 3-55 “投影”图层样式

图 3-56 图像合成效果

3.7 制作拼图效果

利用选区的布尔运算做出了本节的这幅拼图。用同样的思路，可以做出很多复杂的选区，具体实现步骤如下。

3.7 制作拼图效果.mp4

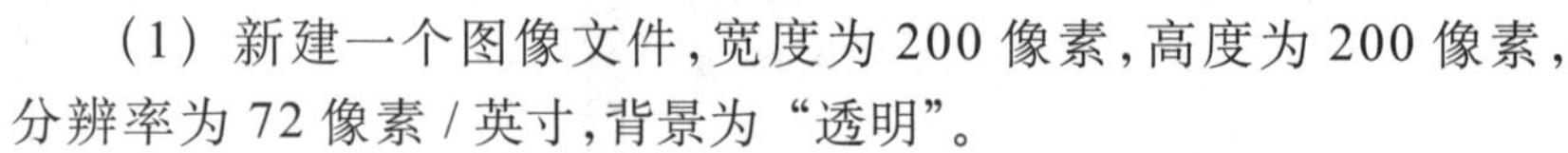

(1) 新建一个图像文件，宽度为 200 像素，高度为 200 像素，分辨率为 72 像素 / 英寸，背景为“透明”。

(2) 在“视图”菜单中，选择“显示”中的“网格”命令，在图像窗口中就有网格显示。在“编辑”菜单中，选择“首选项”中的“参考线、网格和切片”命令，弹出“首选项”对话框，设置网格参数，如图 3-57 所示。

(3) 在工具箱中选择“矩形选框工具”，在工具属性栏中单击▣按钮，在图像窗口中绘制如图 3-58 所示选区。在工具箱中选择“椭圆选框工具”，在工具属性栏中单击▣按钮，在图像窗口中绘制如图 3-59 所示选区。注意，在绘制时，按住 Shift 键控制的选区为圆形。在绘制时，按住键盘上的空格键，可以移动选区到想要的位置。

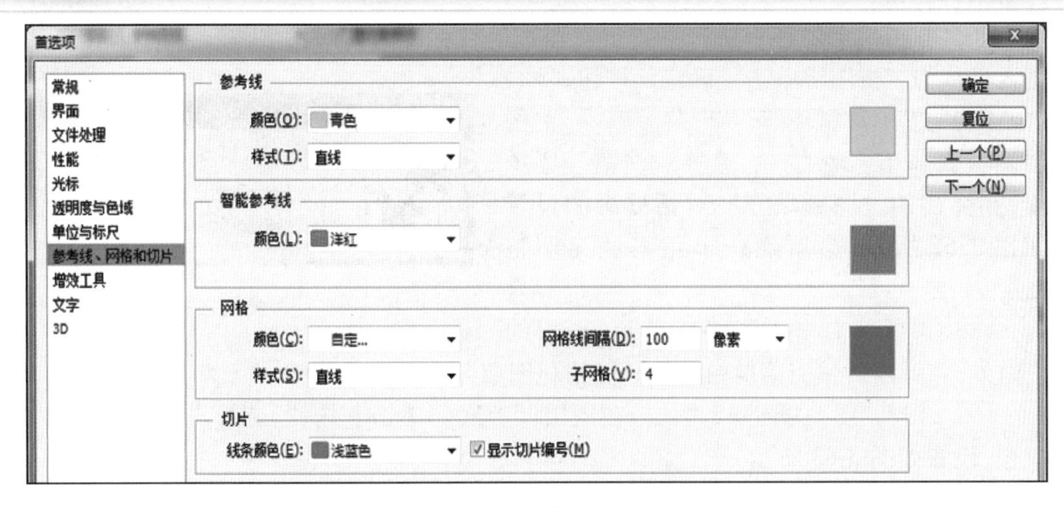

图 3-57　设置“网格”参数

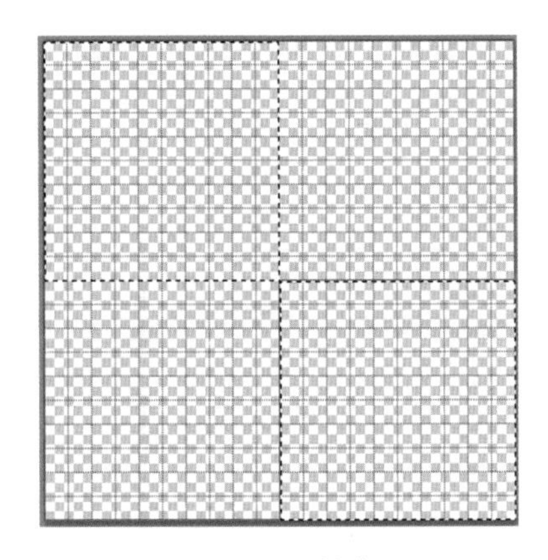

图 3-58　绘制选区

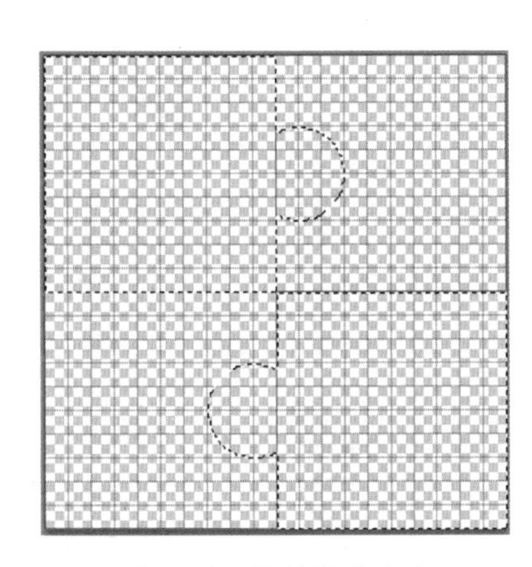

图 3-59　绘制圆形选区

(4) 在工具箱中选择“椭圆选框工具”,在工具属性栏中单击▣按钮,在图像窗口中绘制如图 3-60 所示选区。

(5) 按 Alt+Delete 组合键给选区填充颜色。这时什么颜色都无所谓。按 Ctrl+D 组合键取消选区,如图 3-61 所示。

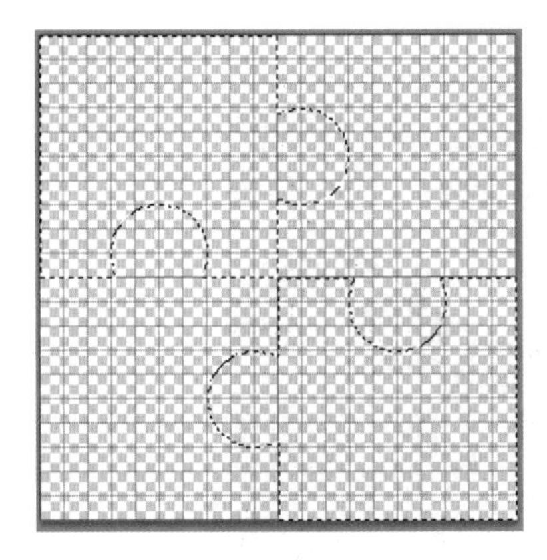

图 3-60　拼块选区

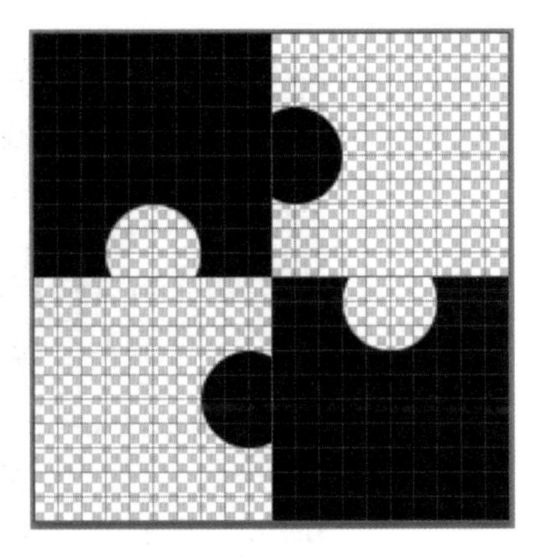

图 3-61　拼块

（6）在“编辑”菜单中选择“定义图案”，在弹出的“图案名称”对话框中输入图案名称为“拼图”，单击“确定”按钮。

（7）打开素材图像“花朵 .JPG”，在图层调板底部单击按钮，选择“图案”菜单项，在弹出的“图案填充”对话框中的设置如图 3-62 所示，会新建一个图案填充调整图层。

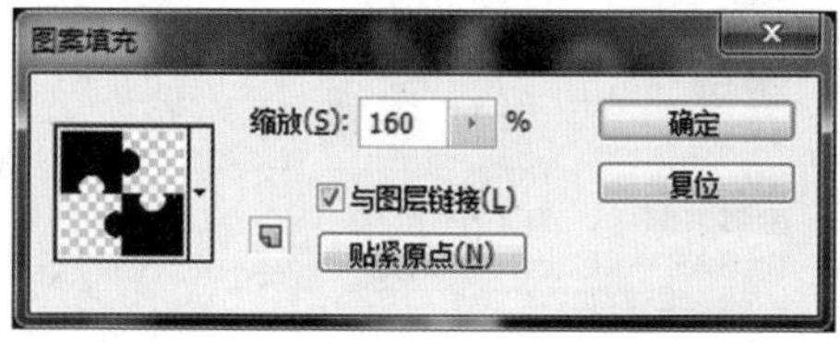

图 3-62 “图案填充”对话框

（8）用鼠标右击“图案填充 1”图层的空白处，在弹出的快捷菜单中选择“栅格化图层”命令。

（9）选择“图案填充 1”图层，在图层调板底部单击按钮，选择“斜面和浮雕”命令，设置如图 3-63 所示。

（10）在图层调板中，将填充设置为 0，拼图效果如图 3-64 所示。

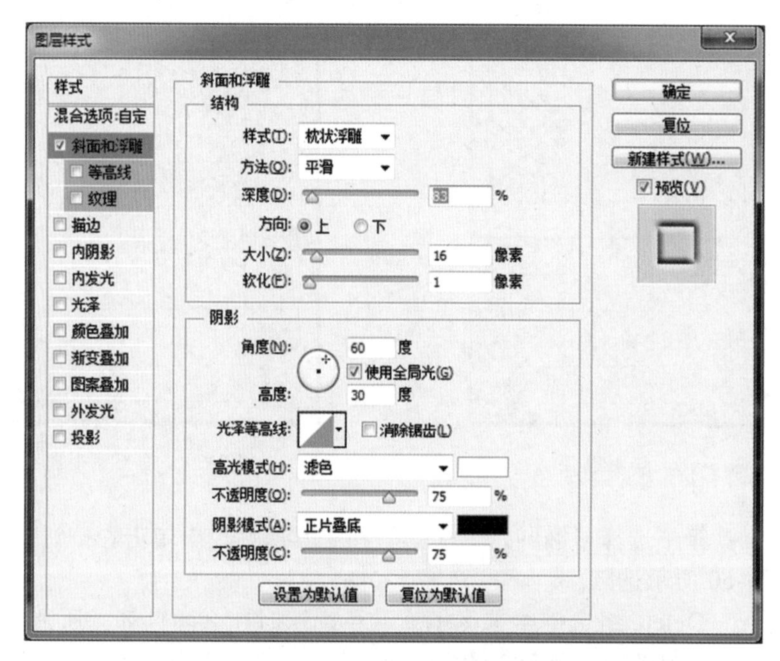

图 3-63 “斜面和浮雕”图层样式

图 3-64 拼图效果

3.8 思维拓展

根据所学的知识,完成以下任务。

(1) 制作图标,效果如图 3-65 所示。

(2) 根据提供的素材,做出的相框效果如图 3-66 所示。

图 3-65　图标

图 3-66　相框效果

(3) 将图像中的椰树从背景中选出来,素材如图 3-67 所示。

(4) 将狗从图像中选取出来,素材如图 3-68 所示。

(5) 将小猫从图像中选取出来,素材如图 3-69 所示。

(6) 将鞋子从图像中选取出来,素材如图 3-70 所示。

图 3-67　椰树

图 3-68　狗

图 3-69　小猫

图 3-70　鞋子

第4章 调色与校色

本章学习目标

- 熟悉各种色彩调整命令。
- 掌握调整图像色调与色彩的方法。
- 掌握图像的最佳调色技巧。
- 能根据具体情况，选择合适的命令，设置适当的参数，对图像的色彩进行调节。

4.1 相关知识

调色就是根据制作者的个人需要把颜色调成自己心目中想要达到的理想状态；而校色是指以某种色彩为基准（如人眼所看到的现实中的真实颜色），把图片颜色调整至尽量接近这个标准。

在 Photoshop 的“图像”菜单中选择“调整”命令，可以对图片色彩（如图片的颜色、明暗关系和色彩饱和度等）进行调整。打开任意一个“调整”对话框，按 Alt 键，“取消”按钮会变成“复位”按钮。

也可以在“图层”调板的底部单击“创建新的填充或调整图层”按钮 ◐.，进行色彩的调整。

前者是直接对图像进行调整并抛弃之前的图像信息；后者通过“属性”调板可以在调整后保留当前调整图层的信息，并且可以根据需求随时更改调整参数，且不会对原图像造成损坏。

4.1.1 自动调整命令

自动调整命令包括三个命令，直接选中对应的命令即可调整图像的对比度或色调。

(1)“自动色调”命令将“红”“绿”“蓝”三个通道的色阶分布扩展至全色阶范围。这种操作可以增加色彩的对比度，但可能会引起图像的偏色。

(2)“自动对比度”命令是以 RGB 综合通道作为依据来扩展色阶的，因此增加色彩对比度的同时不会产生偏色现象。在大多数情况下，颜色对比度的增加效果不如自动色阶来得显著。

(3)“自动颜色”命令除了增加颜色对比度以外，还将对一部分高光和暗调区域进行亮度合并。“自动颜色”命令只有在 RGB 模式图像中有效。它把处在 128 级亮度的颜色纠正为 128 级灰色。正因为这个对齐灰色的特点，使得它既有可能修正偏色，也有可能引起偏色。

4.1.2 简单的颜色调整

在 Photoshop 中，有些颜色调整命令没有复杂的参数设置，也可以更改图像的

颜色。

（1）“去色”命令是将彩色图像转换为灰色图像，但图像的颜色模式保持不变。

（2）“阈值”命令是将灰度或者彩色图像转换为高对比度的黑白图像，其效果可用来制作漫画或版刻画。打开一幅图像，在“滤镜”菜单中选择“其他”中的“高反差保留”命令，设置参数后，在“图像”菜单中选择“调整”中的“阈值”命令，可以得到绘画线稿。

（3）“反相”命令是用来反转图像中的颜色。将图像中的色彩转换为反转色，比如白色转为黑色，红色转为青色，蓝色转为黄色等。

（4）“色调均化”命令是按照灰度重新分布亮度，将图像中最亮的部分提升为白色，最暗部分降低为黑色。

（5）“色调分离”命令可以指定图像中每个通道的色调级或者亮度值的数目，然后将像素映射为最接近的匹配级别。

4.1.3　明暗关系的调整

对于色调灰暗、层次不分明的图像，为增强图像的色彩层次，可使用针对色调、明暗关系的命令进行调整，常见命令如下。

（1）“亮度 / 对比度”命令可以直观地调整图像的明暗程度，还可以通过调整图像亮部区域与暗部区域之间的比例来调节图像的层次感。

（2）“阴影 / 高光”命令能够使照片内的阴影区域变亮或变暗。常用于校正照片内因光线过暗而形成的暗部区域，也可校正因过于接近光源而产生的发白焦点。

“阴影 / 高光”命令不是简单地使图像变亮或变暗，它基于阴影或高光中的周围像素而使局部相邻像素增亮或变暗。正因为如此，阴影和高光都有各自的控制选项。

当启用“显示其他选项”复选框后，对话框中的选项发生变化。“阴影”选项组中的“数量”参数值越大，图像中的阴影区域越亮。“高光”选项组中的“数量”参数值越大，图像中的高光区域越暗。“色调宽度”可用来控制阴影或者高光中色调的修改范围。“半径”可用来控制每个像素周围的局部相邻像素的大小。“颜色校正”在图像的已更改区域中微调颜色，此调整仅适用于彩色图像。“中间调对比度”可调整中间调中的对比度。向左移动滑块会降低对比度，向右移动会增加对比度。

（3）“曝光度”命令可以对图像的暗部和亮部进行调整，常用于处理曝光不足的照片。

“曝光度”参数可以调整照片的高光区域，可以使照片的高光区域增强或减弱。当滑块向左移动时，图像逐渐变黑；当滑块向右移动时，高光区域中的图像越来越亮。“位移”参数也就是偏移量，用于决定照片中间调的亮度。参数越大中间调越亮，反之亦然。“灰度系数校正”在默认情况下数值为 1.00，数值范围为 0.10 ~ 9.99。当滑块向右移动时，图像表现出类似白纱的效果。三个可选择使用的吸管工具，可以在不设置参数的情况下调整图像的明暗关系。

4.1.4　矫正图像的色调

对图像的色调进行矫正可以用“色彩平衡”与“可选颜色”命令。“色彩平衡”在明暗色调中增加或者减少某种颜色，“可选颜色”是在某个颜色中增加或者减少颜

色的含量。

（1）“色彩平衡”命令可以改变图像颜色的构成。它是根据在校正颜色时增加基本色，降低相反色的原理设计的。按 Ctrl+B 组合键，可进行“色彩平衡”的调整。

更改各颜色区域的颜色值，可恢复图像的偏色效果。“调整区域”这三个单选按钮可以分别调整图像中的阴影、中间调以及高光区域的色彩平衡。“保持明度”选项启用后，可在不破坏原图像亮度的前提下调整图像的色调。

（2）“可选颜色”命令可以校正偏色图像，也可以改变图像的颜色。一般情况下，该命令用于调整单个颜色的色彩比重。“颜色”选项可以选择要调整的颜色。通过使用“青色”“洋红”“黄色”“黑色”这 4 个滑块可以针对选定的颜色调整其色彩比重。

4.1.5 整体色调的转换

一幅图像虽然具有多种颜色，但总体会有一种倾向，是偏蓝或偏红，是偏暖或偏冷等，这种颜色上的倾向就是一幅图像的整体色调。在 Photoshop 中可以轻松改变图像整体色调的命令有“照片滤镜”“渐变映射”“匹配颜色”以及“变化”命令等。

（1）“照片滤镜”命令是通过模拟相机镜头前滤镜的效果来进行颜色参数的调整。该命令还允许选择预设的颜色以便在图像中应用色相调整。

（2）“渐变映射”命令是将设置好的渐变模式映射到图像中，从而改变图像的整体色调。

“灰度映射所用的渐变”选项默认显示的是前景色与背景色，并且设置前景色为阴影映射，背景色为高光映射。当单击渐变显示条时，弹出“渐变编辑器”对话框，这时就可以添加或者更改颜色，生成三色或者更多颜色的图像。

（3）“匹配颜色”命令可以将一幅图像的颜色与另一幅图像中的色调相匹配，也可以使同一文档不同图层之间的色调保持一致。

匹配不同图像中颜色的前提是必须打开两幅图像的文档，然后在“匹配颜色”对话框的“源”下拉列表中选择另外一幅图像文档名称，目标图像就会更改为源图像中的色调。

在默认情况下，“匹配颜色”命令是采用参考图像中的整体色调匹配目标图像的。当参考图像中存在选区时，“匹配颜色”对话框中的“使用源选区计算颜色”选项呈可用状态，启用该选项后，目标图像会更改为源图像选区中的色调。

在没有选区的情况下，如果目标图像文档中包括两个或者两个以上的图层，只要在“图层”列表中选择目标图像文件中的另外一个图层即可完成色调的转换。

（4）“变化”命令是通过显示替代物的缩览图，通过单击缩览图的方式，直观地调整图像的色彩平衡、对比度和饱和度。

4.1.6 调整颜色的三要素

任何一种色彩都有它特定的明度、色相和饱和度。色相即各类色彩的名称，饱和度是指图像的色彩浓度。明度是指图像的明暗程度。使用“色相 / 饱和度”与“替换颜色”命令可针对图像颜色的这三个要素进行调整。

1. “色相 / 饱和度”命令

该命令可以调整图像的色彩及色彩的鲜艳程度，还可以调整图像的明暗程度。按

Ctrl+U 组合键可以进行“色相 / 饱和度”调整。

“色相 / 饱和度”命令具有两个功能，首先能够根据颜色的色相和饱和度来调整图像的颜色，可以将这种调整应用于特定范围的颜色或者对色谱上的所有颜色产生相同的影响。其次是在保留原始图像亮度的同时，应用新的色相与饱和度值给图像着色。

“着色”选项可以将一个色相与饱和度应用到整个图像或者选区中。选中“着色”选项，如果前景色是黑色或者白色，则图像会转换成红色色相；如果前景色不是黑色或者白色，则会将图像色调转换成当前前景色的色相。有许多数码婚纱摄影中常用到这样的效果。

该命令还可以对红色、黄色、绿色、青色、蓝色、洋红六种颜色进行更改。

2．“替换颜色”命令

该命令可以先选定颜色，然后改变选定区域的色相、饱和度和亮度值。

单击颜色色块，可以选择想要更改的颜色。用“颜色容差”滑块或者输入一个值可以调整蒙版的容差。

默认情况下，选取颜色显示的是前景色。这时可以使用“吸管工具”在图像中单击选取要更改的颜色，还可以通过“添加到取样”按钮以及“从取样中减去”按钮调整选区的颜色范围。

“替换”选项组用于结果颜色的显示以及对结果颜色的色相、饱和度和明度的调整。

4.1.7　调整通道的颜色

在 Photoshop 中通过颜色信息通道调整图像色彩的命令有“色阶”“曲线”与“通道混合器”命令，这些命令可以用来调整图像的整体色调，也可以对图像中的个别颜色通道进行精确调整。

1．“色阶”命令

用该命令（或按 Ctrl+L 组合键）可以调整图像的阴影、中间调和高光的关系，从而调整图像的色调范围或色彩平衡。调整“色阶”有三种方法。

(1) 调整色阶参数。“通道”选项是根据图像的色彩模式而改变的。可以对每个颜色通道设置不同的输入色阶与输出色阶值。“输入色阶”选项可以通过拖动色阶的三角滑块进行调整，也可以直接在“输入色阶”的文本框中输入数值。“输出色阶”选项中的“输出阴影”用于控制图像最暗的数值，“输出高光”用于控制图像最亮的数值。

(2) 三个吸管分别用于设置图像黑场、白场和灰场，从而调整图像的明暗关系。

(3) 自动调整色阶。单击“自动”按钮，即可使亮的颜色变得更亮，暗的颜色变得更暗，从而提高图像的对比度。它与执行“自动色阶”命令的效果是相同的。“选项”按钮可以更改自动调节命令中的默认参数。

2．“曲线”命令

用该命令（或按 Ctrl+M 组合键）能够对图像整体的明暗程度进行调整。

在“曲线”对话框中，色调范围显示为一条笔直的对角基线，这是因为输入色阶和输出色阶是完全相同的。按住鼠标左键拖动对角基线向上，变成上悬线，整个图像

色调将变亮。反之，下悬线会使图像变暗。单击“通过绘制来修改曲线”按钮，可以通过手绘调整基线。如果基线呈 S 线条状态，则可以对图像进行对比度调整。按 Ctrl 键并单击图像，可添加单击处的调整点。

“通道”选项是根据图像的色彩模式而改变的。可以对每个颜色通道设置不同的输入色阶与输出色阶值。

3. “通道混合器”命令

该命令是利用图像内现有颜色通道的混合来修改目标颜色通道，从而实现调整图像颜色的目的。

该命令可以以 RGB 和 CMYK 两种颜色模式显示通道选项，操作方法基本相同。

“预设”下拉列表中包括软件自带的几种预设效果选项，可以创建不同效果的灰度图像。

“输出通道”选项可以用来选择所需调整的颜色。

“源通道”四个滑块可以针对选定的颜色调整其色彩比重。

“常数”选项用于调整输出通道的灰度值。负值增强黑色像素，正值增强白色像素。当参数值设置为 200% 时，将使输出通道成为全黑；当参数值设置为 +200% 时，将使输出通道成为全白。

选中“单色”复选框，可以创建高品质的灰度图像。需要注意的是，启用“单色”复选框，将彩色图像转换为灰色图像后，要想调整其对比度，必须是在当前对话框中调整，否则就会为图像上色。

4.2 制作艺术照片

4.2 制作艺术照片 .mp4

在数码相机如此普及的今天，大家都希望能用自己的相机拍出富有艺术效果的照片，可是拍照要受到很多因素的制约，拍出一张好照片需要天时、地利、人和，这个就会有一定难度。但是我们可以使用 Photoshop 对照片进行调色与校色，使照片艺术化，具有独特的风格。具体实现步骤如下。

（1）打开素材图片“合影 .jpg”，如图 4-1 所示，按 Ctrl+J 组合键复制图层，得到“图层 1”。

图 4-1 素材图片“合影”

(2) 在“图层”调板中选中“图层 1”,单击“图层”调板底部的“创建新的填充或调整图层”,选择“黑白”,打开“黑白”属性调板,在调板中设置“青色”和“蓝色”都为“-200”,如图 4-2 所示。设置该图层混合模式为“柔光”,改变图层的“不透明度”为 50%,如图 4-3 所示,这样使人物更加突出。得到的效果如图 4-4 所示。

图 4-2　创建黑白调整图层

图 4-3　混合模式与透明度的更改

图 4-4　调整后的照片

(3) 在“图层”调板中选中“图层 1”,单击“图层”调板底部的“创建新的填充或调整图层”,选择“可选颜色”,打开“可选颜色”属性调板,在颜色下拉菜单中设置“黑色”和“中性色”属性,改变画面中暗调的色彩,使其变为深蓝色,如图 4-5 所示。调节该图层“不透明度”为 70%,适当调节色彩,避免颜色过深,最后效果如图 4-6 所示。

(4) 在“图层”调板中选中“图层 1”,单击“图层”调板底部的“创建新的填充或调整图层”,选择“渐变映射”,打开“渐变映射”属性调板,在调板中设置从 #521919 到 #000000 的渐变,再设置该图层的混合模式为“颜色”,改变画面中中性色调的颜色,设置该图层的“不透明度”为 35%,使色彩融合到图像中,最后效果如图 4-7 所示。

(5) 在“图层”调板中选中“图层 1”,单击“图层”调板底部的“创建新的填充或调整图层”,选择“纯色”,打开属性调板,在调板中设置颜色为“白色”,再设置该图层的混合模式为“叠加”,设置该图层的“不透明度”为 27%,改变局部偏暗的区域。

单击“颜色填充 1”的图层蒙版缩览图，使用黑色画笔涂抹人物的脸部，照片的最终效果如图 4-8 所示。

图 4-5 “可选颜色”的调整

图 4-6 调整后的照片效果

图 4-7 再次调整后的照片效果

图 4-8 照片的最终效果

本例中的照片最后呈现时尚宝蓝色调。由此可以看出，正确掌握调色方法就可以制作出各种色调的艺术照片，感兴趣的读者不妨试一试。

4.3 借助辅助图层调色

4.3 借助辅助图层调色.mp4

从素材上看,两张图片色调完全不匹配,如图 4-9 所示。背景偏暖,主图偏冷,要把两个元素融合到一张图中,从色调上来看肯定是有些突兀,我们要做的就是使两幅图能够和谐地融合到一起,要浑然天成。

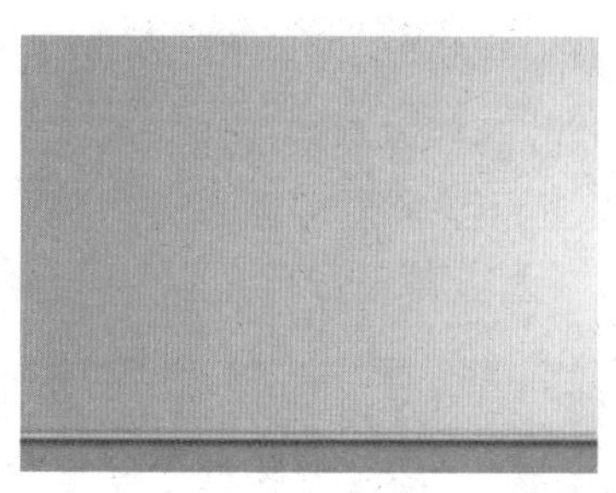

图 4-9 素材图像

我们可以对某一张图进行色调调整,使它与另一张图的色调匹配,从而达到更好地融合效果。

方法 1:这里我们调整“素材”图的色调来匹配“背景”图。具体实现步骤如下。

(1) 打开“背景”和“素材”图。对于“素材”图,按 Ctrl+J 组合键复制图层,得到“图层 1”。

(2) 对“图层 1”执行“图像”菜单下“调整”中的“匹配颜色”命令,弹出“匹配颜色”对话框,如图 4-10 所示,在“图像选项”选区项中设置“渐隐”值 50,在“源”下拉列表中选择作为匹配参考的“背景”图,确认即可完成设置。

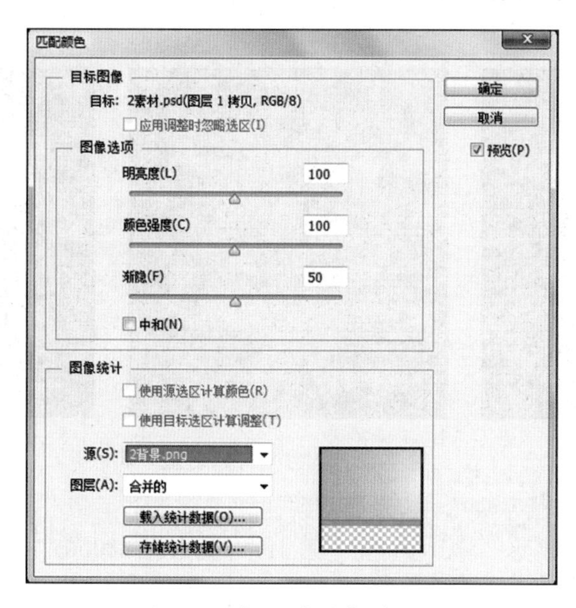

图 4-10 “匹配颜色”对话框

（3） 最后将“图层 1”拖到“背景”图中,放到合适的位置。

方法 2：还可以借助一个辅助图层来进行调色。具体实现步骤如下。

（1）打开“背景”和“素材”图,将“素材”图拖动到“背景”图上,成为“图层 1”。

（2）新建“图层 2”,填充色为 #ff0000,作为辅助图层。将该图层的混合模式设置为“明度”,如图 4-11 所示。

图 4-11　创建辅助图层

（3）在“图层 2”上添加“色彩平衡”来调整该图层（使用剪贴蒙版,将调整图层与“图层 2”编组）。在“色彩平衡”属性调板中,分别调节“中间调”区域、“阴影”区域和“高光”区域,设置参数如图 4-12 所示。

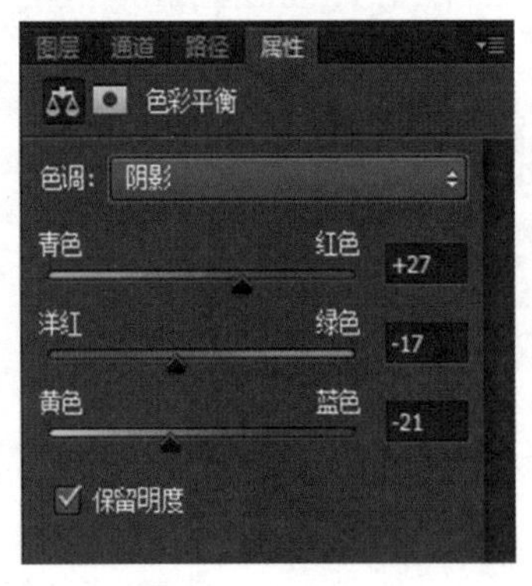

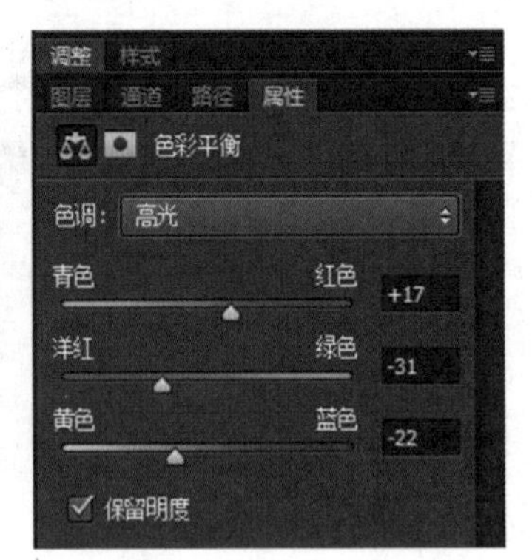

图 4-12　色彩平衡的设置

（4）操作完成后,隐藏“图层 2”,得到的最终效果如图 4-13 所示。

图 4-13　图像的合成效果

4.4　调整曝光不足的照片

4.4　调整曝光不足的照片.mp4

一张清晰、完美的照片，最基本的要求就是要曝光准确。但对于非专业的摄影爱好者来说，由于技术不成熟，拍摄的照片经常会出现曝光不足或曝光过度的情况，从而留下一些遗憾。

一些曝光不正确或者年代久远的老照片经常出现曝光不足的现象，曝光不足的照片的暗区不是模糊不清就是完全没有信息。我们可以使用“曝光度”命令对照片进行快速处理。“曝光度”命令是专门针对由于拍摄时曝光不准确而导致图像偏暗或偏亮，是对图像的曝光效果进行整体校正的工具。“曝光度”对话框如图 4-14 所示。

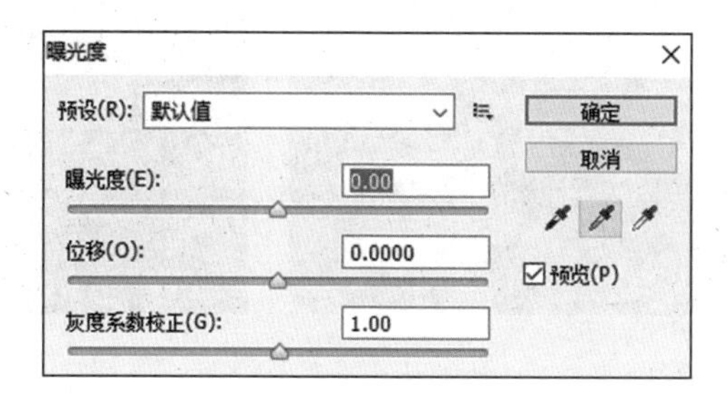

图 4-14　“曝光度”对话框

还可以通过“曝光度”调整图层的“属性”调板对图像的曝光度进行校正。单击图层调板上的“创建新的填充或调整图层”按钮，在弹出的快捷菜单中选择“曝光度”选项，弹出“属性”调板，如图 4-15 所示。

“预设”下拉列表中有 6 个选项可供选择，即“默认值”“减 1.0”“减 2.0”“加 1.0”“加 2.0”和“自定”，其中“加”和“减”是快速调整曝光度的值，对应下面“曝光度”的参数。

“曝光度”设置图像的曝光度，范围在 −20 ～ 20，可以拖动滑块或直接输入参数来进行设置。曝光度可以调整色调范围的高光端，对极限阴影的影响很轻微。

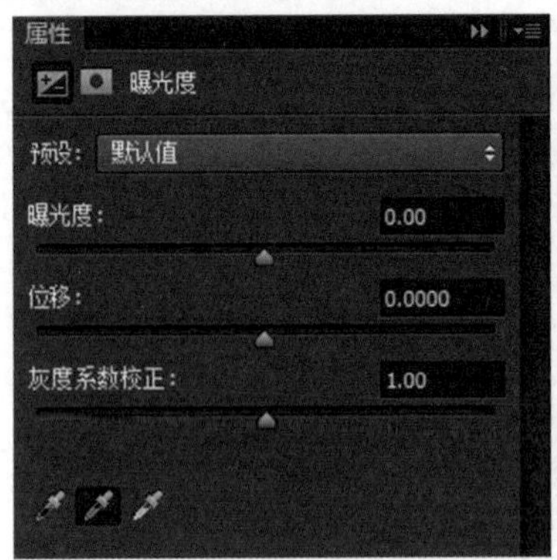

图 4-15　曝光度属性调板

“位移”可以对图像整体的明暗度进行调整，范围为-0.5000 ～ 0.5000，可以拖动滑块或直接输入参数来进行设置。位移可以调整阴影和中间调，对高光影响很轻微。

“灰度系数校正”使用简单的乘方函数调整图像的灰度系数，范围为 0.01 ～ 9.99，可以拖动滑块或直接输入参数来进行设置。

在对话框中还可以利用吸管工具取样以设置黑、灰、白场，从而快速自动校正曝光度。

在 Photoshop 中处理曝光不足的方法多种多样，除了上面介绍的调整“曝光度”命令，还可以使用“曲线”调整图层，加上适当的图层混合模式；对于局部曝光不足的地方也可以使用“渐变”工具，蒙版中白色区域会变亮。具体实现步骤如下。

（1）打开素材文件，按 Ctrl+J 组合键复制图层，得到“图层 1”，如图 4-16 所示。

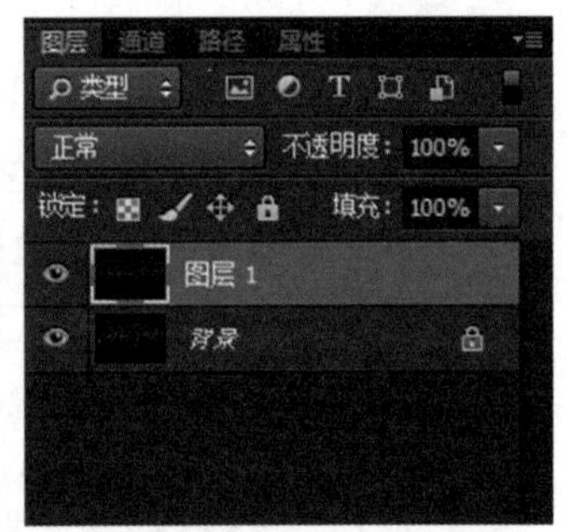

图 4-16　复制图层

（2）执行“窗口”菜单中的“直方图”命令，打开“直方图”调板，如图 4-17 所示，像素都集中在调板左侧，出现“暗部剪裁”，面板右侧没有像素显示。

（3）选择“图像”菜单下“调整”中的“曝光度”命令，打开“曝光度”对话框，设置“曝光度”为 4，“位移”为-0.01，“灰度系数校正”为 1.00，如图 4-18 所示，设置完成后单击“确认”按钮，得到的效果如图 4-19 所示。

（4）执行“图层”菜单下“新建调整图层”中的“色阶”菜单命令，创建“色阶 1”调整图层，打开“调整”调板，在“色阶”下拉列表中选择“加亮阴影”选项，设置如图 4-20 所示。

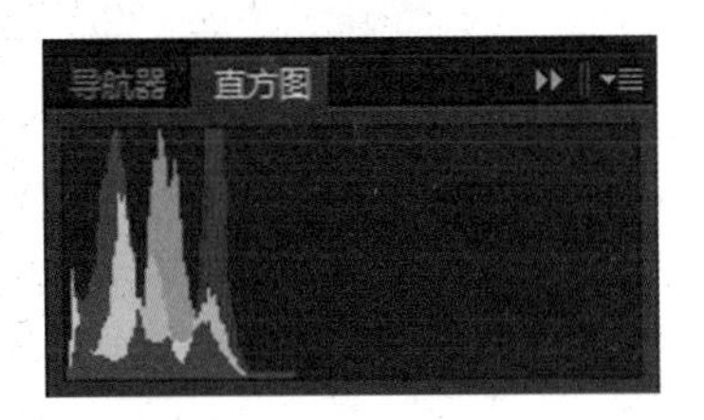

图 4-17 “直方图”调板

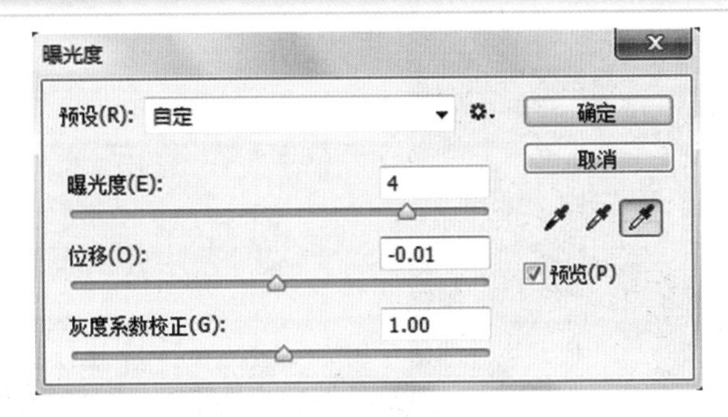

图 4-18 “曝光度”的设置

图 4-19 设置曝光度后的图像

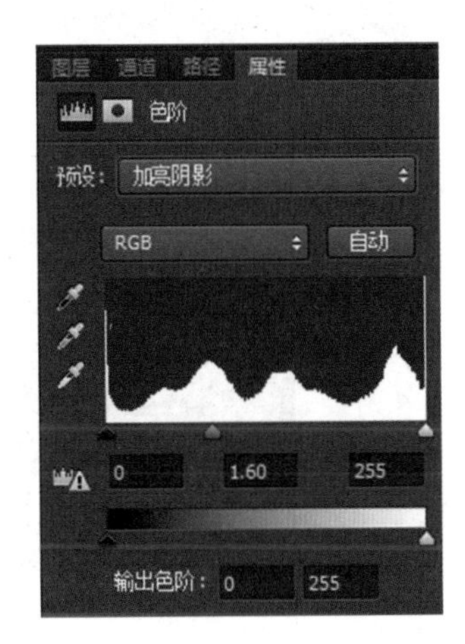

图 4-20 “色阶”调整

(5) 单击“色阶 1”调整图层蒙版缩览图。使用渐变工具,设置渐变为“黑白渐变”及“线性渐变”,按下鼠标左键从图像右下角拖动至左上角,为调整图层蒙版应用线性渐变填充效果,得到的效果如图 4-21 所示。

图 4-21 调整色阶后的图像

(6) 选中“图层 1”,选择“创建新的填充或调整图层”中的“曲线”,打开“曲线”属性调板,在调板中设置“预设”为“中对比度 (RGB)”,得到的效果如图 4-22 所示。

(7) 再次创建“曲线”来调整图层,在曲线属性调板中,调整曲线形状如图 4-23 所示。

(8) 单击“曲线 2”调整图层的蒙版缩览图,将前景色设置为黑色,使用画笔工具在图像适当位置进行涂抹,适当恢复局部图像的原始色调,最后效果如图 4-24 所示。

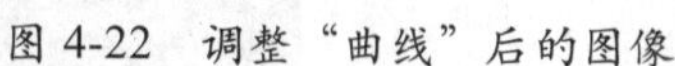
图 4-22　调整“曲线”后的图像

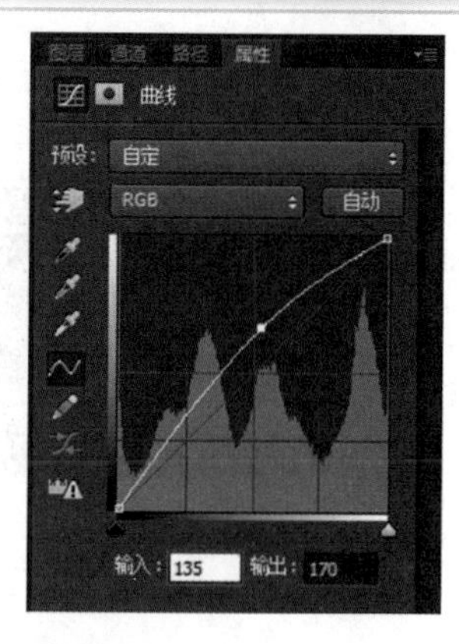

图 4-23　“曲线”的调整

图 4-24　调色后的最终效果

4.5　调整曝光过度的照片

在拍摄时，由于拍摄现场光源过亮或相机测光错误等情况，会使照片曝光过度而显得苍白，失去原有色彩，我们可以使用曝光度和色阶命令快速拯救曝光过度的照片。具体实现步骤如下。

4.5　调整曝光过度的照片 .mp4

（1）打开素材文件，按 Ctrl+J 组合键复制图层，得到“图层 1”，如图 4-25 所示。

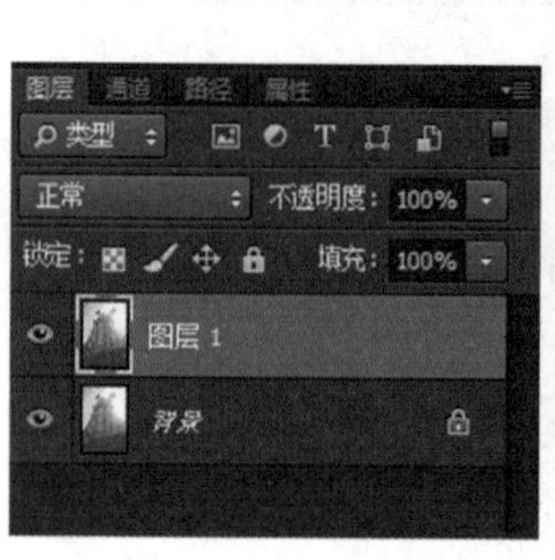

图 4-25　复制图层

(2) 选中“图层 1”,选择“创建新的填充或调整图层”中的“亮度 / 对比度”,打开属性调板,在调板中设置“亮度”为−50,设置如图 4-26 所示。

(3) 选中“亮度 / 对比度”调整图层蒙版缩览图,选择渐变工具,设置渐变为“黑白渐变”及“线性渐变”,按下鼠标左键并从左下角拖动至右上角,为调整图层蒙版应用线性渐变填充效果,如图 4-27 所示。

(4) 选中“图层 1”,选择“创建新的填充或调整图层”中的“色阶”,打开“色阶”属性调板,在调板中设置黑色调和中间色调,设置的参数及效果图如图 4-28 所示。

图 4-26 “亮度 / 对比度”的调整

(5) 选中“图层 1”,选择“创建新的填充或调整图层”中的“曝光度”,打开“曝光度”属性调板,在调板中设置“曝光度”为−0.19,“位移”为 +0.0192,“灰度系数校正”为 0.92,得到的效果图如图 4-29 所示。

(6) 单击“曝光度”调整图层的蒙版缩览图,将前景色设置为黑色,使用“画笔工具”在图像适当位置进行涂抹,适当恢复局部图像的原始色调,最后效果如图 4-30 所示。

图 4-27 为蒙版添加线性渐变

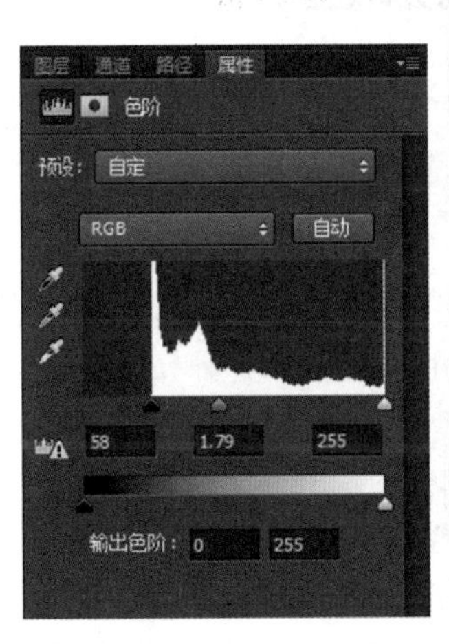

图 4-28 调整“色阶”后的参数及效果

图 4-29　设置“曝光度”后的效果

图 4-30　调色后的最终效果

4.6　改变环境的色彩

结合图层混合模式、“通道混合器”及“可选颜色”等命令，将郁郁葱葱的春天的景象调整为温暖浪漫的秋色图像，实现季节转换。具体实现步骤如下。

4.6　改变环境的色彩 .mp4

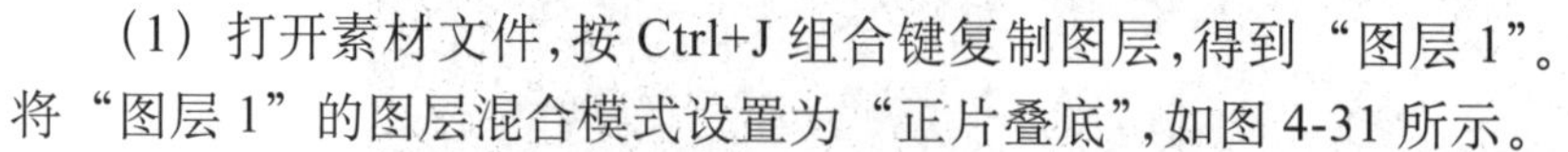

（1）打开素材文件，按 Ctrl+J 组合键复制图层，得到“图层 1”。将“图层 1”的图层混合模式设置为“正片叠底”，如图 4-31 所示。

（2）选中“图层 1”，按 Ctrl+Alt+3 组合键，将图像中颜色较亮的图像作为选区载入，再按 Ctrl+Alt+Shift+3 组合键扩大较亮的范围，如图 4-32 所示。

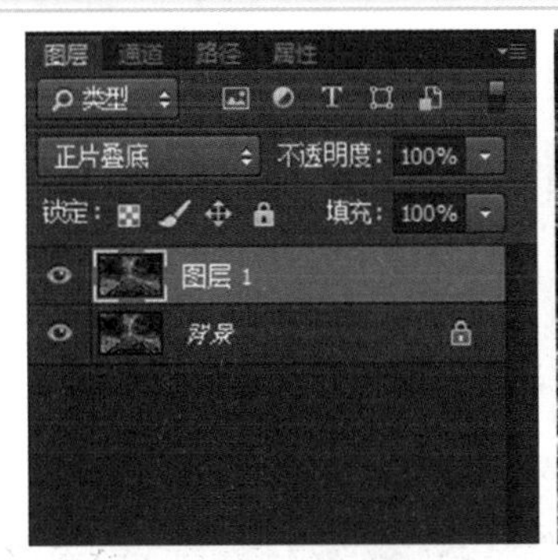

图 4-31 复制图层

图 4-32 选择亮部区域

(3) 执行“选择”菜单中的“反向”命令或按 Ctrl+Shift+I 组合键，将前面创建的选区进行反向，得到的选区如图 4-33 所示。

(4) 按 Ctrl+J 组合键复制图层，得到“图层 2”，将该图层的图层混合模式设置为“柔光”，设置“不透明度”为 80%，这样的设置加强了图像的对比度，效果如图 4-34 所示。

图 4-33 反向选择

图 4-34 增强图像的对比度

(5) 选择“图层 2”，单击“图层”调板底部的“创建新的填充或调整图层”按钮，在弹出的菜单中选择“通道混合器”命令。在“通道混合器”的属性调板中，从“输出通道”下拉列表中选择“红”选项，对相应选项进行设置，设置参数如图 4-35 所示。图像整体变成黄色，效果如图 4-36 所示。

(6) 继续选中“图层 2”，单击“图层”调板底部的“创建新的填充或调整图层”按钮，在弹出的菜单中选择“可选颜色”命令来调整图层，在“属性”调板中，在“颜

色”下拉拉表中分别选中“红色”“黄色”和“黑色”选项，调整参数如图 4-37 所示。

（7）选中“通道混合器 1”调整图层，按 Ctrl+Shift+Alt+E 组合键盖印可见图层，得到“图层 3”，将该图层的混合模式设置为“叠加”，设置“不透明度”为 15%，得到如图 4-38 所示效果。

图 4-35 “通道混合器”调板

图 4-36 改变图像的色调

图 4-37 “可选颜色”的设置

图 4-38 调色的最终效果

4.7 制作怀旧照片

4.7 制作怀旧照片.mp4

色彩艳丽的照片看起来令人赏心悦目，但怀旧风格因富有魅力而经久不衰，是真正的复古，那种隽永而温暖的感觉，就像陈年老酒让人回味不已。无论是欧洲中世纪作品的完美复现，还是古典中国风的经典演绎，都将这浓郁的怀旧气息展现到极致。每当看到这些古典、古朴、老式的东西，不仅会勾起人们的回忆，也会给生活增添一丝情趣。本例将制作一幅怀旧照片，具体实现步骤如下。

（1）打开素材文件，打开“通道”调板，选择“蓝”通道，如图 4-39 所示。

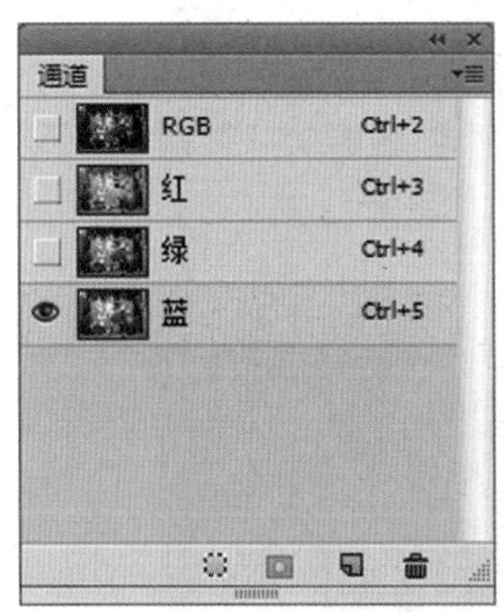

图 4-39 选择通道

（2）查看“蓝”通道下的图像效果，按 Ctrl+A 组合键选中该通道图像下的所有图像，如图 4-40 所示。

图 4-40 全选“蓝”通道

（3）按 Ctrl+C 组合键复制选中的图像，选择“图像”菜单下“模式”中的“Lab 颜色”命令，将图像转换为 Lab 颜色模式，“通道”调板如图 4-41 所示。切换到“图层”调板按 Ctrl+J 组合键复制图层，得到“图层 1”，如图 4-42 所示。在“通道”调板中选择“通道 b”，按 Ctrl+V 组合键粘贴已复制的图像，如图 4-43 所示。

（4）单击 Lab 通道的通道缩览图，显示 Lab 通道下的图像效果，如图 4-44 所示。

图 4-41 “通道”调板

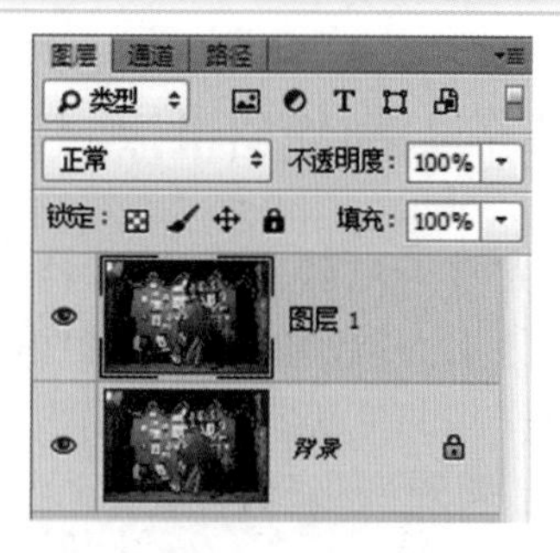

图 4-42 复制图层

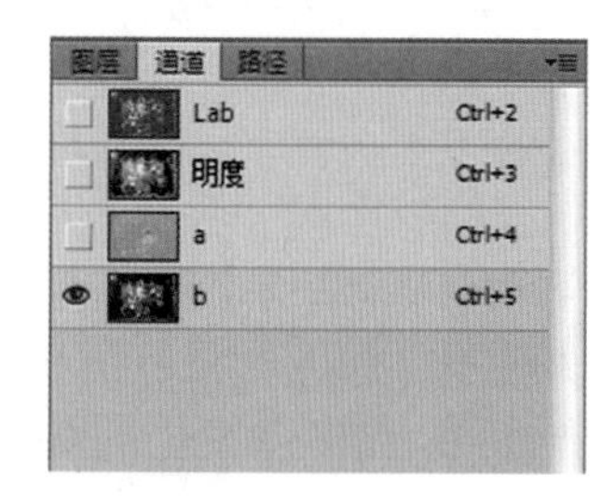

图 4-43 复制通道 b

图 4-44 Lab 通道图像

（5）再将“图层 1”的“不透明度”设置为 25%，得到如图 4-45 所示效果。

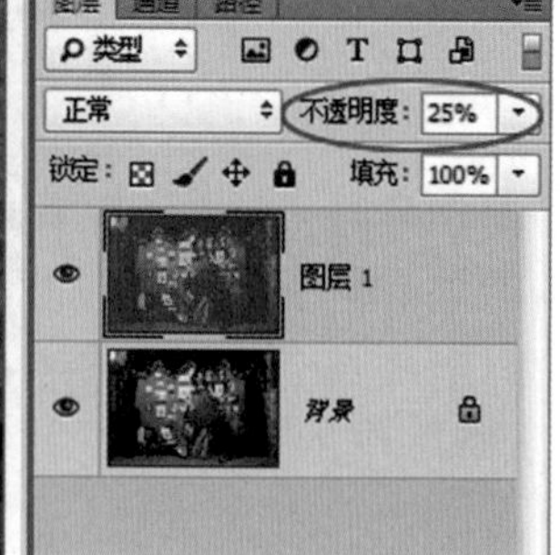

图 4-45 修改图层的不透明度

（6）选中“图层 1”，选择“图像”菜单下“调整”中的“照片滤镜”命令，在弹出的“照片滤镜”对话框中设置“滤镜”为“深黄”，“浓度”为 100%，得到如图 4-46 所示效果。

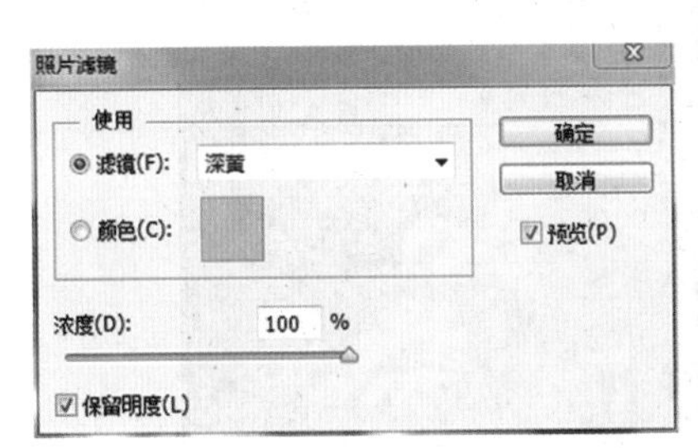

图 4-46 最终效果图

4.8 思维拓展

(1) 根据本章学习的内容，对图 4-47 中的红色包进行调色，调色后效果如图 4-48 所示。

图 4-47 红色包

图 4-48 红色包调色后效果

(2) 根据本章学习的内容，对图 4-49 中的人物进行调色，调色后效果如图 4-50 所示。

图 4-49 人物

图 4-50 人物调色后效果

（3）对葡萄图像进行调色，调色前后的对比如图 4-51 和图 4-52 所示。

图 4-51　葡萄调色前

图 4-52　葡萄调色后

（4）对图 4-53 所示的眼镜图片进行调色，把它转换为如图 4-54 所示的白底图。

图 4-53　眼镜底图调色前

图 4-54　眼镜底图调色后

（5）将图 4-55 所示的古堡天空用图 4-56 所示的天空素材替换，注意图像色调要保持一致。替换及调色后的效果如图 4-57 所示。

图 4-55　古堡

图 4-56　天空背景

图 4-57　用天空替换古堡的背景

第5章　矢量工具的使用

本章学习目标

- 了解曲线的构成。
- 掌握钢笔工具的绘制方法。
- 熟练形状工具的使用方法。
- 能对路径进行编辑。

5.1 相 关 知 识

5.1.1 矩形工具组

矩形工具组中包含矩形工具、圆角矩形工具、椭圆工具、多边形工具、直线工具和自定义形状工具。

1. 矩形工具

使用矩形工具可以很方便地绘制出矩形或正方形。只需选中矩形工具后,在画布上拖动鼠标指针即可绘出所需矩形。在拖动时如果按住 Shift 键,则绘制出正方形。

在"矩形工具"属性栏的"选择工具模式"下拉列表框中选择"形状"模式,工具属性栏如图 5-1 所示。形状为默认的对象模式,其包含两种组成组件,分别为定义对象外形的剪贴路径以及定义对象内容的填充图层,此种图层不能直接进行编辑。

图 5-1 "矩形工具"属性栏(形状)

在"矩形工具"属性栏的"选择工具模式"下拉列表框中选择"路径"模式,则构建的图像上方只存在工作路径而没有为该路径填充。工具属性栏如图 5-2 所示。

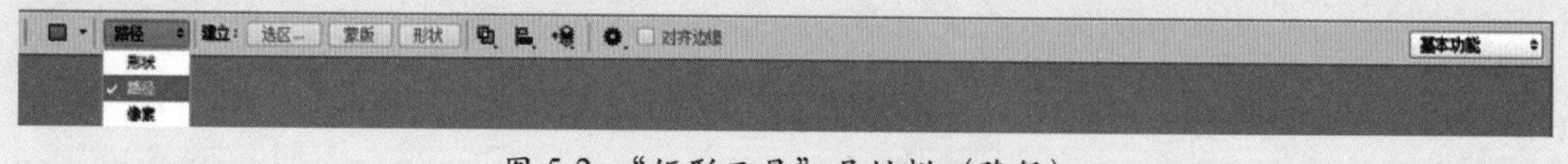

图 5-2 "矩形工具"属性栏(路径)

在"矩形工具"属性栏的"选择工具模式"下拉列表框中选择"像素"模式,工具属性栏如图 5-3 所示。构建的图像上方只有为该路径填充的像素(默认填充的颜色为当前的前景色),而不存在路径。

图 5-3 "矩形工具"属性栏(像素)

单击⚙按钮小三角，会出现“矩形工具”选项菜单，如图 5-4 所示。“不受约束”方式是指矩形的形状完全由鼠标拖动的范围决定。“方形”则控制绘制的矩形为正方形。选中“固定大小”单选按钮，可以在 W 和 H 后面填入所需的宽度值和高度值，默认单位为像素。选中“比例”单选按钮，可以在 W 和 H 后面填入所需的宽度和高度的整数比。选中“从中心”复选框后，拖动鼠标创建矩形时光标起点为矩形的中心。

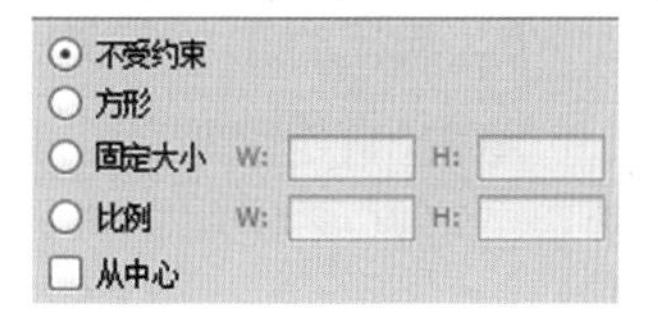

图 5-4 “矩形工具”选项菜单

2. 圆角矩形工具

使用圆角矩形工具可以绘制具有平滑边缘的矩形。使用方法与矩形工具相同，只需在画布上拖动鼠标指针即可。圆角矩形工具的属性栏与矩形工具的属性栏大体相同，只是多了“半径”一项。半径数值越大则圆角越平滑，值为 0px 时则为矩形。

3. 椭圆工具

使用椭圆工具可以绘制椭圆，按住 Shift 键可以绘制出圆形。其工具属性栏和矩形工具差不多，这里就不再详细叙述了。

4. 多边形工具

使用多边形工具可以绘制多边形或者星形形状。它的属性栏与矩形工具的大体相同。“边”用于设置多边形的边数，可以在文本框中直接输入边的数值。单击⚙按钮中的小三角，弹出“多边形工具”选项菜单，在这里可以对多边形的半径、平滑拐角、星形以及平滑缩进等参数进行设置，如图 5-5 所示。

其中“半径”选项限定绘制的多边形外接圆的半径，可以直接在文本框中输入数值。选中“平滑拐角”复选框，多边形的边缘将更圆滑。选中“星形”复选框，在“缩进边依据”文本框中输入百分比，可以得到向内缩进的多边形，百分比值越大，边越缩进。选中“平滑缩进”复选框，在缩进边的同时将使边缘更圆滑。

5. 直线工具

直线工具可以绘制直线或有箭头的线段。拖动鼠标指针的起始点为线段起点，拖动的终点为线段的终点。按住 Shift 键，可以使直线的方向控制在 0°、45° 或 90°。单击⚙按钮中的小三角，弹出“直线工具”选项菜单，如图 5-6 所示。

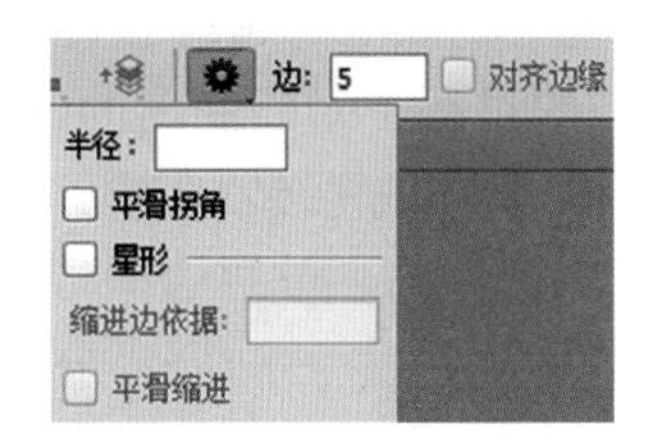

图 5-5 “多边形工具”选项菜单

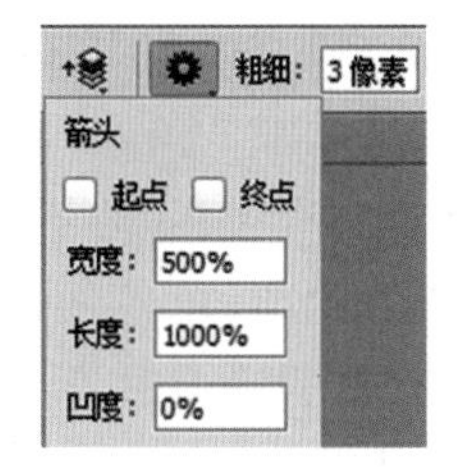

图 5-6 “直线工具”选项菜单

“起点”与“终点”二者可选择一项也可以都选，用于决定箭头在线段的哪一方。“宽度”可输入 10% ~ 1000% 的数值。“长度”可输入 10% ~ 5000% 的数值。“凹度”设定箭头中央凹陷的程度，可输入 −50% ~ 50% 的数值。

6．自定义形状工具

单击“自定义形状工具”属性栏中的形状选项上的下拉三角，出现形状库，如图 5-7 所示。可以从中选择相应的形状进行描绘。

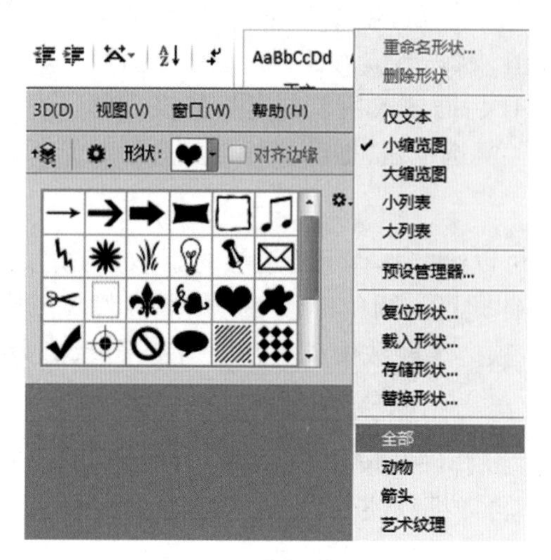

图 5-7 “自定义形状工具”形状库

形状库中的形状可以自己编辑后添加，步骤如下。

（1）选择任意一种路径工具，绘制出路径。

（2）对路径进行调节，使其形状达到所需要求。

（3）选中路径，执行“编辑”菜单中的“自定义形状”命令。

（4）在出现的“形状名称”对话框中输入名称。

5.1.2 钢笔工具组

钢笔工具组的工具主要包括钢笔工具、自由钢笔工具、添加锚点工具、删除锚点工具、转换点工具。通过这五个工具可以完成路径的前期绘制工作。

1．钢笔工具

钢笔工具的主要用途一是为抠图；二是为创建个性化形状。具体使用方法在 2.1.7 小节中已经学习过。在“钢笔工具”属性栏的“选择工具模式”下拉列表框中有“形状”“路径”“像素”三种方式，同矩形工具。

选中“自动添加 / 删除”选项，可以在绘制路径的过程中对绘制出的路径添加或删除锚点，单击路径上的某点可以在该点添加一个锚点，单击原有的锚点可以将其删除。如果未选中此项，可以通过右击路径上的某点，在弹出的菜单中选择“添加锚点”命令，或右击原有的锚点并在弹出的菜单中选择“删除锚点”命令来达到同样的目的。

选中“橡皮带”选项，可以看到下一个将要定义的锚点所形成的路径，这样在绘制的过程中会感觉比较直观。

使用钢笔工具绘制直线段非常简单，只需要用鼠标在图像窗口中单击即可。

在图像窗口中，使用钢笔工具在起点处按下鼠标左键之后不要松手，向上拖动出一条控制线后放手，然后在第二个锚点处进行同样的操作，拖动出一条控制线，以此类推，就能画出曲线路径了。在绘制路径的过程中，按住 Alt 键可以改变控制线的方向。

如果要绘制闭合的路径，将鼠标指针箭头靠近路径起点，当鼠标指针箭头的旁边出现一个小圆圈时，单击就可以使路径闭合。通过单击工具箱中的“钢笔工具”结束绘制，也可以在按住 Ctrl 键的同时在图像窗口空白处的任意位置单击结束绘制。

2．自由钢笔工具

使用自由钢笔工具可以像用画笔在画布上画图一样自由绘制路径曲线。不必定义锚点的位置，因为它是自动被添加的，绘制完后可以再做进一步的调节。

自动添加锚点的数目由“自由钢笔工具”属性栏中的“曲线拟合”参数决定，参数值越小，自动添加锚点的数目越大，反之则越小。曲线拟合参数的范围是 0.5 ~ 10 像素。

如果选中“磁性”选项，“自由钢笔工具”将转换为“磁性钢笔工具”，而“磁性”选项用来控制磁性钢笔工具对图像边缘捕捉的敏感度。“宽度”选项是磁性钢笔工具所能捕捉的距离，范围是 1 ~ 40 像素；“对比”选项是图像边缘的对比度，范围是 0% ~ 100%；“频率”选项值决定添加锚点的密度，范围是 0% ~ 100%。

磁性钢笔工具一般可以用于抠图，先按住 Alt 键，这样可以使用磁性钢笔工具绘制出直线，当绘制最后一段直线时，松开 Alt 键，沿着图形的边缘移动，锚点会自动添加。遇到图形比较尖锐的地方捕捉不到的时候，可以手动单击来添加锚点，需要绘制直线时要提前按下 Alt 键。

3．添加锚点工具与删除锚点工具

添加锚点工具和删除锚点工具主要用于对现成的或绘制完的路径曲线调节时使用。比如要绘制一个很复杂的形状，不可能一次就绘制成功，应该先绘制大致的轮廓，然后就可以结合添加锚点工具和删除锚点工具对其逐步进行细化直到达到最终效果。

4．转换点工具

锚点分为三种类型：无曲率调杆的锚点（角点）、两侧曲率一同调节的锚点和两侧曲率分别调节的锚点。三种锚点之间可以使用转换点工具来进行相互转换。

选择“转换点工具”，单击两侧曲率一同调节或两侧曲率分别调节方式的锚点，可以使其转换为无曲率调杆方式。

如果锚点是无曲率调杆的锚点，在工具箱中选择“转换点工具”，单击该锚点并按住鼠标左键拖动鼠标，可以使其转换为两侧曲率一同调节的方式，如图 5-8 所示。再使用转换点工具移动控制线，又可以使其转换为两侧曲率分别调节的方式，如图 5-9 所示。

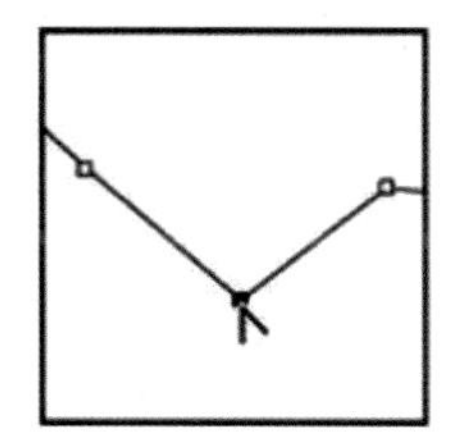
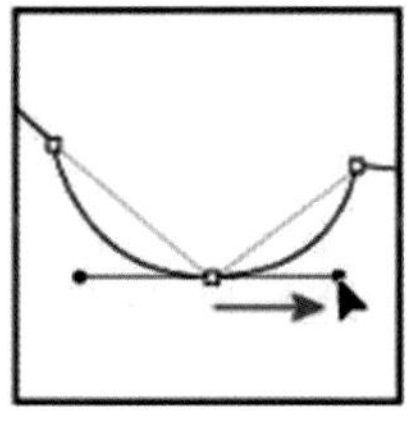

图 5-8　无曲率调杆的锚点转换

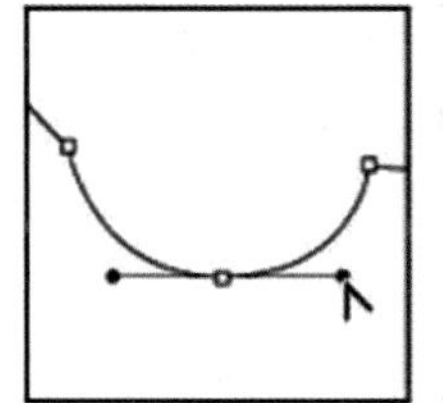
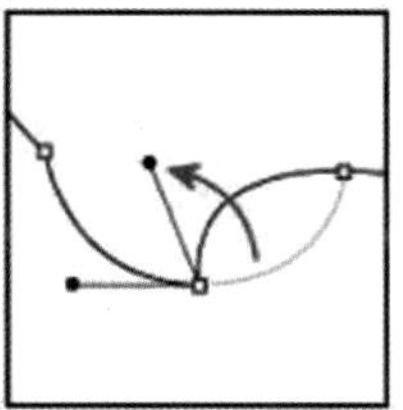

图 5-9　将锚点转换为两侧曲率分别调节的方式

5.1.3 路径选择工具组

路径选择工具组包括路径选择工具与直接选择工具。通过这个工具再结合前面钢笔工具组中的部分工具，可以对绘制后的路径曲线进行编辑和修改，完成路径曲线的后期调节工作。这两个工具在绘制和调节路径曲线的过程中使用率是很高的。

1. 路径选择工具

路径选择工具可用来选择一个或几个路径并对其进行移动、组合、复制等操作。使用时只需要在任意路径上单击一下，就可以移动整条路径。同时还可以框选一组路径进行移动。用这个工具在路径上右击，还会有一些路径的常用操作功能出现，如删除锚点、增加锚点、转为选区、描边路径等。同时按住 Alt 键可以复制路径。

2. 直接选择工具

直接选择工具可以用来移动路径中的节和线段，也可以调整控制线和控制点。直接选择工具在调节路径曲线的过程中起着举足轻重的作用，因为对路径曲线来说最重要的锚点的位置和曲率都要用直接选择工具来调节。

直接选择工具可用来选择路径中的锚点，使用时用这个工具在路径上单击一下，路径的各锚点就会出现，然后选择任意一个锚点就可以随意移动或调整控制线。这个工具也可以同时框选多个锚点进行操作。按住 Alt 键也可以复制路径。

在使用钢笔工具绘制路径时，按住 Ctrl 键可以转换为“直接选择工具”，单击空白区域则会结束路径的绘制，也可拖动鼠标来框选路径。

当选择至少两条路径曲线时，再单击工具属性栏中的组合按钮，将选择的路径组合为一条路径，还可以对选择的路径应用对齐（至少选择两条路径）和排列（至少选择三条路径）功能。

5.1.4 路径调板

如果说画布是钢笔工具的舞台，那么“路径”调板就是钢笔工具的后台了。绘制好的路径曲线都在“路径”调板中，在“路径”调板中可以看到每条路径曲线的名称及其缩略图。如图 5-10 所示，当前所在路径在“路径”调板中为反白显示状态。

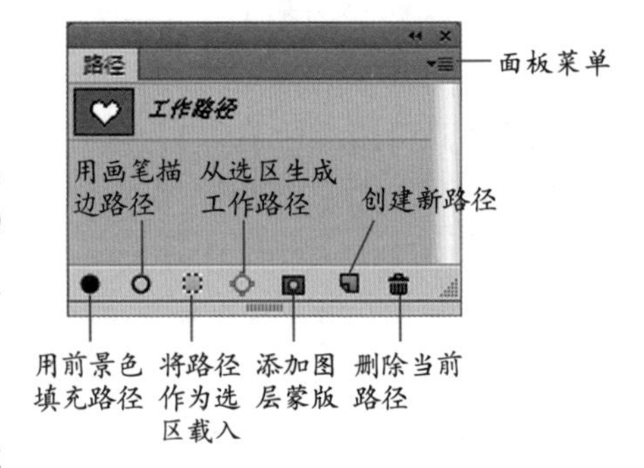

图 5-10 “路径”调板

填充路径的方法有以下两种。

(1) 在需要填充路径的图像上先进行路径的制作。在“路径”调板中选中要填充的路径，从“路径”调板菜单中选取“填充路径”命令，弹出“填充路径”对话框，设置好填充的类型并进行填充即可。

(2) 在需要填充路径的图像上同样绘制路径，在“路径”调板中选中要填充的路径，并设置好当前的前景色，在“路径”调板下侧选择“填充路径”按钮。

注意：以上两种方法均可以达到填充路径的目的，但前者可以利用图案、颜色等；而后者只能使用当前设置好的前景色。

描边路径：路径所围成的边线可以利用色彩进行描边，并且可以任意选择描边的绘图工具，选择要描边的路径，再单击“路径”调板菜单中的“描边路径”命令，即可描边。

剪切路径：如果想将路径内部的图像输出到像 PageMaker 或 CorelDRAW 等排版软件中，可以利用“剪切路径”功能将路径以外的区域变为透明，但剪切之前必须先进行“存储路径”的操作。

在“路径”调板的弹出式菜单中包含了诸如“新建路径”“复制路径”“存储路径”等命令，为了方便起见，也可以单击调板下方的按钮来完成相应的操作。

5.2　妇女节插画绘制

5.2　妇女节插画绘制.mp4

本案例运用矢量工具绘制了一幅插画，插画元素包括花朵、爱心、树叶、卡通女孩等，具体实现步骤如下。

(1) 新建一个图像文件，宽度为 250 毫米，高度为 176 毫米，分辨率为 300 像素 / 英寸，颜色模式为 RGB 颜色，背景内容为白色，如图 5-11 所示。

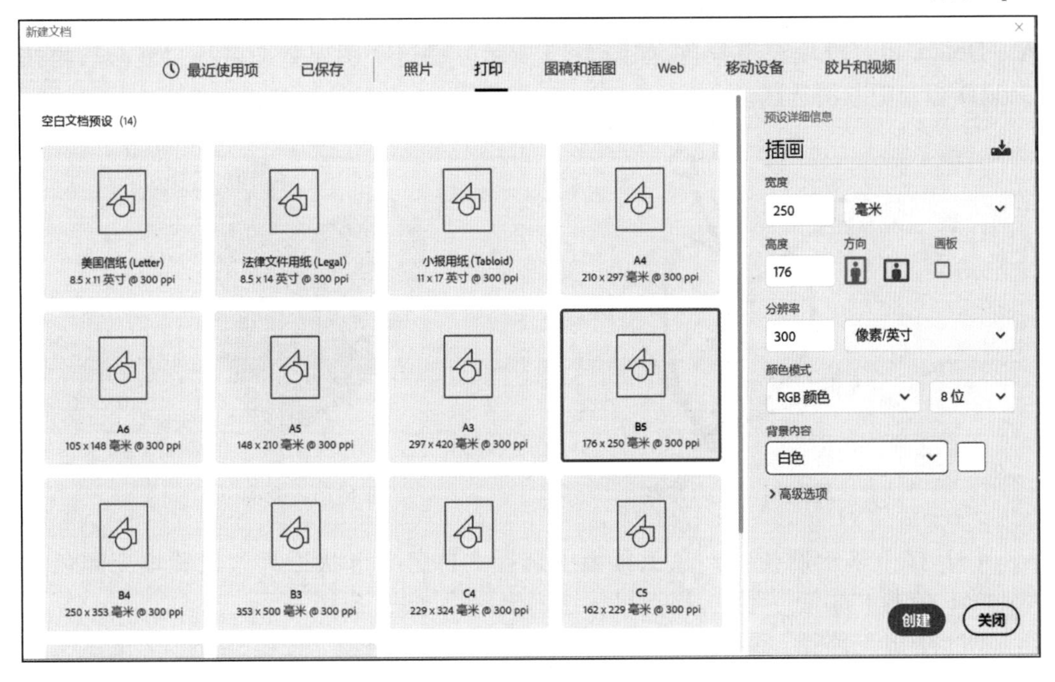

图 5-11　“新建”对话框

(2) 首先绘制花朵。在工具箱中选择“椭圆工具”，在工具属性栏选择“形状”工具模式，设置填充颜色为#e89891。按住 Shift 键，在画布中绘制一个圆形，再选择“移动工具”，按住 Alt 键，移动复制出 4 个圆形，并调整这 5 个圆形的位置，构成花朵的轮廓，如图 5-12 所示。

(3) 在“图层”调板中，按住 Shift 键，同时选中绘制的 5 个圆形图层，右击图层的空白处，在弹出的快捷菜单中，选择“合并形状”命令。

(4) 新建一个图层，在工具箱中选择“自定义形状工具”，设置填充颜色为

#fad8cc。选择“模糊点 2”形状，按住 Shift 键，拖动鼠标绘制出形状，作为花朵的花心，如图 5-13 所示。

图 5-12　花朵外轮廓

图 5-13　花朵

（5）同时选择这两个形状图层，按 Ctrl+G 组合键，将图层进行群组，并将群组名称重命名为“花朵”。

（6）用“钢笔工具”绘制爱心。新建一个图层，勾画路径轮廓如图 5-14 所示。在绘制路径时，按 Ctrl 键可将“钢笔工具”切换为“直接选择工具”，可编辑锚点；按 Alt 键可将“钢笔工具”切换为“转换点工具”，可调整曲线方向。

（7）按 Ctrl+Enter 组合键，将爱心路径转换为选区。设置前景色为 #e89891，按 Alt+Delete 组合键填充前景色，如图 5-15 所示。将这个图层重命名为“爱心”，再按 Ctrl+D 组合键取消选区。

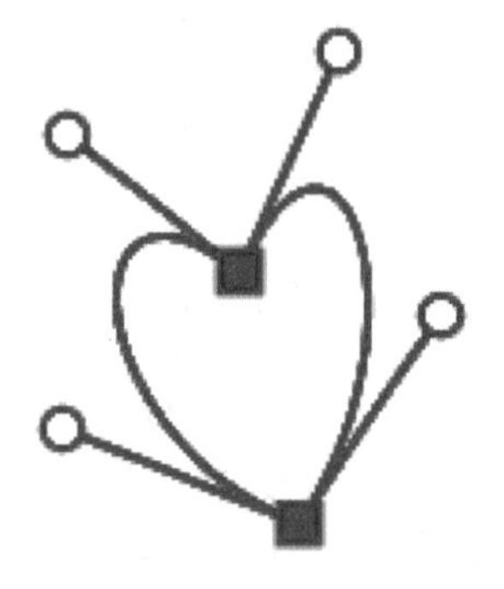

图 5-14　爱心路径

图 5-15　爱心

（8）接下来绘制树叶。在工具箱中选择“自定义形状工具”，设置填充颜色为 #cdd6a1，选择“雨滴”形状，拖动鼠标绘制出形状，如图 5-16 所示。

（9）打开“路径”调板，单击调板底部的“创建新路径”按钮，新建一个路径 1。在工具箱中选择“钢笔工具”，单击绘制直线路径，如图 5-17 所示。

（10）绘制完直线路径后，按住 Ctrl 键，在图像空白处单击，就可以结束这段直线路径的绘制，重新开始下一段路径的绘制。依次绘制其他几段直线，如图 5-18 所示。

（11）在“图层”调板中新建一个图层，在工具箱中选择“画笔工具”，画笔大小设置为 7，将前景色设置为 #b7c089。在工具箱中选择“路径选择工具”，框选所有的路径，在路径上右击，在弹出的快捷菜单中选择“描边路径”命令。在“路径”调板中，单击空白处，隐藏路径的显示。绘制的叶片效果如图 5-19 所示。

（12）将这两个图层选中，按 Ctrl+G 组合键将图层进行编组，并将群组名称重命名为“叶片 1”。

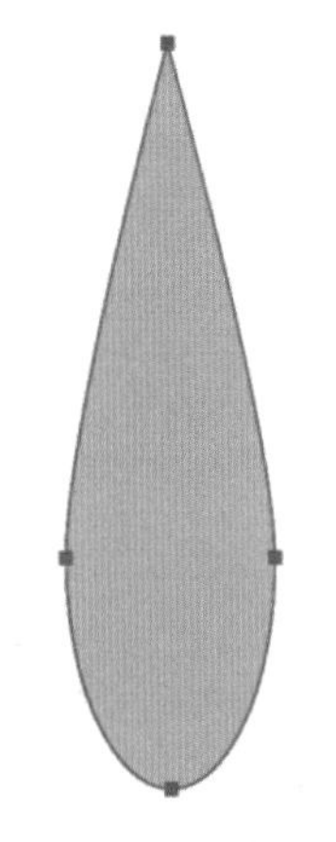

图 5-16　雨滴形状

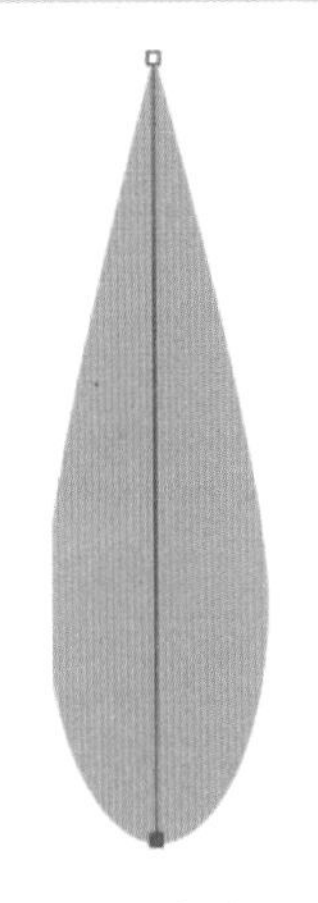

图 5-17　绘制直线路径

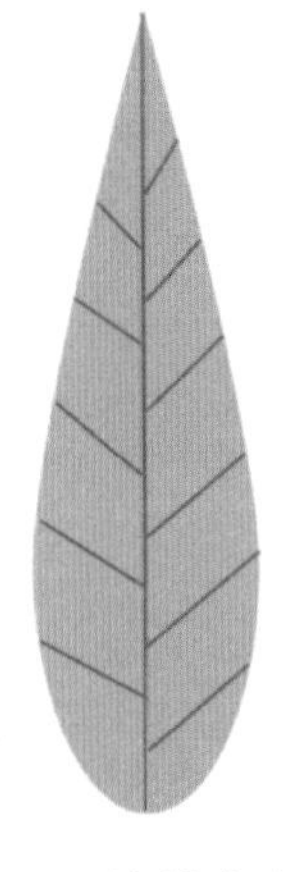

图 5-18　绘制叶脉路径

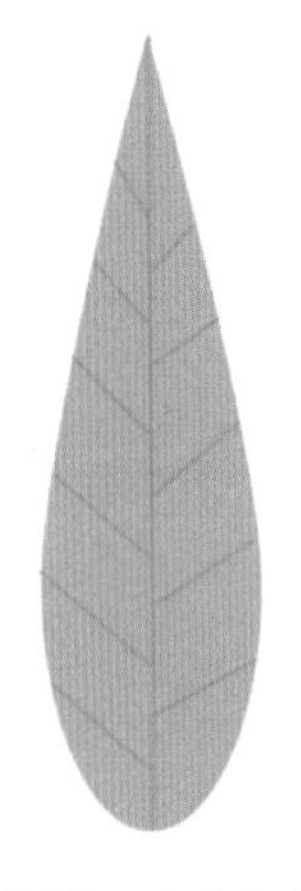

图 5-19　叶片 1 效果

(13) 打开“路径”调板，单击调板底部的“创建新路径”按钮，新建一个路径 2。在工具箱中选择“弯度钢笔工具”，单击绘制直线，如图 5-20 所示。

(14) 用“弯度钢笔工具”在绘制的直线上单击，添加两个锚点，并移动锚点，使直线成为圆滑曲线，如图 5-21 所示。

(15) 在“图层”调板中新建一个图层，在工具箱中选择“画笔工具”，画笔大小设置为 7，将前景色设置为 #afc7b9。在工具箱中选择“路径选择工具”，在路径上右击，在弹出的快捷菜单中选择“描边路径”命令。在“路径”调板中，单击空白处，隐藏路径的显示。绘制的曲线如图 5-22 所示，作为描边路径。

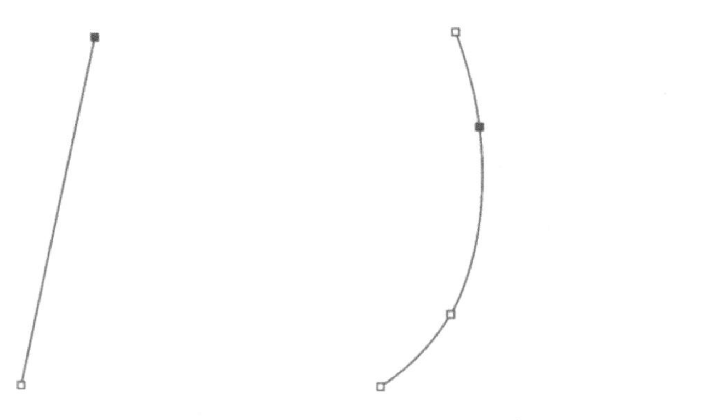

图 5-20　绘制直线　　图 5-21　添加锚点　　图 5-22　描边路径

(16) 在工具箱中选择“自定义形状工具”，设置填充颜色为 ##afc7b9，选择“雨滴”形状，拖动鼠标绘制出形状，如图 5-23 所示。

(17) 然后绘制多个雨滴形状，用“直接选择工具”对形状形态进行微调。按 Ctrl+T 组合键对形状进行大小和角度的调整，如图 5-24 所示。选择绘制的这些图层，按 Ctrl+G 组合键将图层进行群组，并将群组名称重命名为“叶片 2”。

(18) 打开“路径”调板，单击调板底部的“创建新路径”按钮，新建一个路径 3。在工具箱中选择“钢笔工具”，单击绘制直线路径，如图 5-25 所示。

(19) 在工具箱中选择“转换点工具”，依次在绘制的直线路径锚点上拖动鼠标，将直线锚点转换为曲线锚点，如图 5-26 所示。

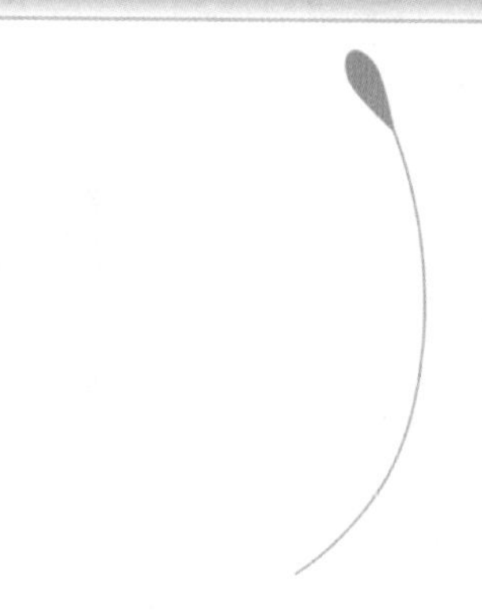

图 5-23　绘制叶片

图 5-24　叶片 2 效果

图 5-25　绘制折线路径

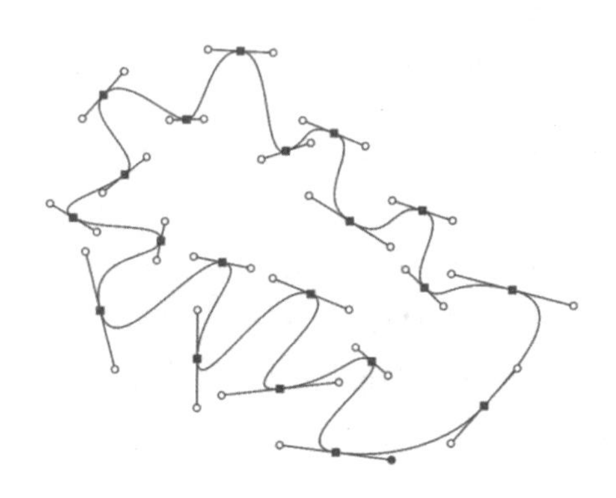

图 5-26　转换锚点为平滑

（20）按 Ctrl+Enter 组合键将路径转换为选区。新建一个图层，设置前景色为 #8db495，按 Alt+Delete 组合键填充前景色，如图 5-27 所示。按 Ctrl+D 组合键取消选区。

（21）打开“路径”调板，单击调板底部的“创建新路径”按钮，新建一个路径 4。用“钢笔工具”绘制叶脉路径，如图 5-28 所示。

（22）在“图层”调板中新建一个图层，在工具箱中选择“画笔工具”，画笔大小设置为 7，将前景色设置为 #9ec191。在工具箱中选择“路径选择工具”，在路径上右击，在弹出的快捷菜单中选择“描边路径”命令。在“路径”调板中，单击空白处，隐藏路径的显示。绘制的叶片效果如图 5-29 所示。

图 5-27　填充颜色

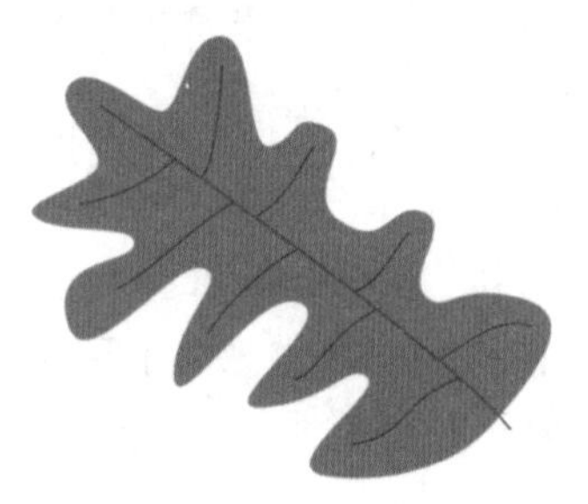

图 5-28　绘制叶脉路径

图 5-29　叶片 3 效果

（23）选择绘制的这些图层，按 Ctrl+G 组合键将图层进行群组，并将群组名称重命名为“叶片 3”。

(24) 接下来绘制卡通女孩。在工具箱中选择“椭圆工具”,在工具属性栏选择“形状”工具模式,设置填充颜色为 # f7c1ce,在画布中绘制一个椭圆形。

(25) 选择“添加锚点工具”,在椭圆上下各添加两个锚点,并移动锚点,调整椭圆形状,作为女孩的面部,如图 5-30 所示。

(26) 打开“路径”调板,新建一个图层。选择“钢笔工具”,绘制颈部路径,如图 5-31 所示。新建一个图层,填充色设置为 #efaabc。

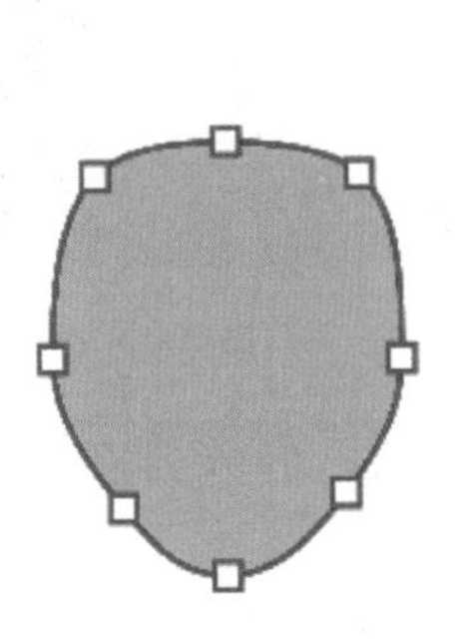

图 5-30　绘制面部

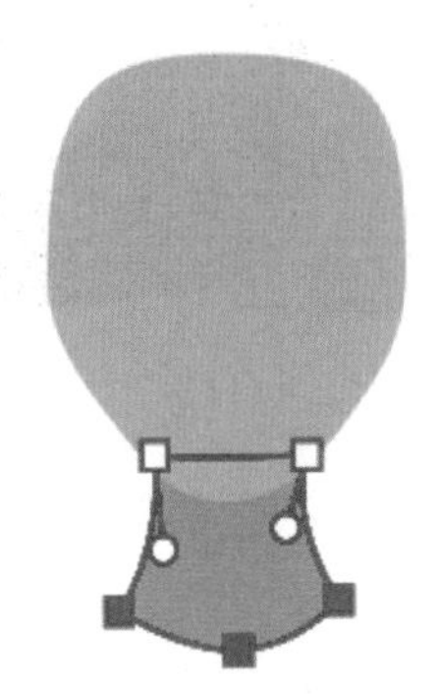

图 5-31　绘制颈部

(27) 打开“路径”调板,新建一个路径。用“钢笔工具”绘制女孩身体路径。新建一个图层,填充颜色设置为 #d37d6c。按 Ctrl+Enter 组合键将路径转换为选区,按 Alt+Delete 组合键填充前景色。

(28) 新建一个图层,按 Alt 键,单击新建图层下方的分隔线,创建图层剪切蒙版。将前景色设置为 #e18d83,用“钢笔工具”绘制衣服轮廓路径后,按 Ctrl+Enter 组合键将路径转换为选区。按 Alt+Delete 组合键填充前景色,如图 5-32 所示。按 Ctrl+D 组合键取消选区。

(29) 新建一个图层,用“弯度钢笔工具”绘制女孩长发,按 Ctrl+Enter 组合键将路径转换为选区,填充颜色 #444063,如图 5-33 所示。按 Ctrl+D 组合键取消选区。

图 5-32　绘制身体

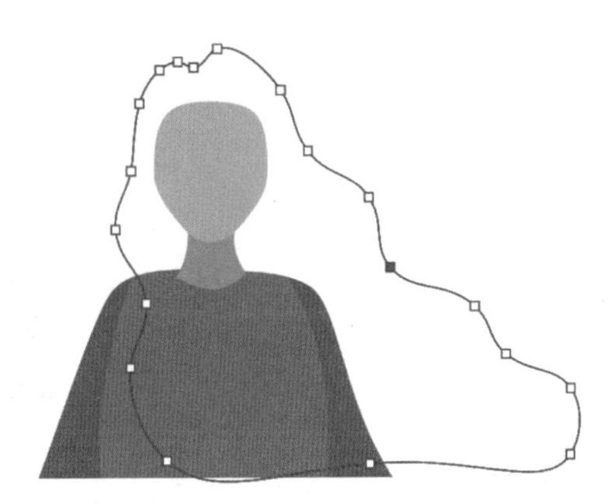

图 5-33　绘制头发

(30) 找到女孩面部图层,在上方新建一个图层,并创建图层剪切蒙版。用“钢笔工具”绘制女孩前额刘海,如图 5-34 所示。

(31) 用“弯度钢笔工具”绘制女孩头发丝。用画笔描边路径,女孩绘制完成,如

图 5-35 所示。面部五官可以自己用钢笔工具绘制添加。将这些图层进行群组，重命名为“女孩”。

图 5-34　绘制刘海

图 5-35　女孩

（32）将绘制好的这些元素的大小、角度进行调整，并安排在画布中，如图 5-36 所示。

（33）新建一个图层，用“弯度钢笔工具”绘制波浪曲线，如图 5-37 所示。

（34）选择“文字工具”，添加文案，并设置投影、外发光等图层样式，插画效果如图 5-38 所示。

图 5-36　布局各个元素

图 5-37　绘制曲线

图 5-38　插画绘制效果

5.3　给商品标注尺寸

5.3　给商品标注尺寸.mp4

在淘宝店铺装修中，经常要给宝贝标注尺寸，本案例用“直线工具”为背包商品添加尺寸标注，具体实现步骤如下。

（1）在 Photoshop 中打开“背包.jpg”素材图片，在工具箱中选择“直线工具”，在工具属性栏中设置工具模式为“形状”，填充颜色设置为黑色，描边颜色设置为无（），粗细设置为 1 像素。在图像窗口中按住鼠标左键拖动，可以绘制一条直线段，如图 5-39 所示。

（2）在工具箱中选择“移动工具”，按住 Alt 键，用鼠标移动刚刚绘制的直线段，可以复制出另一条直线段。

（3）在工具箱中选择“直线工具”，在工具属性栏中设置工具模式为“形状”，填充颜色设置为黑色，描边颜色设置为无（），粗细设置为 1 像素，单击按钮，设置如图 5-40 所示。在图像窗口中按住鼠标左键拖动，可以绘制一段两端带箭头的直线段。

图 5-39　绘制直线段

图 5-40　箭头设置

（4）在“图层”调板中单击“形状 1”图层，按住 Shift 键，然后再单击“形状 2”图层，按 Ctrl+G 组合键对图层进行群组操作。

（5）在工具箱中选择“文本工具”，在图像窗口中单击，输入文本 16cm，字体大小为 22。按 Ctrl+T 组合键对文字作适当的旋转。对该文字图层添加图层样式。“描边”效果设置颜色为白色，宽度为 2 像素大小。“投影”样式按默认设置即可，如图 5-41 所示。

（6）在“图层”调板中，选择“组 1 ”，单击“添加图层蒙版”按钮，将“画笔工具”设置为一般圆形笔刷样式，将前景色设置为纯黑色，在图像窗口中文字 16cm 的后面的直线段上绘制，隐藏部分线段。

（7）与上述操作类似，标注背包的正面长宽尺寸，最终效果如图 5-42 所示。

提示：在绘制直线时，按住 Shift 键可以按 0°、90°、45° 方向绘制直线段。

图 5-41　标注

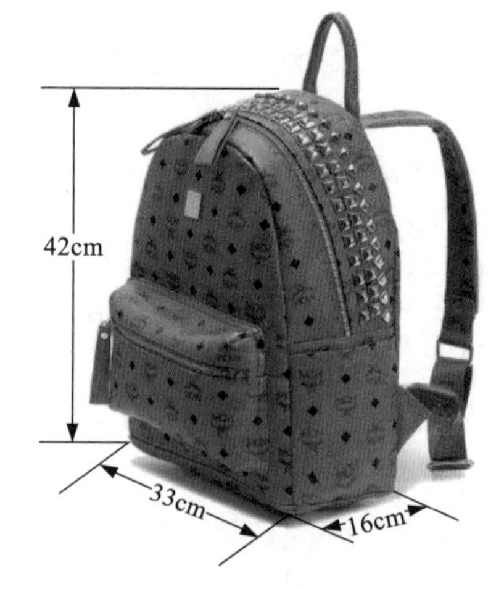

图 5-42　给商品标注尺寸

5.4　企业网站导航栏与 Banner 设计

页面最大化、满屏化的网站看着的确是舒服，但过高的分辨率在设计师显示器上合适，并不代表在浏览者的显示器上也合适。现在用得最多的分辨率还是 1024 像素 ×768 像素，在这种分辨率下，不含滚动条的页面最大宽度应不超过 994 像素，所以一般页面宽度定位在 990 像素以内比较适宜。如果仅一屏显示的页面，高度在 612 ～ 615 像素，这样横向和纵向滚动条都不会出现。

5.4　企业网站导航栏与 Banner 设计 .mp4

网页是由浏览器打开的文档，因此可以将其看作浏览器的一个组成部分。网页的界面只包含内置元素，而不包含窗体元素。以内容来划分，一般的网页界面包括网站 Logo、导航栏、 Banner、内容栏和版尾五部分。

在设计企业网站页面之前，应考虑好网站页面的大小及布局，同时还要确定网站的整体色调。布局采用参考线来规划，这部分实现步骤如下。

（1）新建一个图像文件，宽度为 1024 像素，高度为 1000 像素，分辨率为 72 像素 / 英寸，背景为白色。

（2）按 Ctrl+R 组合键显示水平和垂直标尺。在“编辑”菜单“首选项”中选择“单位与标尺”命令，将标尺的单位设置为像素。在“视图”菜单中选择“新建参考线”命令，建立一条水平参考线，位置为 60 像素，这条参考线之上为 Logo 部分。同样操作，建立一条水平参考线，位置为 90 像素，两条水平参考线之间为导航栏。同样操作，建立两条垂直参考线，位置分别为 150 像素和 874 像素。在“视图”菜单中选择“锁定参考线”命令。规划布局如图 5-43 所示。

（3）打开素材图片“天空 .jpg”，利用“移动工具”将其移动到背景中。为该图层添加图层蒙版，用黑色柔度笔刷隐藏图片下边缘。背景如图 5-44 所示。

（4）打开素材图片 Logo.gif，在“图像”菜单中选择“模式”中的“RGB 颜色”，利用“移动工具”将其移动到本文档中。按 Ctrl+T 组合键对其进行适当缩放。设置图层混合模式为“变暗”。

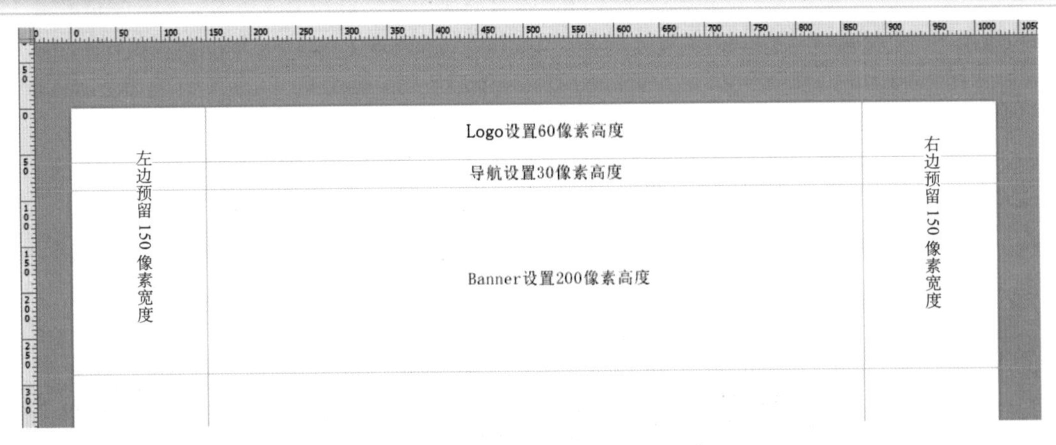

图 5-43　规划布局

图 5-44　背景

(5) 新建一个图层，利用“圆角矩形工具”绘制圆角正方形，并添加 1 像素的 #165cf9 颜色“描边”图层样式。添加“渐变叠加”图层样式，渐变颜色为“#5783c2-#a2badd-#5783c2”过渡。添加“投影”图层样式。

(6) 新建一个图层，利用“自定义形状工具”绘制电话图标，颜色为白色。

(7) 利用“横排文字工具”输入文字“服务热线”，在工具属性栏设置字体为“经典特宋简”，大小为 12，颜色为白色。输入文字“+86-×××-××××××××”，在工具属性栏设置字体为“方正姚体”，大小为 14，颜色为深蓝色。

(8) 在“图层”调板中选中这几层，按 Ctrl+G 组合键群组图层，命名为 Logo。网站 Logo 如图 5-45 所示。

图 5-45　网站 Logo

(9) 新建一个图层，利用“圆角矩形工具”绘制圆角长方形，圆角半径为 20 像素，

颜色为 #5558ea。为该图层添加“描边”“投影”图层样式，作为导航栏的背景。

（10）将 Logo.gif 移动到导航栏的右边，按 Alt 键，单击两个图层中的分割线，创建图层剪贴蒙版。将“图层混合模式”设置为“划分”。

（11）在工具箱中选择“横排文字工具”，在工具属性栏设置字体为“经典特宋简”，字号大小为 14，颜色为白色。分别输入导航文字。

（12）新建一个图层，利用“直线工具”绘制导航分割线，粗细为“2 像素”，颜色为 #7cb4f5。按 Ctrl+J 组合键复制图层多次，并利用“移动工具”的“对齐”“平均分布”功能，将分割线分布到合适的地方，导航如图 5-46 所示。

图 5-46 导航

（13）网页 Banner 设计在这里起到了至关重要的展示作用，有效的信息传达让用户和文字之间的互动变得生动而有趣。此网站 Banner 以企业工业园为背景，体现公司的规模。用图形展示企业的产品品质，并用文字诠释公司的宗旨。新建一个图层，利用“矩形工具”绘制长方形，颜色随意。为该图层添加 “投影”图层样式，作为网站 Banner 背景。

（14）打开素材图片“厂房 .jpg”“光 .jpg”，利用“移动工具”移动到本文档中。按 Alt 键，单击图层中间的分割线，将这两个图层作为图层剪贴蒙版。为位于上方的图片添加图层蒙版，用黑色柔度画笔隐藏图片边缘，如图 5-47 所示。

图 5-47 Banner 背景

（15）新建一个图层，利用“多边形工具”绘制“六边形”。为图层添加“描边”“投影”图层样式。按住 Alt 键，用“移动工具”复制出多个六边形，并排列整齐。将这些六边形图层按 Ctrl+G 组合键进行群组。

（16）打开素材图片“汽车 .jpg”，利用“移动工具”移动到本文档中。按 Alt 键，单击图层中间的分割线，将这两个图层作为图层剪贴蒙版，如图 5-48 所示。

（17）新建一个图层，利用“矩形工具”绘制长方形，颜色为白色，将图层不透明度设置为 50%。利用“直排文字工具”输入“以人为本”四个字，字体为“华文行楷”，字号为 35，颜色为蓝色。

图 5-48　六边形图形

（18）同上操作，制作“追求卓越”四个字效果，如图 5-49 所示。

图 5-49　网站 Banner 设计

5.5　垃圾分类图标绘制

本案例用“椭圆工具”“钢笔工具”“圆角矩形工具”绘制垃圾分类图标。“钢笔工具”如果要熟练掌握，一定要在平时多加练习。具体实现步骤如下。

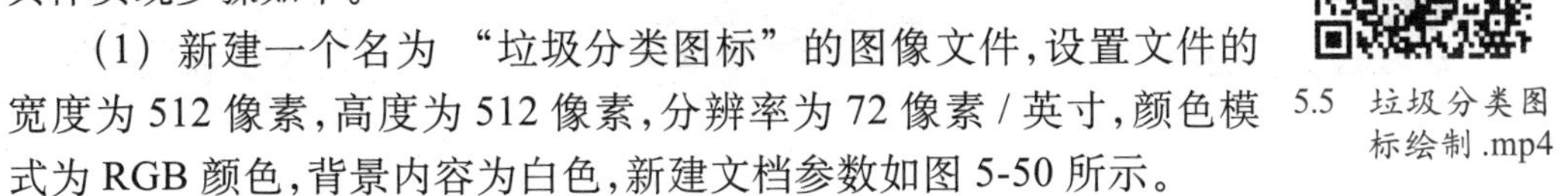

5.5　垃圾分类图标绘制.mp4

（1）新建一个名为“垃圾分类图标”的图像文件，设置文件的宽度为 512 像素，高度为 512 像素，分辨率为 72 像素 / 英寸，颜色模式为 RGB 颜色，背景内容为白色，新建文档参数如图 5-50 所示。

（2）新建一个图层，在工具箱中选择“钢笔工具”绘制树叶路径，路径锚点如图 5-51 所示。设置前景色为 #097c25，按 Ctrl+Enter 组合键将路径转换为选区，按 Alt+Delete 组合键用前景色填充选区，按 Ctrl+D 组合键取消选区。

图 5-50　“新建文档”参数设置

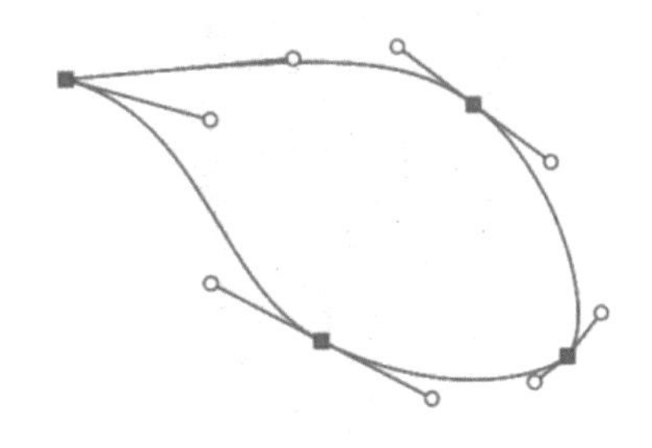

图 5-51　树叶路径

（3）在工具箱中选择“钢笔工具”绘制叶脉路径，路径锚点如图 5-52 所示。

（4）按 Ctrl+Enter 组合键将路径转换为选区。选择反向选择后，按 Delete 键删除选区内容。按 Ctrl+D 组合键取消选区，如图 5-53 所示。将该图层重命名为“树叶”。

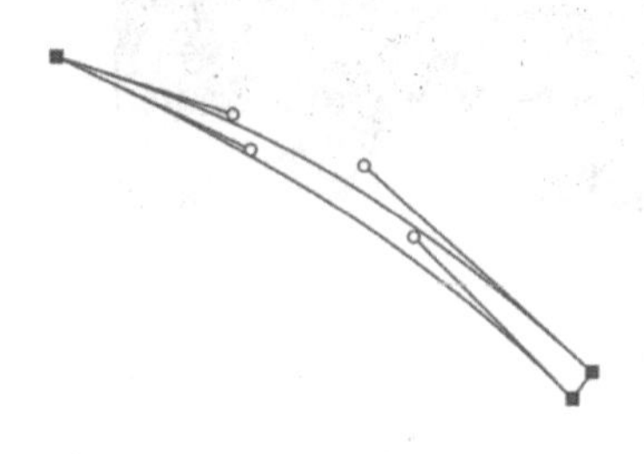

图 5-52 叶脉路径

图 5-53 将路径转换为选区

（5）在工具箱中选择“圆角矩形工具”，填充颜色设置为 #097c25，描边设置为无，半径设置为 10 像素，绘制圆角矩形，如图 5-54 所示。

（6）不改变参数设置，再绘制一个圆角矩形，如图 5-55 所示。

（7）将填充颜色改变为白色，然后在绿色圆角矩形中绘制白色圆角矩形。按住 Alt 键，移动白色圆角矩形，进行复制操作。用“选择工具”在“图层”调板中选择所有的白色圆角矩形，在属性工具栏设置“底端对齐”和“水平居中分布”，如图 5-56 所示。按 Ctrl+E 组合键将这些白色图形进行拼合。

图 5-54 绘制圆角矩形 1

图 5-55 绘制圆角矩形 2

图 5-56 绘制白色圆角矩形

（8）选择最上面两个图层，按 Ctrl+T 组合键进行变形操作。同时按 Ctrl+Shift+Alt 组合键将右下角角点向左移动一段位移，如图 5-57 所示。

（9）在工具箱中选择“椭圆工具”，填充颜色设置为 #097c25，描边设置为无，按住 Shift 键，绘制圆形，如图 5-58 所示。

图 5-57 变形操作

图 5-58 绘制圆形

（10）为该图层添加图层蒙版。用矩形选框工具选择下面大半部分圆，用纯黑色填充，垃圾桶绘制完成，效果如图 5-59 所示。

（11）将“树叶”图层进行复制，并将复制的树叶进行水平翻转操作，正比例缩小树叶，如图 5-60 所示。

图 5-59　垃圾桶绘制完成

图 5-60　装饰树叶

（12）新建一个图层，在工具箱选择“画笔工具”，选择“硬边缘”笔刷样式，单击进行圆形绘制。绘制的时候，改变前景色设置，通过中括号键改变画笔大小，效果如图 5-61 所示。

（13）在工具箱中选择“文本工具”，字体设置为“方宋粗黑简体字”，字体颜色为纯白色。输入文字“垃圾分类”；将白色圆角矩形图层的透明度设置为 30%。垃圾分类图标绘制完成，效果如图 5-62 所示。

图 5-61　绘制彩色圆形

图 5-62　垃圾分类图标

5.6　七夕线条文字设计

本案例制作综合使用了“钢笔工具”“椭圆工具”等进行绘图。具体实现步骤如下。

5.6　七夕线条文字设计 .mp4

（1）新建一个名为“七夕”的图像文件，设置文件的宽度为 600 像素，高度为 600 像素，分辨率为 72 像素 / 英寸，颜色模式为 RGB 颜色，背景内容为黑色，如图 5-63 所示。

（2）在工具箱中选择“钢笔工具”，绘制七夕文字路径，如图 5-64 所示。

注意：在路径的绘制过程中，按 Ctrl 键可以调整锚点位置和方向线，或是结束一段路径的绘制；按 Alt 键，可以切换成“转换点工具”，对锚点进行改变。

（3）新建一个图层，在工具箱中选择“画笔工具”，将画笔大小设置为 1，将前景色设置为 #04e2f6。然后选择“路径选择工具”，框选绘制的所有路径。右击，在弹出的快捷菜单中选择“描边路径”命令，选择“画笔”描边。切换到“路径”调板，在空白处单击，隐藏路径。

（4）按 Ctrl+Alt+T 组合键，按三次向左的箭头键，然后按三次向下的箭头键，按 Enter 键确认变形。接下来连续按 Ctrl+Alt+Shift+T 组合键多次，得到如图 5-65 所示效果。

图 5-63　新建一个图像文件

图 5-64　七夕文字路径

图 5-65　复制描边路径

（5）按 Shift 键，选择复制的所有图层，按 Ctrl+G 组合键群组图层。在“图层”调板中，右击群组图层，选择“复制组”命令。按 Ctrl+E 组合键将复制的群组图层拼合为一个图层，将该图层重命名为“七夕”。

（6）为“七夕”图层添加图层蒙版，然后用“钢笔工具”或“画笔工具”在蒙版上进行适当绘制，绘制区域如图 5-66 所示。

（7）复制这个图层，将图层混合模式设置为“点光”，效果如图 5-67 所示。

图 5-66　图层蒙版选区

图 5-67　七夕文字效果

（8）新建一个图层，在工具箱中选择“钢笔工具”，绘制如图5-68所示路径。

（9）在工具箱中选择“画笔工具”，将画笔大小设置为3，将前景色设置为#04e2f6。单击“画笔设置”按钮，在“画笔笔尖形状”中设置间距为1000%；在“形状动态”中设置大小抖动为100%；在“散布”中，设置散布为1000%。单击“路径选择工具”，右击并选择“描边路径”命令。

（10）切换到“路径”调板，单击空白处，隐藏路径。为该图层添加“外发光”图层样式，发光大小设置为0。可以复制该图层，使得星河效果明显，如图5-69所示。

图5-68　绘制星河路径

图5-69　用画笔描边路径

（11）用“魔棒工具”选择“牛郎织女”素材的黑色剪影部分，用“移动工具”将它移到本文档中。添加“颜色叠加”图层样式，如图5-70所示。

（12）新建一个图层，用“椭圆工具”绘制一轮圆月，设置外发光图层样式，如图5-71所示。

图5-70　添加人物剪影

图5-71　添加圆月

5.7　“节能环保”主题海报绘制

发展绿色低碳环保经济模式，是一项功在当代、利在千秋的历史大事，是全面贯彻落实党的科学发展观，实现经济可持续发展的一条必经之路。本案例利用“矩形工具”组、“钢笔工具”组完成了“节能减排　低碳环保”主题海报的绘制，用于

宣传教育普及节能低碳绿色经济的相关知识。具体实现步骤如下。

（1）新建一个名为“节能减排　低碳环保”的图像文件，设置文件的宽度为 210 毫米，高度为 297 毫米，分辨率为 150 像素 / 英寸，颜色模式为 RGB 颜色。

5.7 “节能环保”主题海报绘制 .mp4

（2）将前景色设置为 #ccdec8，按 Alt+Delete 组合键填充背景图层。

（3）在工具箱中选择“钢笔工具”，工具模式设置为“形状”，填充颜色设置为 # 1f6531，绘制如图 5-72 所示的路径。

图 5-72　绘制路径

（4）新建一个图层，在工具箱中选择“椭圆工具”，工具模式设置为“形状”，填充颜色设置为 #38652e，按住 Shift 键绘制圆形。新建一个图层，选择“圆角矩形工具”，圆角半径设置为 30 像素，绘制圆角矩形。然后新建一个图层，圆角半径设置为 20 像素，绘制圆角矩形。选择“移动工具”，在“图层”调板中选中这三个图层，在属性工具栏设置“水平居中对齐”，如图 5-73 所示。

（5）新建一个图层，选择“圆角矩形工具”，圆角半径设置为 100 像素，填充颜色设置为白色，绘制圆角矩形。选择“移动工具”，按住 Alt 键，移动复制出两个白色圆角矩形。选中这三个图层，在属性工具栏设置“水平居中对齐”和“垂直居中分布”，如图 5-74 所示。

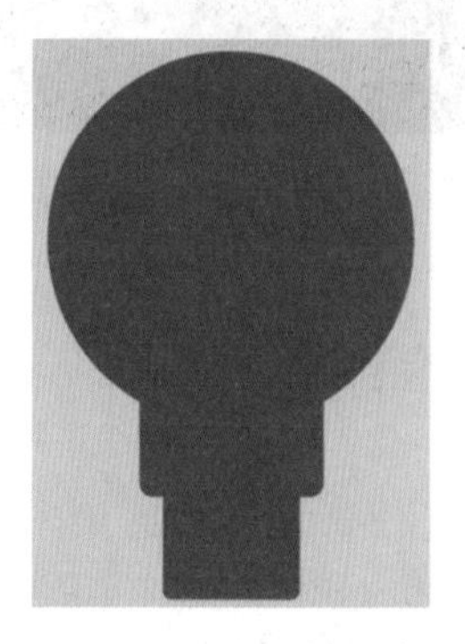

图 5-73　绘制灯轮廓

图 5-74　绘制圆角矩形

(6) 选择绘制的这六个基本形状，按 Ctrl+G 组合键将图层进行群组，重命名为“灯”。给这个组添加“描边”图层样式，描边大小为 2 像素，颜色为白色。添加“投影”图层样式，投影颜色为 #38652e。

(7) 新建一个图层，用“椭圆工具”绘制圆形。填充颜色为无，描边颜色为 #38652e，描边宽度 6 像素，描边类型为点线。为该图层添加图层蒙版，用纯黑色画笔遮住虚点圆形的左上角和右下角，如图 5-75 所示。

(8) 用“椭圆工具”绘制迷你圆形，装饰虚点圆形端点，如图 5-76 所示。

(9) 用“直线工具”绘制直线的时候，按住 Shift 键，使得绘制的直线成 45° 角的倍数。基本形状的绘制方法基本相似，这里就不详细阐述了。绘制的基本图形，可以按 Ctrl+T 组合键进行变换操作，右击，在弹出的快捷菜单中选择常用的“水平翻转”和“垂直翻转”命令，装饰线如图 5-77 所示。

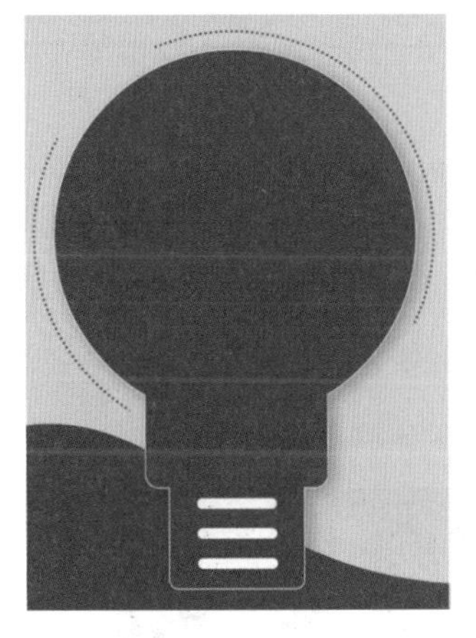

图 5-75　绘制虚点圆形

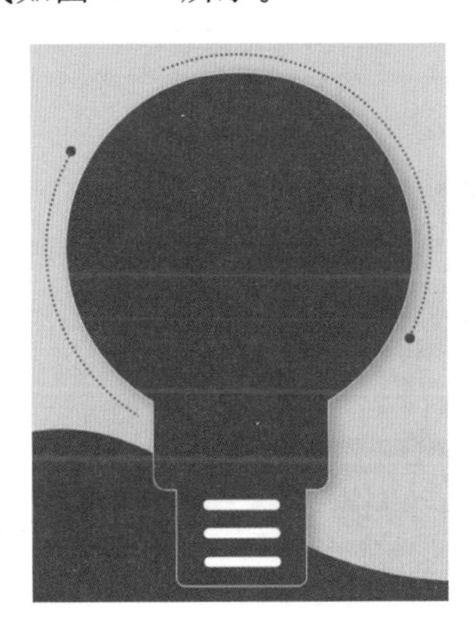

图 5-76　绘制迷你圆形

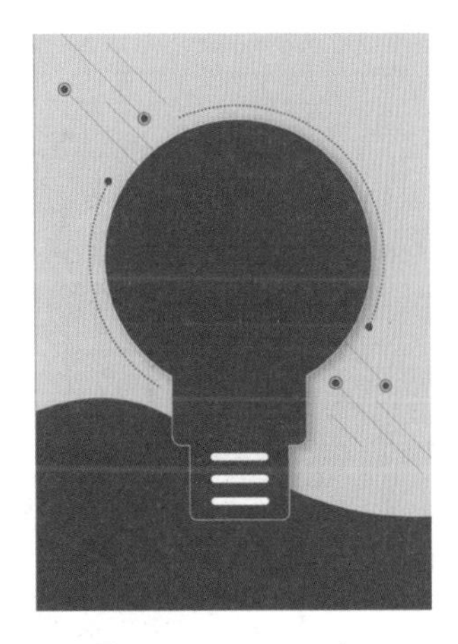

图 5-77　绘制装饰线

(10) 新建一个图层，用“圆角矩形工具”绘制圆角矩形。设置像 3 素宽的白色描边。用“直接选择工具”单击最左侧的锚点，按 Delete 键删除。再选择左下角的锚点，按 Shift+ →组合键移动锚点，如图 5-78 所示。

(11) 同样绘制另一段曲线，移动对象的时候，可以按方向箭头键对对象进行微调，如图 5-79 所示。

图 5-78　绘制曲线

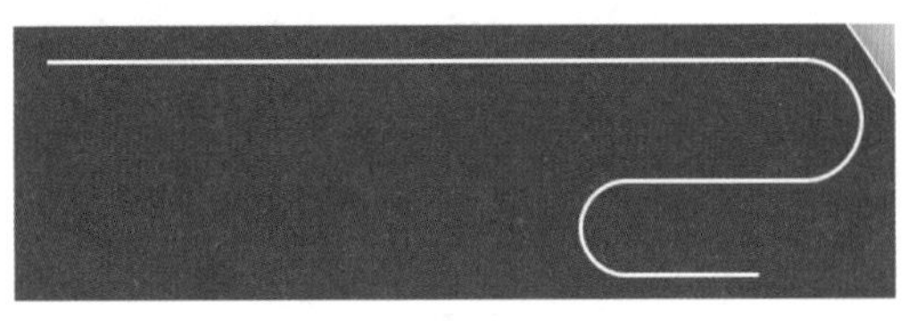

图 5-79　曲线拼接

(12) 用“圆角矩形工具”绘制圆角矩形。用“直接选择工具”编辑部分锚点，得到插座图形，如图 5-80 所示。将这些图层选中，按 Ctrl+G 组合键群组图层，重命名为“插座”。

(13) 用“文本工具”输入文案内容，调整文字的大小和间距，如图 5-81 所示。

(14) 新建一个图层，用“椭圆工具”绘制圆形，填充为无，描边为白色，描边宽度

为 15 像素。在“窗口”菜单中选择“属性”命令，设置描边线段端点为“圆头”。用“添加锚点工具”在最上方锚点两端附近各添加一个锚点。然后用“直接选择工具”选择最上方锚点，按 Delete 键删除这个锚点。

（15）用“圆角矩形工具”绘制细长圆角矩形。将这两个图层群组，重命名为“停止”。为该组添加“外发光”图层样式，如图 5-82 所示。

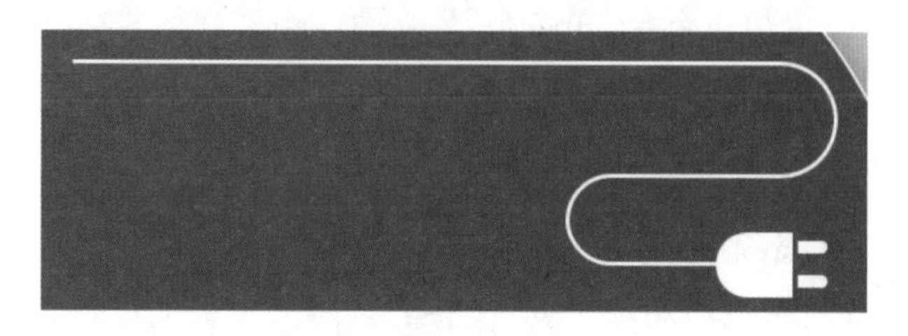

图 5-80　插座

图 5-81　添加文案

图 5-82　停止按钮

（16）新建一个图层，用“椭圆工具”和“圆角矩形工具”绘制图形，按 Ctrl+E 组合键将它们拼合成云朵图案，如图 5-83 所示。为该图层添加“投影”图层样式。

（17）按 Ctrl+J 组合键复制云朵图案。按 Ctrl+T 组合键进行变形。按住 Shift 键和 Alt 键，缩小宽度，如图 5-84 所示。

（18）新建一个图层，右击图层，在弹出的快捷菜单中选择“创建剪切蒙版”命令。用“矩形选框工具”拖放出一个矩形选框，选择云朵的一半。选择柔度边缘画笔，颜色选择灰色，在选区右侧进行绘制，云朵图案出现暗面，如图 5-85 所示。按 Ctrl+D 组合键取消选区。

（19）用“直线工具”绘制直线段，按 Ctrl+J 组合键复制多层。用“移动工具”将最后一个图层下移一段距离。然后选择所有的直线段，在属性工具栏设置“左端对齐”和“垂直居中分布”，按 Ctrl+G 组合键群组图层。

图 5-83　云朵图案

图 5-84　复制云朵图案

图 5-85　绘制暗面

(20) 按 Ctrl+T 组合键对组进行变形，按住 Ctrl 键，移动边界中点，进行倾斜变形，如图 5-86 所示。

(21) 选择“钢笔工具”，单击绘制多边形形状，用以装饰在“节能环保”文字的笔画处，颜色设置为 #66925d，如图 5-87 所示。

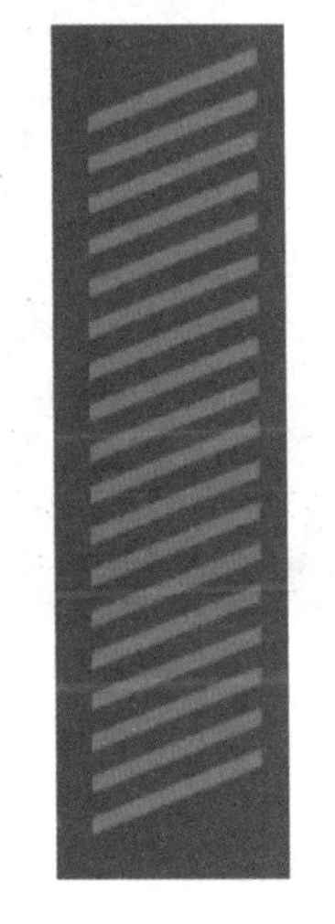

图 5-86　绘制直线

图 5-87　绘制多边形形状

(22) 打开“高楼剪影”素材，用“矩形选框”工具选择一部分高楼剪影，用“移动工具”移动到本文档中。用“魔棒工具”选择背景白色，按 Delete 键删除。

(23) 在“编辑”菜单中选择“变换”中的“变形”命令，沿着背景曲线变形剪影，如图 5-88 所示。

图 5-88　变形剪影

（24）为图层添加“颜色叠加”图层样式，颜色设置为#66925d。按 Ctrl+Shift+Alt+E 组合键盖印所有图层，如图 5-89 所示。

（25）打开“灯箱”素材，将盖印图层移动到本文档中。按 Ctrl+T 组合键，按 Ctrl 键移动边界角点，如图 5-90 所示。

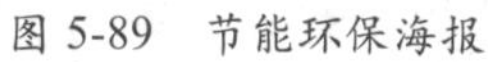
图 5-89 节能环保海报

图 5-90 灯箱效果图

5.8 思维拓展

根据所学的知识，完成下面的练习。

（1）制作简洁大气的浅蓝色光影图案，效果如图 5-91 所示。

（2）制作“浙江东方职业技术学院”的校徽，效果如图 5-92 所示。

图 5-91 浅蓝色光影图案

图 5-92 “浙江东方职业技术学院”校徽

第6章　文 本 设 计

本章学习目标

- 了解文字与图层的关系。
- 掌握字符文本与段落文本的创建方法及属性的设置方法。
- 熟练掌握路径文本的编辑方法。
- 掌握文字图层和图层样式的综合应用方法。
- 掌握文字的艺术变形方法。
- 掌握3D文字的创建方法。
- 掌握动画文本的实现方法。

6.1　相 关 知 识

文字是传达信息的重要符号,因此,文字在平面设计中的视觉作用是非常重要的。

6.1.1　在 Photoshop 中创建文本

使用 Photoshop 工具箱中提供的文字工具可以创建各种类型的文字,还可以对文字进行变形操作,以及按路径排列文字。

1．文本工具

工具箱的文字工具组中有 4 个工具: T 横排文字工具 、↓T 直排文字工具 、T 横排文字蒙版工具 、↓T 直排文字蒙版工具 ,使用前两种时,会在“图层”调板中自动创建相应的文字图层。使用后两种时,相当于“快速蒙版”状态,可对字体进行编辑修改,当再次单击其他工具时,文字变成浮动的文字选区。

2．文本图层

在 Photoshop 中文字以一个独立图层的形式存在,具有图层的所有属性,因此可以对文字进行图层样式的设置, 6.4 节中有叙述。

Photoshop 保留了基于矢量的文字轮廓,在进行缩放、调整大小,以及存储成 PDF 或 EPS 格式文件或输出到打印机时,生成的文字都具有清晰的、与分辨率无关的光滑边缘。

文字图层作为特定的图层,在其中无法使用画笔、铅笔和渐变工具,只能对文字进行变换、改变颜色,以及设置字体、字号、角度和图层样式等有限的操作。

3．文本的类型

在 Photoshop 中,输入的文字分为字符文本和段落文本两种。选择“文本工具”后,当移动鼠标指针到需要输入文字的地方,单击输入文字,创建的是字符文本。字符文本适合少量文字,即一个字或一行文字,若要应用文本嵌合路径等特殊效果时,输入字

符文本非常适合。

选择“文本工具”后，当按下鼠标左键不放，在图像窗口中拖出一个矩形框，可在框内输入文字，这就是段落文本。段落文本适合长篇幅的文本，其长度到达段落定界框的边缘时，会自动换行。当段落定界框的大小发生变化时，文字会根据定界框的变化而发生变化。

4. 文本的转换

将文本图层转换为普通图层：如要对文本图层施加滤镜等操作时，就需要将文本图层进行栅格化处理。具体操作是，右击“图层”调板中文字图层的空白处，在弹出的快捷菜单中选择“栅格化文字”命令，完成文本图层的栅格化操作。这样，文本图层变成普通图层。

将文本转换为选区：按下 Ctrl 键，单击“图层”调板中文字图层的缩览图，可以将文字的选区载入图像中。

将文本图层转换为形状：具体操作是，右击“图层”调板中文字图层的空白处，在弹出的快捷菜单中选择“转换为形状”命令。

将文本图层转换为工作路径：具体操作是，右击“图层”调板中文字图层的空白处，在弹出的菜单中选择“创建工作路径”命令。工作路径对原来的文字图层并没有任何影响。

6.1.2 文字的属性

文字在平面中的编排，涉及字体的选择、字距与行距等属性设置。字体大小、颜色、对齐方式等可以在文本工具的工具属性栏中设置。下面介绍文本中其他属性的设置。

1. 载入外来字体

很多时候，为了提升设计的美感，需要用到一些不是很常见的字体，这就需要载入外来字体，让其能够存在于字体下拉列表中。外来字体一般可以通过网络搜索获取，其文件扩展名为“.ttf”。

载入外来字体有两种方法，具体操作在后续的案例中有讲述。

（1）直接双击打开字体文件，单击字体窗口左上角的“安装”按钮完成安装。

（2）将字体文件复制到操作系统中“控制面板”的“字体”文件夹中。

2. 文字方向

在 Photoshop 中，文字方向有横排、竖排、文字变形等几种方式。单击工具属性栏中的“更改文本方向”按钮，可以改变横排与竖排文字的排列方向。

用鼠标选中输入的文本，在工具属性栏中单击“创建文字变形”按钮，弹出“变形文字”对话框，在“样式”下拉菜单中选中变形方式，然后设置变形方向和弯度大小。

3. 文字间距的改变

在 Photoshop 中，用鼠标选中输入的文本，然后按住 Alt 键，按上、下、左、右箭头键可以对选中文本的字符间距及行间距进行调整。

4. 字符 / 段落属性

单击工具属性栏中的“切换字符和段落调板”按钮，或是在菜单栏中选择“窗口”中的“字符”或“段落”,也可调出“字符 / 段落”属性调板。在这个调板中,可以设置更多的文本属性。

6.1.3　制作异形文字

在图像窗口中若存在路径,当光标移至路径处时,光标会发生变化,如图 6-1 所示。在 6.2 节和 6.3 节的案例中有详细的操作描述。

当光标呈现第一种状态时,单击后输入的文本为普通文本,与路径无关,如图 6-1 (a) 所示。

当光标呈现第二种状态时,单击后输入的文本将被限制在封闭路径内排列,如图 6-1 (b) 所示。

当光标呈现第三种状态时,单击后输入的文本将沿路径排列,如图 6-1 (c) 所示。

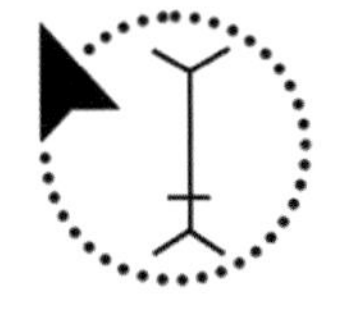
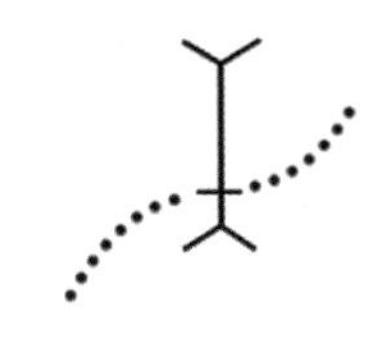

(a) 普通文本的状态　(b) 封闭路径内的状态　(c) 沿路径排列的状态

图 6-1　光标状态

此外,还可以将文本转换为路径,然后用路径类工具对文字路径进行编辑修改,得到艺术变形文字路径。在 6.1 节和 6.7 节的案例中有详细的实现步骤。

6.2　杂志封面设计

6.2　杂志封面设计 .mp4

通过技能点的讲解,读者对文本工具操作已经有了一定的了解。接下来,通过设计旅游杂志封面,熟练掌握字符文本、段落文本的排版,并对文本进行艺术变形及文字样式的设置。通过学习,读者应能设计制作书籍封面、DM 单等作品。实现步骤如下。

(1) 新建一个图像文件,宽度为 21 厘米,高度为 28.5 厘米,分辨率为 300 像素 / 英寸,背景内容为白色。

(2) 在工具箱中选择“渐变工具”,设置渐变颜色为从 #aca6fc 到 #594efb 的过渡。选择“线性渐变类型”,在图像窗口中,从左上角向右下角拉出渐变填充背景。

(3) 在工具箱中选择“椭圆工具”,在工具属性栏中选择“形状”,“填充”设置为“无”,“描边”设置为白色,“粗细”为 2 点。“描边”选项中选择“实线类型”。按住 Shift 键,在图像窗口中绘制一个圆形的白色线框,如图 6-2 所示。

(4) 在“图层”调板中,选择“椭圆 1”图层,按 Ctrl+J 组合键复制图层,按 Ctrl+T 组合键变换图像的大小(同时按住 Shift 和 Alt 键进行大小的变换,可以保证圆形中心点不变)。用同样的操作,再复制变换出多个白色线框,如图 6-3 所示。

(5) 按 Ctrl+R 组合键显示标尺。在工具箱中选择“移动工具”,从水平标尺中拖出一条水平参考线并放置在圆形中心点上,从垂直标尺中拖出一条垂直参考线也放置在圆形中心点位置上。在工具箱中选择“直线工具”,在工具属性栏中选择“形状”,

将“填充”设置为白色,“描边”设置为白色,“粗细”为 2 点。“描边选项”中选择“实线类型”。设置线条“粗细”为 6 像素。按住 Shift 键绘制 5 条直线段,如图 6-4 所示。

（6）在“图层”调板中新建图层,按住 Shift 键,单击“椭圆 1”图层,这样就选中了之前绘制的圆形线框和直线段所有图层。按 Ctrl+E 组合键拼合图层,将图层命名为“线图”,将其移动到图像底部居中位置。

（7）在工具箱中选中“魔棒工具”,在工具属性栏中选择“添加到选区”模式,选中“连续”属性。在“线图”图层不同的位置单击,得到的选区如图 6-5 所示。在“图层”调板中新建一个图层并命名为“拼块”,按 Alt+Delete 组合键为选区填充前景色,按 Ctrl+D 组合键取消选区。

图 6-2　绘制圆形白色线框

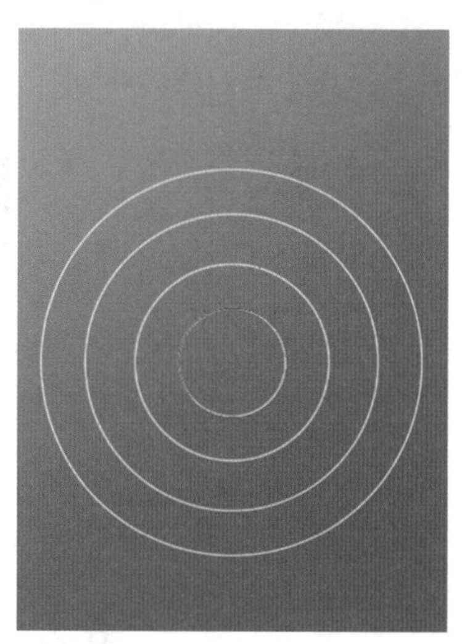

图 6-3　绘制同心圆

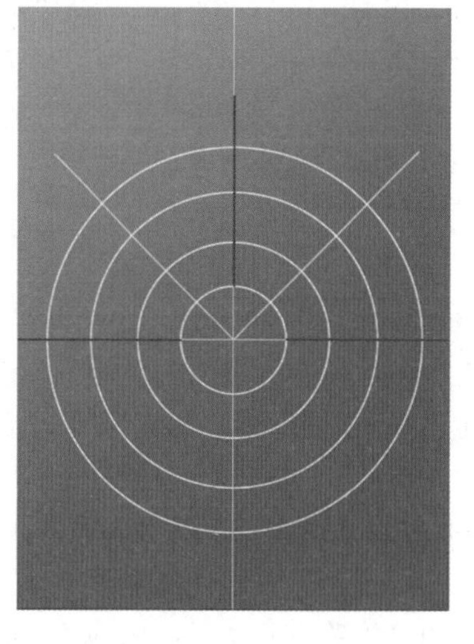

图 6-4　绘制直线段

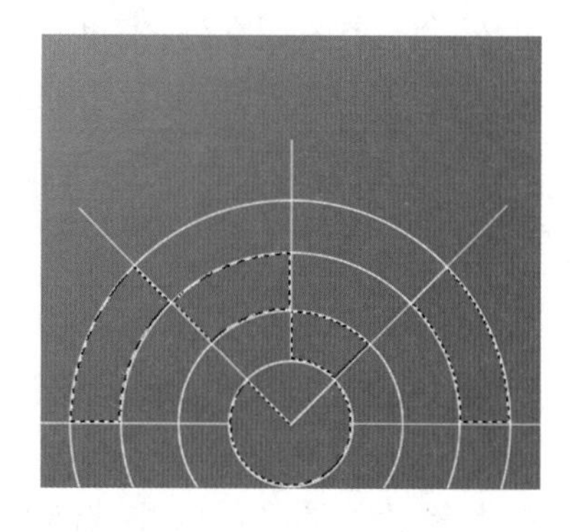

图 6-5　用魔棒进行选取

（8）用移动工具将素材文件夹中的“风景 1”图片移动到本文档中。按 Alt 键,在“图层”调板中单击它与“拼块”图层之间的分隔线,就创建了剪贴蒙版。单击“拼块”图层,用魔棒工具单击图像窗口中的一个拼块,单击“风景 1”图层,单击“图层”

调板底部的“添加蒙版”按钮。用同样方法操作其他几个风景图片，如图 6-6 所示。

(9) 用移动工具将素材文件夹中的“地图”素材移动到本文档中。按 Ctrl 键，在图层调板中单击该图层的微缩图标，载入地图选区。将前景色设置为白色，按 Alt+Delete 组合键填充，并将图层透明度设置为 10%。按 Ctrl+D 组合键取消选区，如图 6-7 所示。

图 6-6　显示图像

图 6-7　地图背景

(10) 在“文件”菜单中选择“新建”命令，设置宽度为 200 像素，高度为 200 像素，分辨率为 300 像素 / 英寸，背景为透明。在工具箱中选择“椭圆选框工具”，按住 Shift 键，在图像窗口中绘制圆形选区。设置前景色为 # b8e1dc，按 Alt+Delete 组合键填充选区。按 Ctrl+D 组合键取消选区，如图 6-8 所示。

图 6-8　绘制圆形

(11) 在“编辑”菜单中选择“自定义图案”命令，在弹出的对话框中输入图案名称为“圆点”。切换到“封面”文档，在“图层”调板底部单击“创建新的填充或调整图层”按钮，选择“图案”，然后在“图案填充”对话框中设置缩放数值为 10%，如图 6-9 所示。

(12) 在素材文件夹中双击打开“汉仪菱心体简”字体文件，单击上方的“安装”按钮，完成字体的安装。用同样的方法安装“方正细倩简体”字体。

(13) 在工具箱中选择“横排文字工具”，在工具属性栏中选择“汉仪菱心体简”字体，输入“时尚”二字。按 Ctrl+T 组合键，对“时尚”二字做适当缩放。按 Alt 键，然后按向左或向右箭头键，可以改变字符之间的间距。为该图层添加“外发光”图层样式。

(14) 在工具箱中选择“竖排文字工具”，在工具属性栏中选择“方正细倩简体”字体，输入“旅游”二字。同上步操作，调整好字体的大小和间距。为该图层添加“描边”图层样式，如图 6-10 所示。

图 6-9　填充图案

图 6-10　时尚旅游文字

（15）在工具箱中选择“横排文字工具”，在工具属性栏中选择 Microsoft phagspab 字体。输入 TRAVELER。按 Ctrl+T 组合键做大小合适的缩放，按 Ctrl 键对文字做斜切变形，如图 6-11 所示。

（16）在“图层”调板中单击“TRAVELER”图层的空白处，选择“创建工作路径”命令，隐藏该文字图层。用直接选择工具、添加（删除）锚点工具、转换点工具对路径进行变形，如图 6-12 所示。

图 6-11　添加文字

图 6-12　文字转换为路径

（17）按 Ctrl+Enter 组合键，将路径转换为选区。在图层调板中新建一个图层，按 Alt+Delete 组合键，用白色填充选区。按 Ctrl+D 组合键取消选区。在“路径”调板中单击空白处，隐藏路径。在“图层”调板中设置图层混合模式为“溶解”，不透明度为 50%，为图层添加“投影”图层样式，效果如图 6-13 所示。

(18) 在工具箱中选择“横排文字工具”，按住鼠标左键不放，在图像窗口中拖出一个文本区域。输入文本如图 6-14 所示。可以选择其中的部分文字进行字体颜色、大小等改变。按 Alt 键，然后按向上或向下箭头键可以调整行距。在工具属性栏中设置字体对齐方式为“右对齐文本”。

图 6-13　设置文字样式

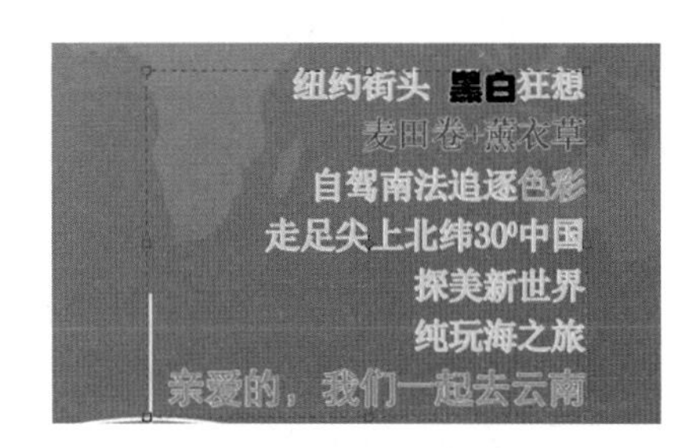

图 6-14　输入段落文本

(19) 用钢笔工具或椭圆工具绘制一段弧形路径。在工具箱中选择“横排文字工具”，当鼠标光标移至路径上，光标变成状态时，单击并输入文字“16 条户外经典线路”，字体为“方正细倩简体”。为该文字图层添加“描边”“投影”图层样式，如图 6-15 所示。

(20) 在工具箱中选择“横排文字工具”，输入文字“徒步 攀岩 登山 自驾”，添加“描边”“投影”图层样式。完成后的杂志封面效果如图 6-16 所示。

图 6-15　路径文本

图 6-16　杂志封面的设计

6.3　甜品店菜单设计

6.3　甜品店菜单设计 .mp4

在本案例中，制作一份甜品店菜单。甜品店菜单采用了三折页形式，因此涉及尺寸的计算及说明。在图文混排上，也是非常值得借鉴的。通过本案例的学习，读者可以尝试制作外卖卡、产品宣传册等作品。本案例的实现步骤如下。

（1）设计一张 A4 大小的三折页菜单，尺寸是 291 毫米 × 216 毫米，分辨率为 300 像素 / 英寸，颜色模式为 CMYK，背景为白色。四周各留出 3 毫米作为出血位。三折页整张设计时，从左到右第二折也就是中间的这一折是封底，第三折也就是右边的这一折为封面。最左边的一折，一般印公司简介。反面的三折都印产品内容。

（2）在“视图”菜单中选择“新建参考线”命令，设置分栏及出血位参考线，如图 6-17 所示。

（3）在工具箱中选择“矩形选框工具”，在封面处绘制一个矩形选框（覆盖出血位）。将前景色设置为 #6f1d37，按 Alt+Delete 组合键填充选区。

（4）打开素材“花 .jpg”，用移动工具将图片移动到本文档中。设置图层的混合模式为“划分”，如图 6-18 所示。

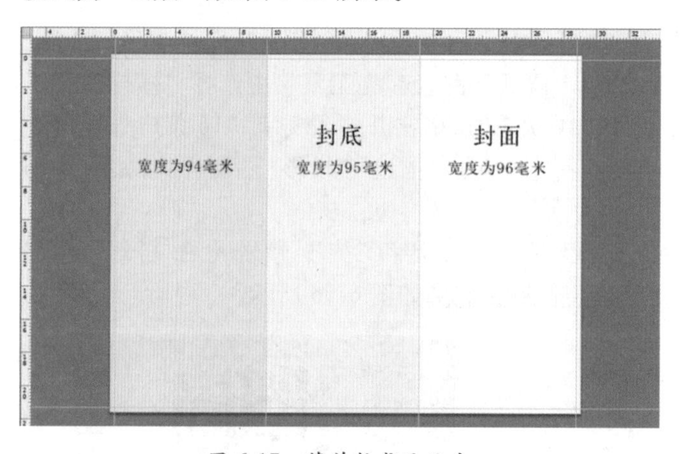

图 6-17　菜单版式及尺寸

图 6-18　封面背景

（5）在工具箱中选择“直排文字工具”，字体为“逐浪雅宋体”，大小为 40，颜色为白色，在图像窗口中输入文字“转咖甜品”。

（6）新建一个图层，按 Alt 键，单击图层的分隔线，创建一个剪贴蒙版图层。在工具箱中选择“画笔工具”，选择“柔边缘”笔刷，大小为 300，笔刷流量控制为 25%。将前景色设置为黑色，在“转咖甜品”四字上涂抹，做出光泽效果，如图 6-19 所示。

（7）在工具箱中选择“直排文字工具”，分别输入文字内容，如图 6-20 所示，字体及大小可以适当调整，颜色为白色。在 zhuanka dessert 图层，可以单击“文本工具”工具属性栏中的“切换字符和段落调板”按钮，在“字符”调板中单击“全部大写字母”按钮TT。

（8）打开素材“二维码 .jpg”，用移动工具将图片移动到本文档中。

图 6-19 “转咖甜品”文字

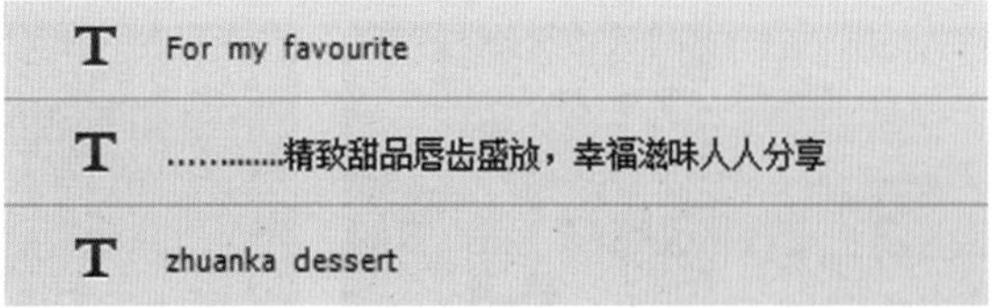

T For my favourite

T …………精致甜品唇齿盛放，幸福滋味人人分享

T zhuanka dessert

图 6-20 文字图层

(9) 新建一个图层，选择“矩形工具”，模式为“像素”，将前景色设置为 # eb7e3f，绘制一个矩形。按 Ctrl+T 组合键对矩形变形，按住 Ctrl 键，拖动右边界中心变形控制点并向上移动一段距离，进行斜切变形，如图 6-21 所示。

(10) 新建一个图层，在工具箱中选择“矩形选框工具”，在封底处绘制一个矩形选框（覆盖出血位）。将前景色设置为 #eb7e3f，按 Alt+Delete 组合键填充选区。

(11) 打开素材“花环 .jpg”，用“移动”工具将图片移动到本文档中。设置图层的混合模式为“正片叠底”。

(12) 新建一个图层，选择“矩形工具”，模式为“像素”，将前景色设置为 #6f1d37，绘制一个矩形，如图 6-22 所示。

图 6-21 封面效果

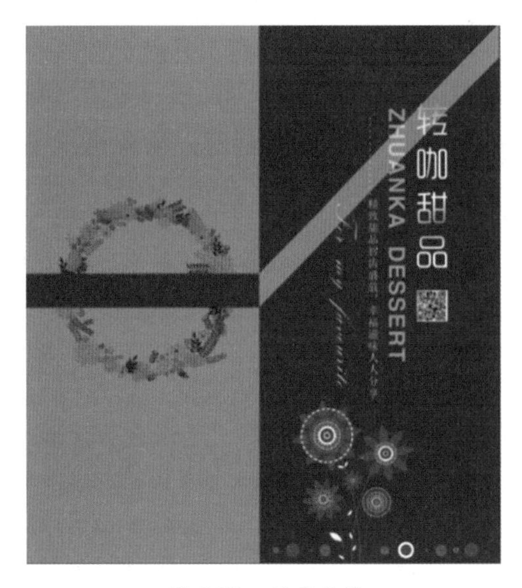

图 6-22 封底背景

(13) 在工具箱中选择“文字工具”，输入文字，内容、大小及颜色如图 6-23 所示。在“图层”调板中，将“转咖甜品”图层设置为白色的“外发光”图层样式。DESSERT 图层进行文字变形。在文本工具的工具属性栏中单击“创建文字变形”按钮，在弹出的“变形文字”对话框中设置样式为“拱形”，弯曲度为 - 40%。

（14）新建一个图层，在工具箱中选择“矩形选框工具”，在封底处绘制一个矩形选框（覆盖出血位）。将前景色设置为 #701e37，按 Alt+Delete 组合键填充选区。

（15）打开素材“小熊 .jpg”，用“移动”工具将图片移动到本文档中。

（16）在工具箱中选择“椭圆选框工具”，在工具属性栏中设置模式为“路径”，在图像窗口中绘制一个椭圆路径，如图 6-24 所示。

图 6-23　封底效果

图 6-24　绘制路径

（17）在工具箱中选择“横排文字工具”，将光标移动到矩形路径内部，当光标变成时，单击并输入文本内容，见素材“品牌介绍 .txt”。选中所有文字的内容，按住 Alt 键，连续按向上或向下箭头键，可以改变文字之间的行间距，如图 6-25 所示。

（18）新建一个图层，在工具箱中选择“椭圆选框工具”，绘制椭圆选区，将前景色设置为 #eb7e3f，按 Alt+Delete 组合键填充颜色。将该图层移动到文字图层下方。

（19）打开素材“花 2.jpg”，用移动工具将图片移动到本文档中，图层混合模式设置为“正片叠底”。按 Alt 键，单击图层中间的分隔线，创建图层剪贴蒙版。

（20）新建一个图层，在工具箱中选择“自定义形状工具”，在工具属性栏中选择模式为“像素”，形状为“爪印”，前景色设置为 # efb53f，绘制几个爪印，如图 6-26 所示。

（21）新建文档，尺寸是 291 毫米 ×216 毫米，分辨率为 300 像素 / 英寸，颜色模式为 CMYK，背景为白色。在“视图”菜单中选择“新建参考线”命令，设置分栏及出血位参考线，如图 6-27 所示。

（22）在工具箱中选择“矩形选框工具”，绘制矩形选框，分别覆盖第一页和第三页区域，填充颜色为 #f8c9ad，第二页区域填充颜色为 #fbe1d2。将素材图片“花 .jpg”移动到本文档中，放在第二页的底部，图层混合模式设置为“正片叠底”。

（23）新建一个图层，在工具箱中选择“圆角矩形工具”，在工具属性栏中设置“像素”模式，半径设置为 150。将前景色设置为 #f1915a。用文本工具输入文字内容，如图 6-28 所示。

（24）打开素材“边框 .jpg”，用套索工具选择一部分边框，用移动工具将其移动到本文档中，图层混合模式设置为“正片叠底”。

（25）按 Ctrl+J 组合键复制图层，在“编辑”菜单中选择“变换”中的“水平翻转”命令，将边框移动到右侧。

图 6-25　路径区域内的文本

图 6-26　绘制爪印

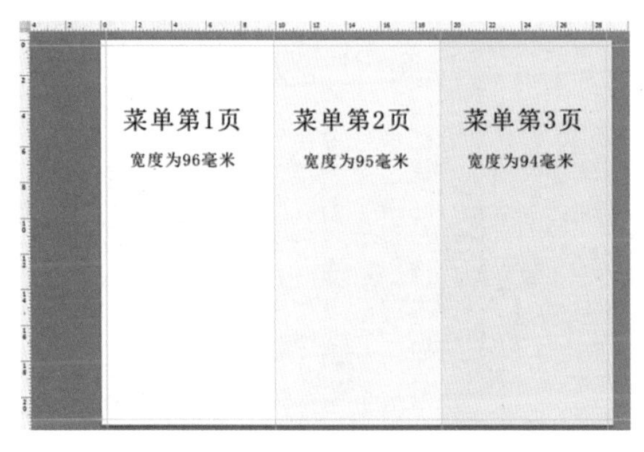

图 6-27　菜单版式及尺寸

图 6-28　文字及图像

（26）新建图层，选择“画笔工具”，样式为硬边缘圆角，在画笔调板中设置画笔大小为 4，间距为 210%，按住 Shift 键不放，在图像窗口中绘制两条虚线，如图 6-29 所示。

图 6-29　菜单分类标题边框

（27）用文本工具输入标题内容，大小及颜色参考图 6-30。

（28）在工具箱中选择“横排文字工具”，按下鼠标左键不放，拖出一个矩形框，可在框内输入菜单内容，见素材“菜单报价 .txt”。选中文本，按住 Alt 键，然后按上、下、左、右箭头键对字符间距及行间距进行调整。

（29）新建图层，选择“画笔工具”，样式为硬边缘圆角，在画笔调板中设置画笔大小为 4，间距为 210%，按住 Shift 键不放，在图像窗口中绘制虚线。按 Ctrl+J 组合键复制多条虚线，进行对齐分布，置于每条菜单项中，如图 6-31 所示。其他菜单制作就不再赘述。

（30）在第一页菜单下部用椭圆工具绘制三个圆形。将素材“果汁 1.jpg”移动到本文档中，按住 Alt 键，单击图层分隔线，创建图层剪贴蒙版。用文字工具输入

“纯天然　零添加　无负担”文字，颜色为白色，添加“投影”图层样式，如图 6-32 所示。

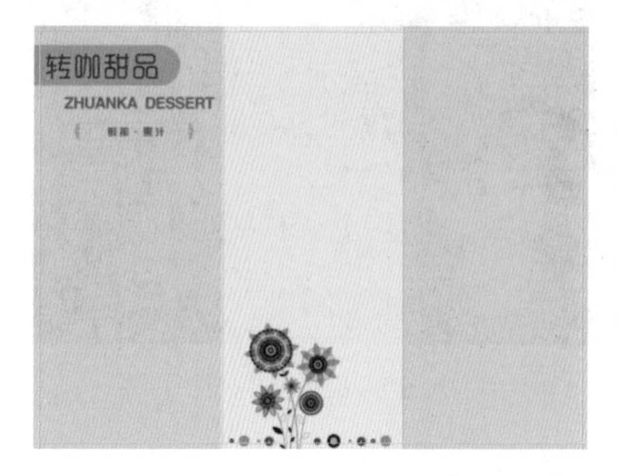

图 6-30　标题设计

图 6-31　菜单项设计

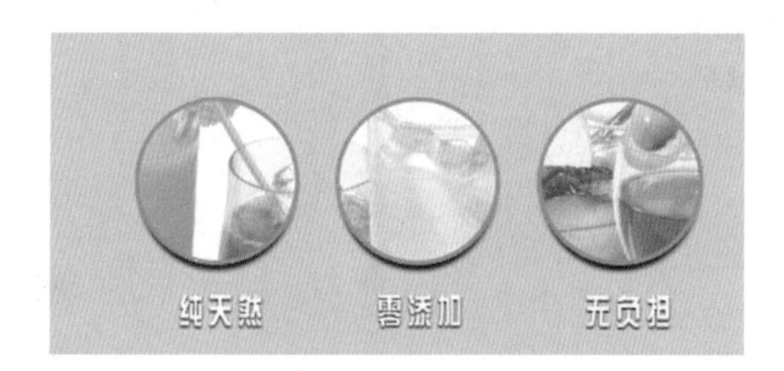

图 6-32　图形设计

（31）用同样的操作，利用剪贴蒙版，制作蛋糕与布丁图片区域，如图 6-33 所示。

（32）在工具箱中选择“横排文字工具”，按下鼠标左键不放，拖出一个矩形框，可在框内输入活动内容。分别选中不同文字，设置字体大小与间距。为了统一，建议做好一个活动内容标签后，其他的采用复制图层的方式，只需要修改文字内容即可。

（33）打开素材“二维码 .jpg”，将其移动到本文档中。在工具箱中选择“直线工具”，模式设置为“像素”，粗细设置为 4，前景色设置为白色。按住 Shift 键，绘制水平和垂直两条直线。给“直线”图层添加图层蒙版，用黑色柔度笔刷对直线两端进行隐藏，如图 6-34 所示。

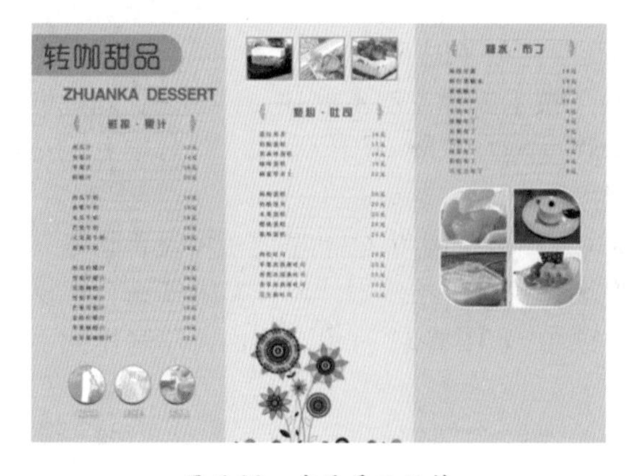

图 6-33　产品展示设计

图 6-34　菜单的设计

(34) 按 Ctrl+Shift+Alt+E 组合键盖印所有图层，用“矩形选框工具”框选最左侧一个菜单页面。打开素材“折页效果 .jpg”，用“移动工具”将框选的页面移动到本文档中。按 Ctrl+T 组合键变形，按住 Ctrl 键，将四个角点对齐到折页效果相应的页面上，如图 6-35 所示。可以将这个图层的不透明度暂时调整为 35%，以方便对齐。

(35) 右击，在弹出的快捷菜单中，选择“变形”命令，调整上下两条边的弧度，使和折页完全贴合，如图 6-36 所示。

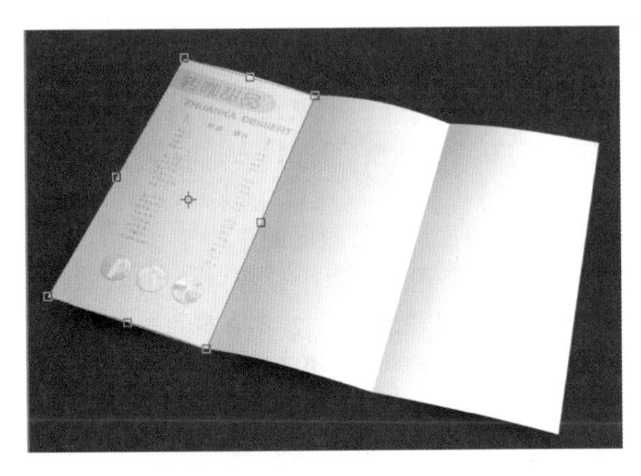

图 6-35　移动页面变形

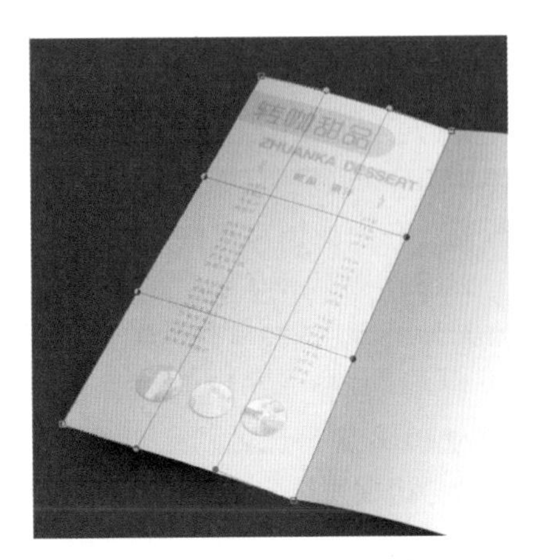

图 6-36　变形上下边

(36) 新建一个图层，右击并选择“创建图层剪切蒙版”命令。选择“画笔工具”，选用柔度笔刷，将前景色设置为黑色，用笔刷画出阴影面，可以调整这个图层不透明度，控制阴影面的效果，如图 6-37 所示。将菜单图层的不透明度恢复到 100%。

(37) 同上述操作，编辑其他页面，三折页立体效果如图 6-38 所示。

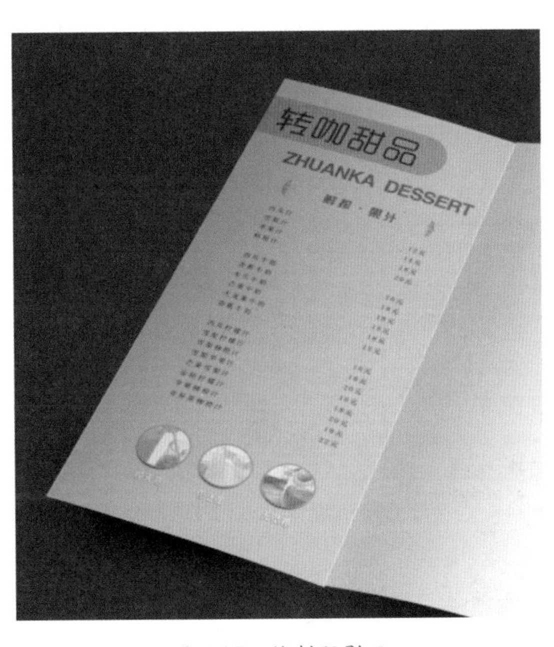

图 6-37　绘制阴影面

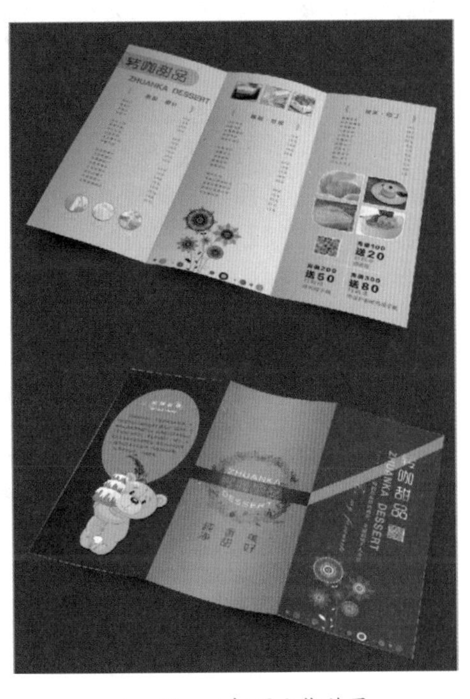

图 6-38　三折页立体效果

6.4 酷炫金属字效果

本案例制作酷炫金属字效果，帮助读者对文字进行图层样式设置、滤镜操作。通过本案例的学习，读者在设计作品时，对文字的修饰会有另一种思路，可以在学习完第 7 章之后，做出更多更酷炫的文字效果，为自己的设计作品增色。实现步骤如下。

（1）新建一个图像文件，宽度为 800 像素，高度为 400 像素，分辨率为 72 像素 / 英寸，背景内容为白色。

6.4 酷炫金属字效果 .mp4

（2）在工具箱中选择“横排文字工具”，在工具属性栏中设置字体为 Impact，字体大小为 260，设置消除锯齿方法为“平滑”，颜色为黑色。在图像窗口中输入文字“2018”。

（3）按 Ctrl+J 组合键复制文字图层。在“2018 副本”图层的下方新建一个图层，填充为纯白色。并将“2018 副本”图层与这个新建白色图层合并。

（4）选择“2018 副本”图层，按住 Ctrl 键，单击“2018”文字图层的微缩图标，载入 2018 文字选区。在“滤镜”菜单中选择“滤镜库”→“扭曲”→“玻璃”命令，设置“扭曲度”为 20，“平滑度”为 1，“纹理”为“小镜头”，“缩放”为 55%，如图 6-39 所示。

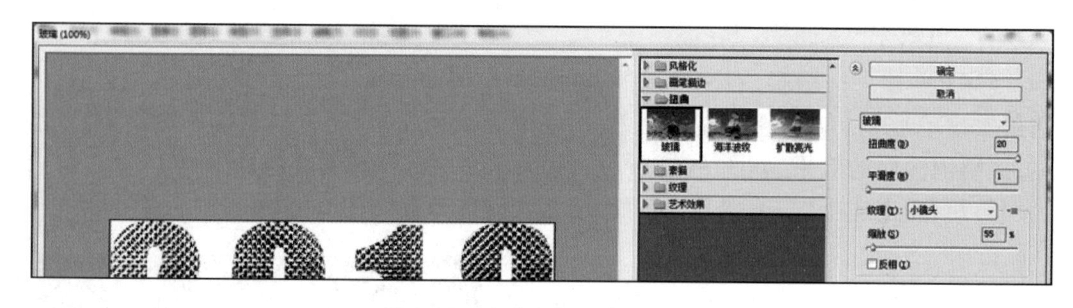

图 6-39 为文字添加滤镜效果

（5）不用取消选区，按 Ctrl+J 组合键复制图层。删除“2018 副本”图层。选择“图层 1”，单击“图层”调板底部的“添加图层样式”按钮，添加“描边”图层样式。描边“大小”为 13，位置居中，“填充类型”为“铜色渐变”，如图 6-40 所示。

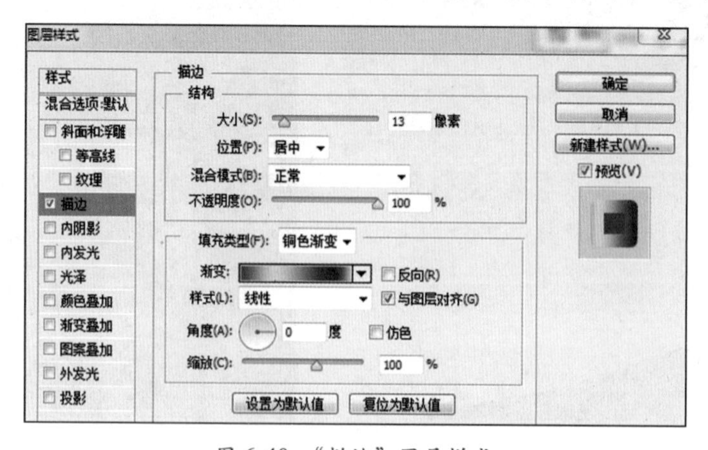

图 6-40 “描边”图层样式

(6) 继续设置图层样式，添加等高线，将“图素”下的“等高线”设置为“画圆步骤”，选中“消除锯齿”复选框，如图 6-41 所示。

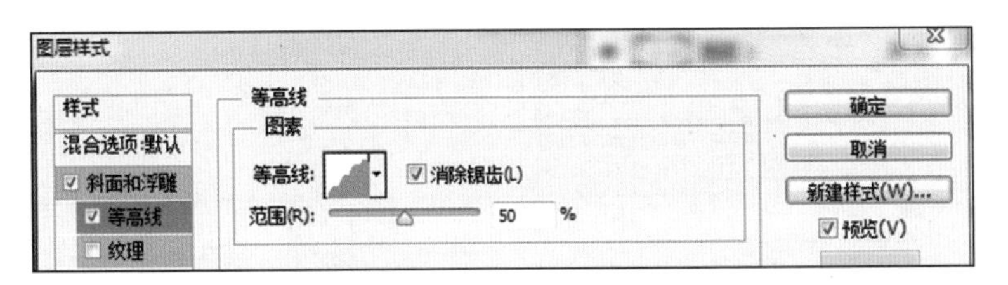

图 6-41　设置“等高线”

(7) 选择“图层 1”，单击“图层”调板底部的“添加图层样式”按钮，添加“斜面和浮雕”图层样式。样式为“描边浮雕”，方法为“平滑”，“深度”为 1000，“大小”为 10，“软化”为 0。在“阴影”下的“光泽等高线”中选择“画圆步骤”，选中“消除锯齿”复选框，如图 6-42 所示。

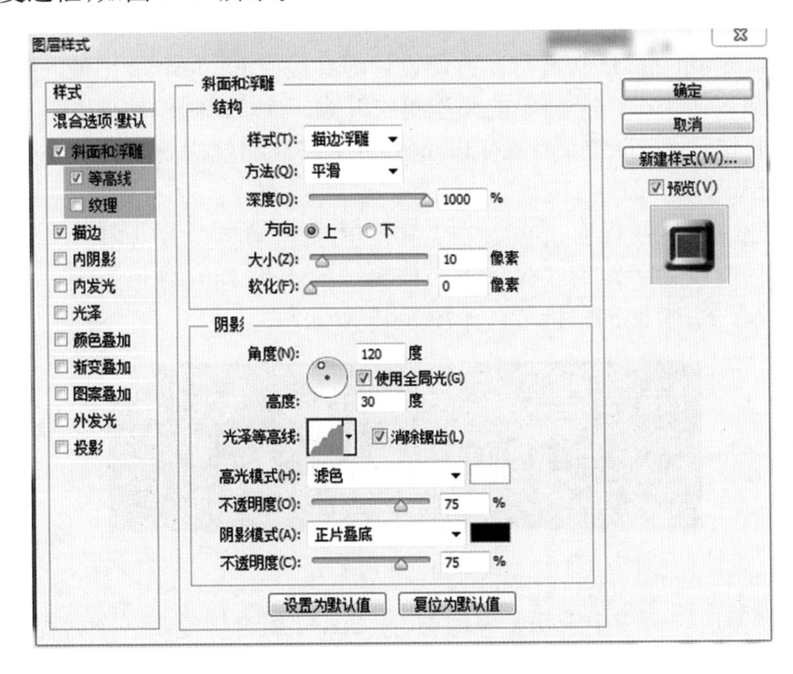

图 6-42　“斜面和浮雕”图层样式

(8) 在“图层”调板中，右击“效果”，在弹出的快捷菜单中选择“创建图层”命令。单击最上层的“图层 1 的浮雕阴影”图层，新建一个图层，填充为 10% 的灰度，将图层的混合模式设置为“柔光”。按住 Alt 键，单击两个图层的中间分隔线，创建图层的剪贴蒙版。

(9) 在“图层”调板中选择“图层 1”，单击“图层”调板底部的“创建新的填充或调整图层”按钮，选择“色相 / 饱和度”，选中“着色”复选框，将饱和度设置为 100%，移动色相滑块到 41，如图 6-43 所示。

(10) 同上面的操作，在图层最上方新建一个“色相 / 饱和度”图层，设置同上，最终效果如图 6-44 所示。

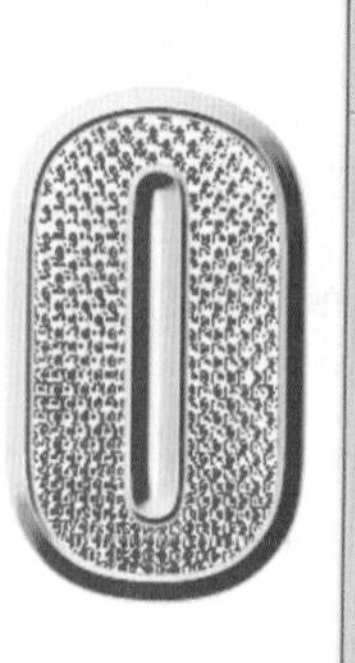

图 6-43　设置色相 / 饱和度

图 6-44　酷炫金属字效果

6.5　3D 立体字效果

使用 Photoshop 的 3D 功能可以方便设计师直接在 Photoshop 中使用 3D 模型，而不用为了一个简单的模型再去开启一个 3D 制作软件。本案例通过制作一个 3D 立体字，对 Photoshop 的 3D 功能进行叙述。实现步骤如下。

6.5　3D 立体字效果 .mp4

（1）打开素材图片“背景 .jpg”。在工具箱中选择“横排文字工具”，在工具属性栏中设置字体为“汉仪菱心体简”，大小为 180，颜色为黑色。输入文字“爽 11 网购疯抢节”，如图 6-45 所示。

图 6-45　输入文字

（2）在“图层”调板中选择文字图层，按 Ctrl+J 组合键复制一个副本图层。上层文字图层重命名为“正面”，下层文字图层重命名为“立体”。

（3）在“图层”调板中选择“立体”文字图层，在图层空白处右击，在弹出的快捷菜单中，选择“栅格化文字”命令，将文字图层转换为普通图层。

（4）在“3D”菜单中选择“从所选图层新建 3D 模型”命令，进入 3D 编辑状态。在工具箱中选择“移动工具”，单击工具属性栏中的“拖动 3D 对象”按钮，在图像窗口中拖动文字并向下移动一小段距离，如图 6-46 所示。

图 6-46　3D 字

(5) 在“窗口”菜单中选择“3D”命令，弹出“3D”调板，在该调板中单击“立体”图层。在“窗口”菜单中选择“属性”命令，弹出“属性”调板，取消选中“捕捉阴影”复选框，将“凸出深度”设置为最大值，如图 6-47 所示。

(6) 在“3D”调板中选择“立体　凸出材质”图层，在“属性”调板中单击“漫射”右边的颜色框，在弹出的“拾色器（漫射颜色）”对话框中的设置如图 6-48 所示。

图 6-47　立体字属性的修改

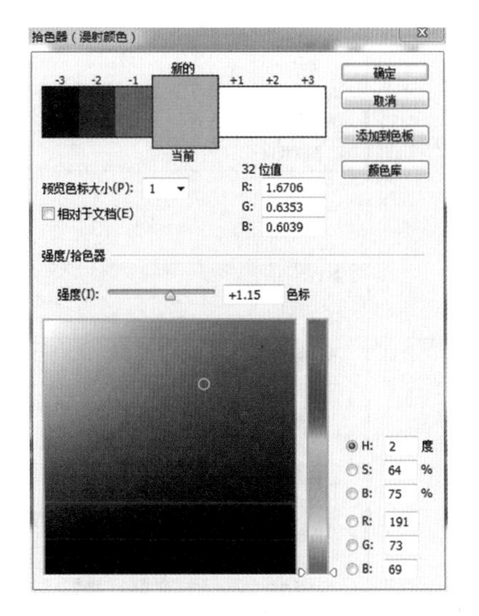

图 6-48　修改凸出材质的颜色

(7) 在“图层”调板中，右击“立体”图层的空白处，在弹出的快捷菜单中选择“转换为智能对象”命令。

(8) 在“图层”调板中选择“正面”文字图层，分别添加“图案叠加”“渐变叠加”“描边”图层样式。其中，渐变颜色为 #f7d30c 到 # fbfbf1 的线性过渡。图层样式设置如图 6-49 ～图 6-51 所示。

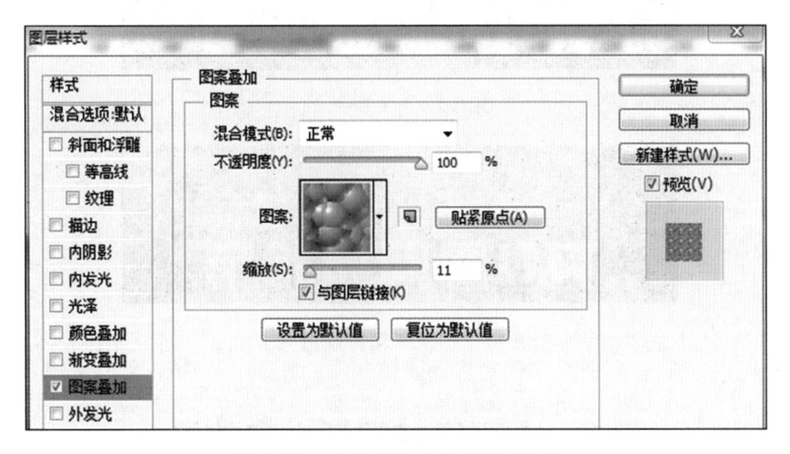

图 6-49　“图案叠加”图层样式

(9) 用移动工具将正面文字与立体文字对齐，效果如图 6-52 所示。

(10) 用多边形套索工具与套索工具选择背景中的礼盒，复制两个副本，放在立体文字的上方，如图 6-53 所示。

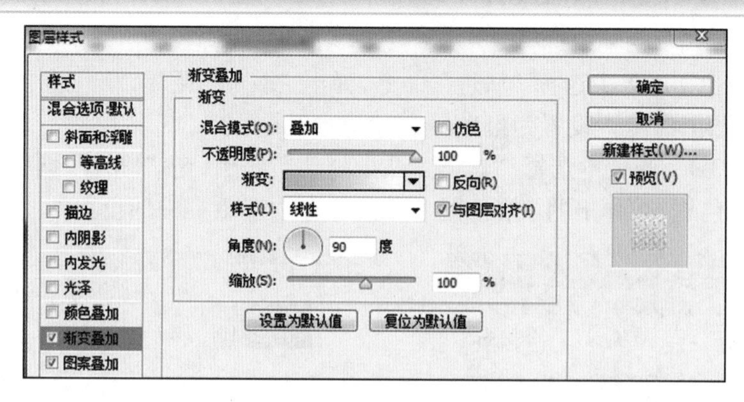

图 6-50 “渐变叠加”图层样式

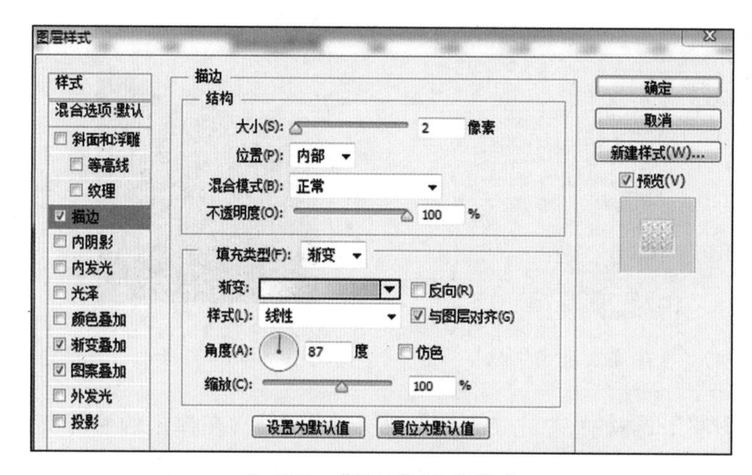

图 6-51 “描边”图层样式

图 6-52 文字效果

图 6-53 3D 立体字效果

6.6 七彩霓虹闪烁文字效果

本案例制作一个七彩霓虹闪烁文字效果。通过本案例的学习，读者将对 Photoshop 中的动画功能有所了解，然后设计制作一些简单的 GIF 动画文件。实现步骤如下。

6.6 七彩霓虹闪烁文字效果.mp4

（1）新建一个图像文件，宽度为500像素，高度为200像素，分辨率为72像素/英寸，背景为透明，如图6-54所示。

图6-54　新建一个图像文件

（2）在工具箱中选择"横排文字工具"，字体为"经典特宋简"，字号大小为120点，输入文字"上鲜啦！"。

（3）按Ctrl+J组合键复制图层六次。在"图层"调板中分别选择每一个文字图层，单击"图层"调板底部的"颜色叠加"图层样式，分别给各个文字图层设置颜色赤、橙、黄、绿、青、蓝、紫。

（4）在"窗口"菜单中选择"时间轴"命令，在图像窗口的下方出现"时间轴"调板。单击调板中的下拉三角按钮，选择"创建帧动画"选项，然后单击"创建帧动画"按钮，如图6-55所示。

（5）按住Alt键，单击"图层"调板中的"上鲜啦！"图层前的"眼睛"图标，只显示该图层，隐藏其他图层。

（6）在"时间轴"调板中单击"0秒"下拉按钮，从中选择"其他"选项，在弹出的"设置帧延迟"对话框中输入时间4。

（7）单击"时间轴"调板底部的"复制所选帧"按钮，复制第2帧。按住Alt键，单击"图层"调板中的"上鲜啦！拷贝"图层前的"眼睛"图标，则第2帧显示橙色文字。

（8）用同样操作来复制帧，并显示其他颜色的文字，如图6-56所示。

图6-55　"时间轴"调板

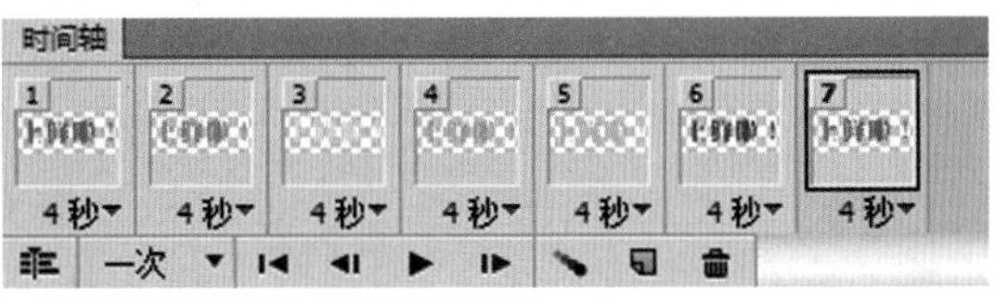

图6-56　添加关键帧

（9）单击“时间轴”调板底部的“选择循环选项”下拉按钮，选择“永远”选项，让文字不停闪烁。

（10）单击“文件”菜单中的“存储为 Web 所用格式”，选择文件格式为 GIF，选中“透明度”选项，如图 6-57 所示。单击“存储”按钮，设置文件存储路径及文件名。

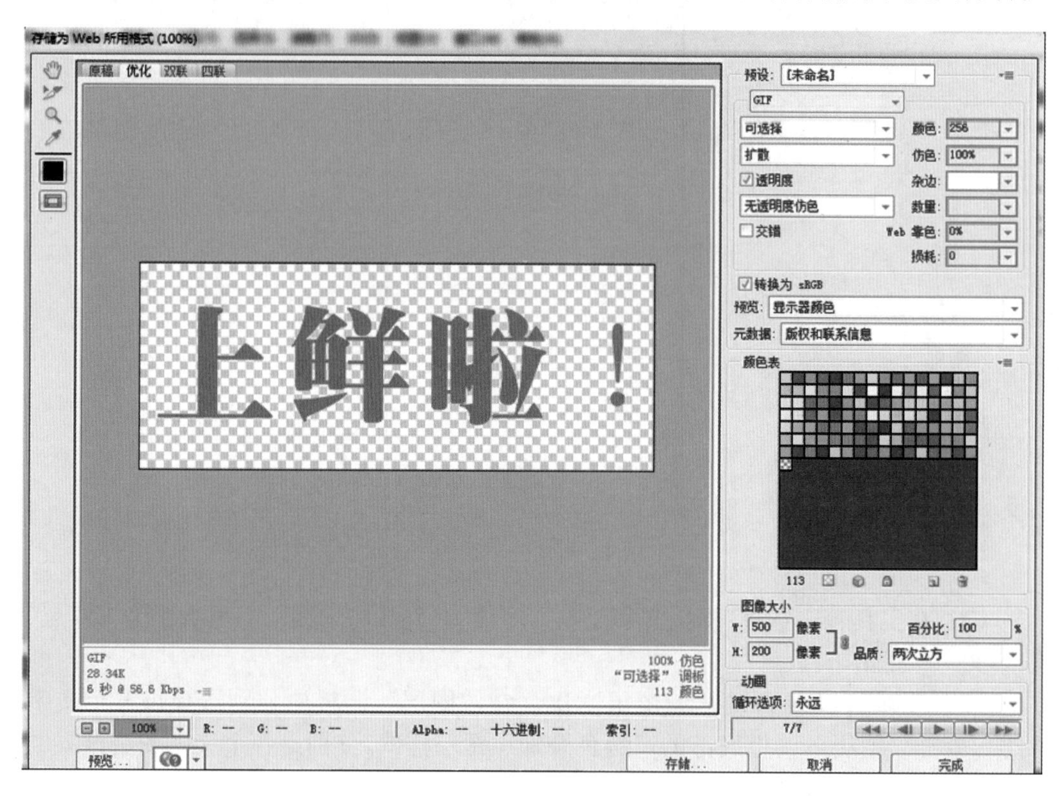

图 6-57　存储为 Web 所用格式

6.7　艺术字体设计

艺术感染力起着美化人民生活的作用，对文字进行艺术变形，应该是读者学习的难点之一。通过本案例的实战演练，应掌握文字转换为路径的方法，然后再通过编辑路径，以达到对文字进行艺术变形的目的。实现步骤如下。

6.7　艺术字体设计 .mp4

（1）新建一个图像文件，宽度为 800 像素，高度为 650 像素，分辨率为 72 像素 / 英寸，背景为 #e2e2e2。

（2）打开素材“花卉 .psd”文件。用移动工具拖动各个图层花卉到新建文档中。按 Ctrl+T 组合键对花卉进行旋转和大小变换，如图 6-58 所示。

（3）安装“汉真广标”字体。在工具箱中选择“横排文字工具”，分别输入“新”“品”“推”“荐”四字。四个字分别在不同的图层，如图 6-59 所示。

（4）在工具箱中选择“移动工具”，按 Ctrl+T 组合键分别对这四个文字进行大小缩放和位置摆放。在“图层”调板中按住 Shift 键，同时选中这四个文字图层。按 Ctrl+T 组合键显示变形句柄，按住 Ctrl 键并用鼠标将上边界变形中心水平向右移动

一段距离，如图 6-60 所示。

(5) 选择“新”文字图层，右击“新”文字图层的空白处，在弹出的快捷菜单中选择“创建工作路径”。切换到“路径”调板，在工具箱中选择“直接选择工具”，按住鼠标左键不放，框选路径最右下角的两个锚点。按键盘上的左箭头和右箭头对其进行位置改变，如图 6-61 所示。

图 6-58　背景设计图

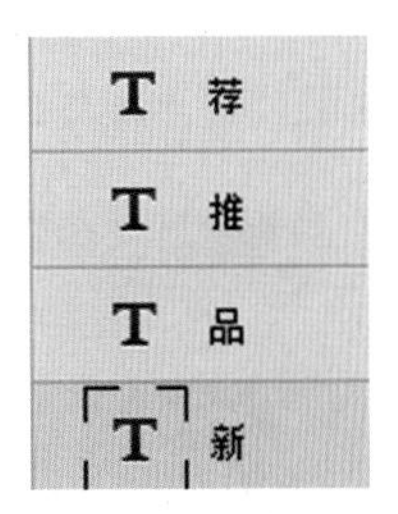

图 6-59　文字图层

图 6-60　“新品推荐”文字

图 6-61　将文字转换为路径

(6) 将“新”字的横与“品”字相接，如图 6-62 所示。在“路径”调板中，双击“工作路径”，在弹出的“存储路径”对话框中输入路径名称“新”。

(7) 在“图层”调板中选择“推”文字图层，右击图层空白处，选择“创建工作路径”命令。在工具箱中选择“删除锚点工具”，单击图 6-63 中框选的四个锚点，删除这四个锚点。

(8) 在工具箱中选择“直接选择工具”，对路径上的锚点及控制线进行调整，如图 6-64 所示。在“路径”调板中，双击“工作路径”，在弹出的“存储路径”对话框中输入路径名称“推”。

(9) 在“图层”调板中选择“荐”文字图层，右击图层空白处，选择“创建工作路径”命令。在工具箱中选择“删除锚点工具”，单击图 6-65 中框选的五个锚点，删除这五个锚点。

图 6-62　文字路径的变形

图 6-63　需删除的锚点（1）

图 6-64　编辑锚点（1）

图 6-65　需删除的锚点（2）

（10）在工具箱中选择“转换点工具”，在图 6-66 中框选的两点上按住鼠标左键拖动，可以引出两个锚点的控制线。在工具箱中选择“直接选择工具”，按住 Alt 键，移动一边的控制线后，松开 Alt 键。然后调整一边控制线为水平，一边为圆弧切线。

（11）在“路径”调板中双击“工作路径”，在弹出的“存储路径”对话框中输入路径名称“荐”。

（12）在“图层”调板中新建一个图层，然后在“路径”调板中单击“新”路径，按 Ctrl+Enter 组合键将路径转换为选区，按 Alt+Delete 组合键将红色前景色进行填充。用同样的操作，填充“推”“荐”路径转换后的选区。隐藏原来的“新”“推”“荐”文字图层，如图 6-67 所示。

（13）选中这四个文字图层，按 Ctrl+E 组合键进行拼合。单击“图层”调板底部的“添加图层样式”按钮，分别添加“光泽”“颜色叠加”“渐变叠加”“图案叠加”“投影”等图层样式，如图 6-68 所示。

（14）在“图层”调板中新建一个图层，按住 Ctrl 键，单击“新品推荐”图层的微缩图标，载入文字选区。在“编辑”菜单中选择“描边”命令，描边颜色设置为纯白色，宽度为 2 像素，方式为“居中”。

（15）为白色描边图层添加图层蒙版。用黑色柔度画笔将白色描边的一部分进行隐藏，如图 6-69 所示。

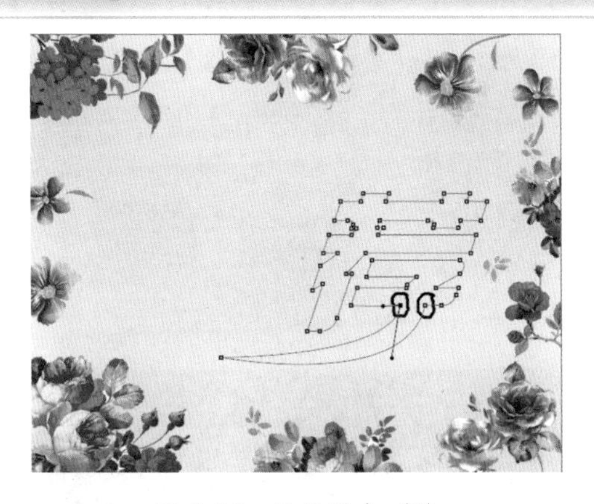

图 6-66　编辑锚点（2）

图 6-67　新品推荐艺术变形

图 6-68　添加图层样式

图 6-69　文字描边

（16）输入文字“限时抢购”“SALE”“50%”，然后将礼盒素材移动到本文档中，图层混合模式设置为“正片叠底”，如图 6-70 所示。

（17）将花卉素材中的牡丹图片移动到本文档中，图层混合模式设置为“明度”，调整不透明度为 18%。按住 Alt 键，移动牡丹图像，复制两个副本图层，对副本图层进行缩放和不透明度改变，如图 6-71 所示。

图 6-70　文字效果

图 6-71　艺术字的设计

6.8 思维拓展

6.8.1 操作习题

（1）设计制作“为爱相守”，如图 6-72 所示。

（2）制作草丛中破损的石雕文字，如图 6-73 所示。

图 6-72 为爱相守

图 6-73 草丛中破损的石雕文字

（3）制作伸入云端的立体文字，如图 6-74 所示。

图 6-74 伸入云端的立体文字

6.8.2 设计并制作名片

在工作交际中，会见客户、接待客户等场合，适时呈上自己的名片，会给人留下一个好印象，争取保持联系。一般情况下，名片的设计要以简约大方为主，雅而不俗，才能给人留下不错的印象。接下来，请思考为温州全麦网络科技有限公司员工设计名片。

温州全麦网络科技有限公司（简称全麦科技）专注于互联网产品资源整合和服务，服务宗旨为服务至上、诚信诚心。公司 Logo 如图 6-75 所示。

公司的服务项目包括企业公关包年、企业网站认证、温州百度认证、百度百科搭建、微信公众号搭建代运营、微信朋友圈广告、新闻源销售。

名片上的个人信息可以根据实际情况或虚构，一般有姓名、职务、地址、电话、邮箱等。

设计名片前，首先了解名片的相关知识，如规格尺寸、出血尺寸、像素大小等。一般名片标准尺寸为：90mm × 54mm、90mm × 50mm、90mm × 45mm。像素一般为 350 像素 / 英寸以上，出血尺寸一般为 3 ~ 5mm。自己可以选定一个尺寸进行名片的正反设计。

图 6-75　全麦科技 Logo

以下提供了一些名片设计供大家欣赏，如图 6-76 ~ 图 6-79 所示。

图 6-76　名片设计赏析（1）

图 6-77　名片设计赏析（2）

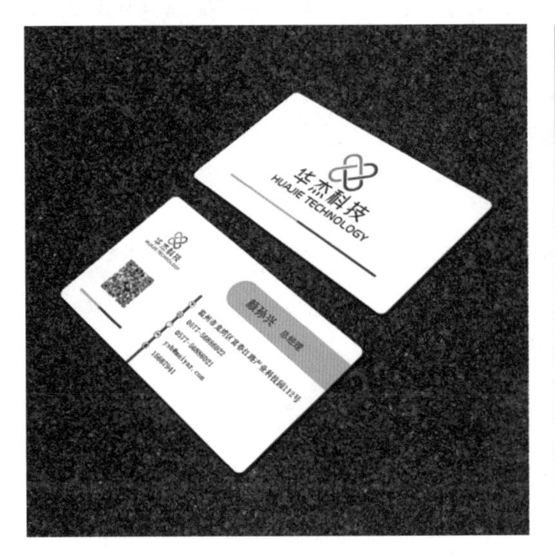

图 6-78　名片设计赏析（3）

图 6-79　名片设计赏析（4）

第7章　滤 镜 应 用

本章学习目标

- 熟悉各种滤镜的效果。
- 掌握常用滤镜的使用方法。
- 能根据不同的情况，选择合适的滤镜，并设置恰当的参数。
- 掌握消失点滤镜、液化滤镜的使用方法。
- 会加载第三方滤镜并应用。

7.1　相 关 知 识

7.1.1　Photoshop 中的滤镜

为了丰富照片的图像效果，摄影师在照相机的镜头前加上各种特殊镜片，这样拍摄得到的照片就包含了所加镜片的特殊效果，即称为“滤色镜”。

将特殊镜片的思想延伸到计算机的图像处理技术中，便产生了“滤镜（filer)”，这是一种特殊的图像效果处理技术。

一般地，滤镜都是遵循一定的程序算法，对图像中像素的颜色、亮度、饱和度、对比度、色调、分布、排列等属性进行计算和变换处理，其结果便是使图像产生特殊效果。

在 Photoshop 中所有滤镜的使用，都具有六个相同的特点。

(1) 滤镜的处理效果是以像素为单位的，可对选区图像、整幅图像、当前图层或通道起作用。

(2) 当执行完一次滤镜后，按 Ctrl+F 组合键可以重复应用上次的滤镜。

(3) 当执行完一次滤镜后，可用“渐隐”对话框对执行滤镜后的图像与源图像进行混合。单击“编辑”菜单中的“渐隐 ###”，或按 Ctrl+Shift+F 组合键，可以打开“渐隐”对话框。

(4) 在任一滤镜对话框中按 Alt 键，对话框中的“取消”按钮变成“复位”按钮，单击它可恢复到打开对话框时的状态。

(5) 在位图和索引颜色的颜色模式下不能使用滤镜。

(6) 使用“编辑”菜单中的“还原”和“重做”命令可以对比添加滤镜前后的效果。

7.1.2　Photoshop 中自带滤镜的功能简介

1．风格化滤镜

- “浮雕效果”滤镜通过勾画图像或所选取区域的轮廓和降低周围色值来生成浮雕效果。

- “查找边缘”滤镜主要用来搜索颜色像素对比度变化剧烈的边界，将高反差区变成亮色，低反差区变暗，其他区域则介于两者之间，硬边变为线条，而柔边变粗，形成一个厚实的轮廓。该滤镜不设对话框。
- “照亮边缘”滤镜搜索主要颜色变化区域，加强其过渡像素，产生轮廓发光的效果，在其对话框中可以设定边界宽度、边界亮度、边界平滑度。
- “曝光过度”滤镜产生图像正片和底片的混合效果，类似摄影中增加光线强度产生的过度曝光效果，该滤镜不设对话框。
- “拼贴”滤镜是根据对话框中指定的值将图像分成多块瓷砖状，从而产生瓷砖效果，该滤镜和“凸出”滤镜相似，但生成砖块的方法不同。它发挥作用后，在各砖块之间会产生一定的空隙，其空隙中的图像内容可以在对话框中自由设定。
- “等高线”滤镜和“查找边缘”滤镜类似，它沿亮区和暗区边界绘出一条较细的线，在其对话框中可以设定色调，以及描绘设定边界是上还是下。
- “风”滤镜是通过在图像中增加一些细小的水平线生成类似于风吹的效果。在其对话框中，可以设定三种起风的方式：风、大风、飓风；也可以设定风向：从左向右吹还是从右向左吹。
- “凸出”滤镜给图像加上凸出效果，即将图像分成一系列大小相同但有机重叠放置的立方体或锥体。

2. 模糊滤镜

模糊滤镜可以光滑边缘太清晰或对比度太强烈的区域，产生晕开模糊的效果，从而可以柔化边缘，还可以制作柔和的影印效果。

- “高斯模糊”滤镜利用高斯曲线的分布模式，有选择地模糊图像。
- “进一步模糊”滤镜所产生的模糊大约是模糊滤镜的 3 ～ 4 倍。
- “动感模糊”滤镜在某一方向对像素进行线性位移，产生沿某一方向运动的模糊效果，其结果就好像拍摄处于运动状态物体的照片。
- “径向模糊”滤镜能使图像产生旋转模糊或放射模糊效果。
- “特殊模糊”滤镜能够产生一种清晰边界的模糊效果。

3. 扭曲滤镜

扭曲滤镜可以将图像做几何方式的变形处理，生成一种从波纹到扭曲或三维的变形图像特殊效果，可以创作非同一般的艺术作品。

- “波浪”滤镜可根据用户设定的不同波长产生不同的波动效果。
- “波纹”滤镜可以使图像产生水纹涟漪的效果。
- “极坐标”滤镜可以将图像坐标从直角坐标系转换成极坐标系，或者反过来将极坐标系转换为直角坐标系。
- “挤压”滤镜可以将整个图像或选取范围内的图像向内或向外挤压，产生一种挤压的效果。
- “切变”滤镜是允许用户按照自己设定的弯曲路径来扭曲一幅图像。
- “球面化”滤镜包括三种挤压方式：普通、仅限水平方向和仅限垂直方向。
- “水波”滤镜所产生的效果就像把石子扔进水中所产生的同心圆波纹或旋转变形的效果。

- “旋转扭曲”滤镜可以产生旋转的旋涡效果，旋转中心为物体中心，该滤镜对话框中只有一个角度选项，其变化范围为 - 999 ~ 999，负值表示沿逆时针方向扭曲，正值表示沿顺时针方向扭曲。
- “置换”滤镜会根据置换图中像素中的不同色调值来对图像变形，从而产生不定方向的移位效果。

4. 像素化滤镜

像素化滤镜主要用来将图像分块或将图像平面化，这类滤镜常常会使得原图像面目全非。

- “彩块化”滤镜可以制作类似宝石刻画的色块。
- “彩色半调”滤镜可以模仿产生铜版画的效果，即图像的每一个通道扩大网点在屏幕上的显示效果。
- “点状化”滤镜在晶块间产生空隙，空隙内用背景色填充，同时它可通过该滤镜对话框中的单元格大小选项来控制晶块的大小。
- “晶格化”滤镜可使图像中相近有色像素集结为纯色多边形。
- “马赛克”滤镜把具有相似色彩的像素合成为更大的方块，并按原图规则排列，模拟马赛克的效果。
- “碎片”滤镜把图像的像素复制四次，将它们平均和移位，并降低不透明度，产生一种不聚集的效果。
- “铜板雕刻”滤镜用点、线条重新生成图像，产生金属版画的效果。

5. 渲染滤镜

渲染滤镜主要在图像中产生一种照明或不同光源的效果。

- “分层云彩”滤镜将图像与云块背景混合起来产生图像反白的效果。
- “光照效果”滤镜是较复杂的一种滤镜，只能应用于 RGB 模式。该滤镜提供了 17 种光源、3 种灯光和 4 种光特征，将这些参数组合起来，用户可以得到千变万化的效果。
- “镜头光晕”滤镜模拟光线照射在镜头上的效果，可以产生折射纹理，如同摄像机镜头的炫光效果。
- “云彩”滤镜利用选区在前景色和背景色之间的随机像素值，在图像上产生云彩状的效果，并产生烟雾缥缈的景象。

6. 杂色滤镜

杂色滤镜可以增加或去除图像中的杂点，这些工具在处理扫描图像时非常有用。

- “减少杂色”滤镜可以大大地去除图像中的一些杂点。
- “蒙尘与划痕”滤镜可以弥补图像中的缺陷。其原理是搜索图像或选区中的缺陷，然后对局部进行模糊，将其融合到周围的像素中去。
- “去斑”滤镜能除去与整体图像不太协调的斑点。
- “添加杂色”滤镜向图像中添加一些干扰像素，像素混合时产生一种漫射的效果，增加图像的图案感。
- “中间值”滤镜能减少选区像素亮度混合时产生的干扰。

7. 锐化滤镜

锐化滤镜主要通过增强相邻像素之间的对比度来减弱或消除图像的模糊程度，以得到清晰的效果，它可用于处理由于摄影及扫描等原因造成的图像模糊。

- “锐化”滤镜和“进一步锐化”滤镜用于提高相邻像素之间的对比度，使图像清晰，不同之处在于“进一步锐化”滤镜比“锐化”滤镜的锐化效果更为强烈。
- “锐化边缘”滤镜仅仅锐化图像的轮廓，使不同颜色之间的分界明显。
- “USM 锐化”滤镜在处理过程中使用模糊蒙版，以产生边缘轮廓的锐化效果。

8. 画笔描边滤镜

画笔描边滤镜可使图像具有一种手绘式或艺术化的外观，还可以通过增加底纹、笔触、杂点、锐化细节、加上材质而做出点描式绘画效果。注意，画笔描边滤镜不支持 CMYK 模式和 Lab 模式的图像。

- “成角的线条”滤镜产生倾斜笔画的效果，在图像中产生倾斜的线条。
- “墨水轮廓”滤镜在颜色边界生成黑色轮廓，它控制线条的长度而不是方向。
- “喷溅”滤镜产生辐射状的笔墨溅射效果。可以使用该滤镜来制作水中的倒影。
- “喷色描边”滤镜可以产生斜纹状水珠飞溅的效果，产生不同于喷溅滤镜的辐射状，而是斜纹状的飞溅效果。
- “强化边缘”滤镜对各颜色之间的边界进行强化处理，突出图像的边缘。
- “深色线条”滤镜产生一种很强烈的黑色阴影，其原理是用柔和短小的线条使暗调区变黑，用白色长线条填充亮调区。
- “烟灰墨”滤镜就像蘸满墨水的画笔在传统的纸上作画一样，使图像具有模糊的边缘和大量的黑色。
- “阴影线”滤镜产生交叉网状的笔画，给人随意编织的感觉。

9. 素描滤镜

- “半调图案”滤镜使用前景色在图像中产生网版图案，它将保留图像中的灰阶层次。
- “便条纸”滤镜结合浮雕和颗粒化滤镜的效果，产生类似浮雕的凹陷压印效果，暗调区呈现凹陷效果，显示的是背景色。
- “粉笔和炭笔”滤镜产生一种用粉笔和炭精笔涂抹的草图效果。炭笔使用前景色，而粉笔使用背景色。
- “烙黄”滤镜产生一种颜色单一的液态金属的效果。经过该滤镜处理过的效果就像被抛光的金属表面。
- “绘图笔”滤镜产生一种素描草图效果。
- “基底凸现”滤镜可以产生一种粗糙的浮雕效果，其原理是用前景色来代替图像中的暗调区，用背景色来代替亮调区，突出图像表面的差异。
- “水彩画纸”滤镜产生图像被浸湿的效果，颜色向四周扩散。
- “撕边”滤镜产生用手撕开的纸边的效果，使图像出现锯齿，在前景色和背景色之间产生分裂。

- “炭笔”滤镜产生一种炭精涂抹的草图效果。炭笔使用前景色，背景使用背景色。
- “炭精笔”滤镜产生一种炭笔涂抹的草图效果，该滤镜适用于反差大的图像。
- “图章”滤镜产生图章盖印的效果，该滤镜对黑白图像尤其适用。
- “网状”滤镜产生一种网眼覆盖的效果。
- “影印”滤镜产生影印效果，可简化图像，但缺乏立体感。

10．艺术效果滤镜

艺术效果滤镜会使图像产生一种艺术效果，看上去就好像经过画家处理过的一样，只适用于 RGB 颜色模式和 8 位通道的颜色模式。

- “壁画”滤镜将产生古壁画的斑点效果，能够强烈地改变图像的对比度，产生抽象的效果。
- “彩色铅笔”滤镜模拟美术中的彩色铅笔绘画效果，使得经过处理的图像看上去就像用彩色铅笔绘制的，使其模糊化，并在图像中产生主要由背景色和灰色组成的十字斜线。
- “粗糙蜡笔”滤镜产生一种覆盖纹理效果，处理后的图像看上去就像用彩色蜡笔在材质背景上作画一样。
- “底纹效果”滤镜模拟传统的用纸背面作画的技巧，产生一种纹理喷绘效果。
- “干画笔”滤镜使画面产生一种不饱和、不湿润、干枯的油画效果。
- “海报边缘”滤镜可以使图像转化成漂亮的剪贴画效果，它将图像中的颜色分为设定的几种，捕捉图像的边缘并用黑线勾边，以提高图像的对比度。
- “海绵”滤镜将产生画面浸湿的效果，就好像使用海绵蘸上颜料在纸上涂抹图像一样。
- “木刻”滤镜可以模拟剪纸效果，看上去像是经过精心修剪的彩纸图。
- “水彩”滤镜产生水彩画的效果，加深图像的颜色。
- “塑料包装”滤镜产生一种表面质感很强的塑料包效果，经处理后，图像就像包上了一层塑料薄膜，使图像具有很强的立体感，在参数的一定范围内，图像表面会产生塑料泡泡。
- “涂抹棒”滤镜产生条纹涂抹效果。使用“涂抹棒”滤镜将使图像中的暗调区域变模糊，使亮调区变得更亮。

11．纹理滤镜

纹理滤镜可以给图案加上各种纹理效果，还可以制作纹理图。

- “龟裂缝”滤镜能使图像产生凹凸的裂纹。
- “马赛克拼贴”滤镜为图像增加一种马赛克拼贴图案。
- “颗粒”滤镜为图像增加许多颗粒纹理。
- “拼缀图”滤镜可以将图像分成规则排列的正方形块，每一个方块使用该区域的主色填充。
- “染色玻璃”滤镜使图像产生不规则彩色玻璃格子效果，格子内的色彩为当前像素的颜色。
- “纹理化”滤镜产生许多纹理，专门用来制作材质的肌理。

7.2　制作相片模板

本案例使用了“模糊”滤镜、“杂色”滤镜、“分层云彩”滤镜、“旋转扭曲”滤镜、“镜头光晕”滤镜、“波浪”滤镜等多种滤镜。在制作的过程中，要注意观察滤镜参数对图像效果的影响。实现步骤如下。

7.2　制作相片模板.mp4

（1）在 Photoshop 中新建大小为 29.7 厘米 ×21 厘米、分辨率为 150 像素 / 英寸的文档。将背景设置为纯黑色。切换到“通道”调板，新建一个通道“Alpha 1”。在“滤镜”菜单中选择“杂色”中的“添加杂色”命令。在“添加杂色”对话框中的设置如图 7-1 所示。

（2）在“滤镜”菜单中选择“模糊”中的“高斯模糊”命令，设置模糊半径为 3。按 Ctrl+L 组合键，弹出“色阶”对话框，调整“输入色阶”，如图 7-2 所示。

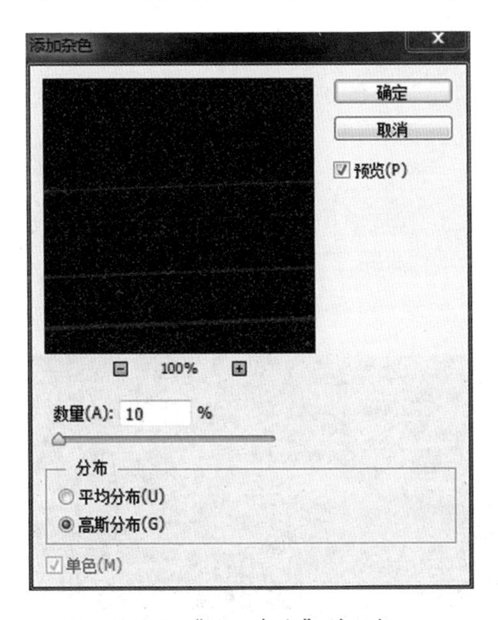

图 7-1　“添加杂色”对话框

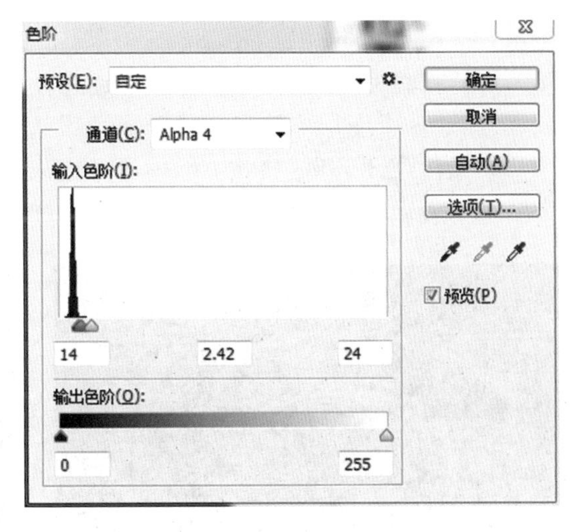

图 7-2　调整“输入色阶”

（3）按住 Ctrl 键，单击 Alpha 1 通道微缩图标，载入星星作为选区。回到“图层”调板，新建一个图层“星星”，将前景色设置为纯白色，按 Alt+Delete 组合键填充选区为白色。为该图层添加“外发光”图层样式，颜色为白色，“扩展”和“大小”值设置为 0。

（4）切换到“通道”调板，新建一个通道 Alpha 2。在“滤镜”菜单中选择“渲染”中的“分层云彩”命令，按 Ctrl+F 组合键重复“分层云彩”滤镜几次，效果如图 7-3 所示。

（5）按 Ctrl+L 组合键调整色阶，改变输入色阶参数，使得云彩对比度增强，数量变少，如图 7-4 所示。

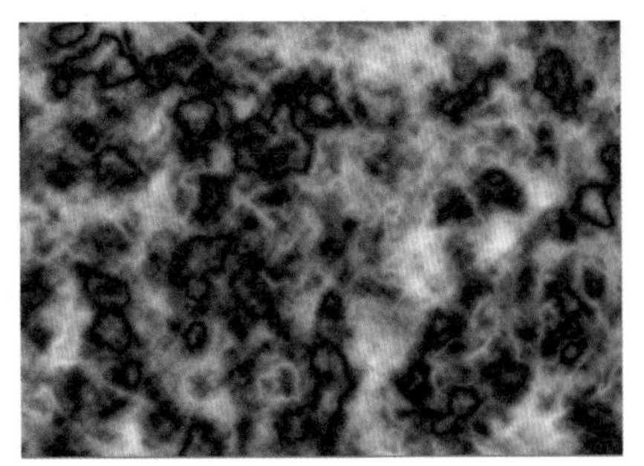

图 7-3　分层云彩滤镜

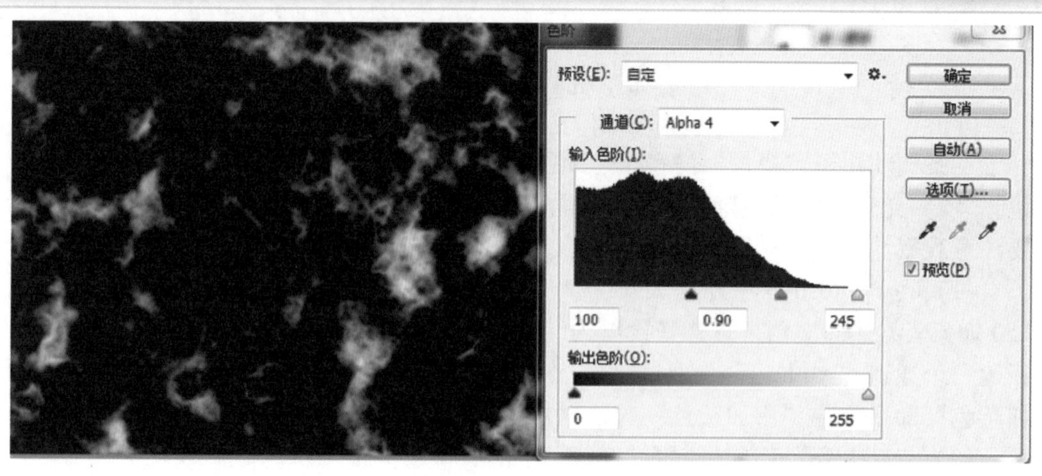

图 7-4　调整“色阶”

（6）在“滤镜”菜单中选择“模糊”中的“高斯模糊”命令，设置“模糊半径”为 7。在“滤镜”菜单中选择“扭曲”中的“旋转扭曲”命令，角度设置为 550，如图 7-5 所示。

（7）按住 Ctrl 键，单击 Alpha 2 通道微缩图标，载入旋涡作为选区。回到“图层”调板，新建一个图层“旋涡”，将前景色设置为 #fa202f，按 Alt+Delete 组合键填充前景色。如果图层不够鲜艳，按 Ctrl+J 组合键复制几个副本图层，并将这些图层拼合为一个图层“旋涡”，如图 7-6 所示。

图 7-5　“旋转扭曲”滤镜

图 7-6　给旋涡上色

（8）为“旋涡”图层添加“外发光”图层样式，参数如图 7-7 所示。为“旋涡”图层添加“斜面和浮雕”图层样式，参数如图 7-8 所示。

（9）按 Ctrl+T 组合键对旋涡图层进行任意变形（按住 Ctrl 键移动控制变形调整柄实现）。按 Ctrl+J 组合键复制图层，按 Ctrl+T 组合键对复制图层进行变形和旋转。为图层添加图层蒙版，用黑色柔角画笔隐藏图层边缘，如图 7-9 所示。

（10）新建一个图层，命名为“光”，将该图层填充为纯黑色。在“滤镜”菜单中选择“渲染”中的“镜头光晕”命令。将镜头类型参数设置为“50 ~ 300 毫米聚焦”，亮度为 105。将图层的混合模式设置为“滤色”，移动光到合适的位置，如图 7-10 所示。

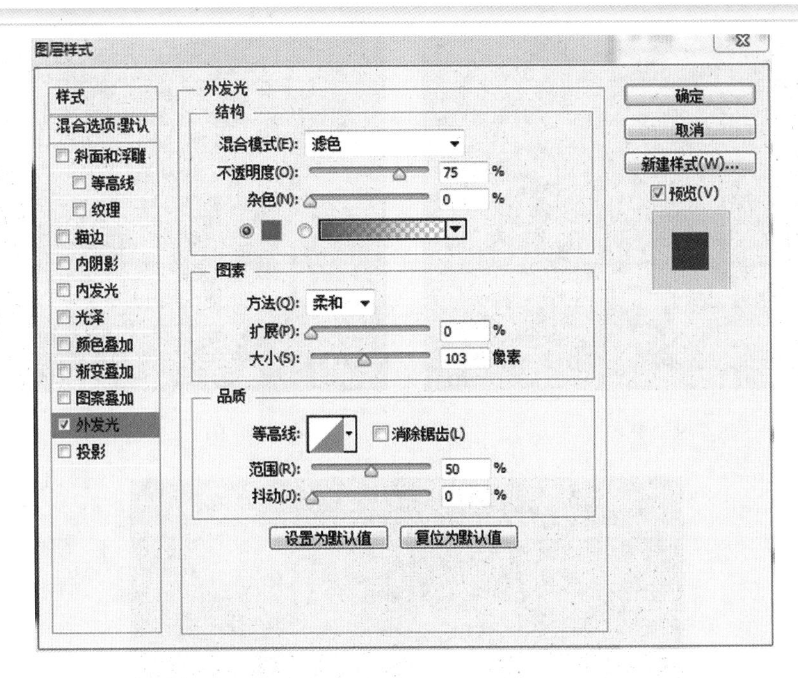

图 7-7 “外发光”图层样式

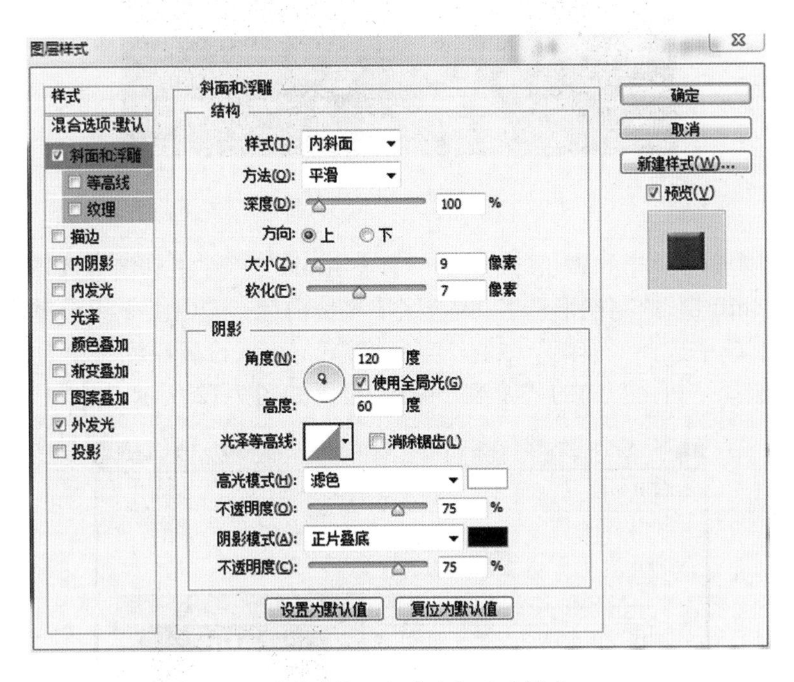

图 7-8 “斜面和浮雕”图层样式

（11）在 Photoshop 中打开素材图片“女孩 1.jpg”，双击“背景”图层，解锁背景图层。按 Ctrl+Alt+2 组合键，载入图像亮部作为选区。按 Ctrl+J 组合键复制亮部。用移动工具将亮部图层移动到“制作相册模板”文档中。如果感觉图像太虚幻，可以按 Ctrl+J 组合键复制一层。为该图层添加图层蒙版，隐藏图片的背景区域，如图 7-11 所示。

图 7-9　变形　　　　图 7-10　“镜头光晕”滤镜

图 7-11　添加素材

（12）切换到“通道”调板，新建一个通道 Alpha 3。在工具箱中选择“椭圆选框工具”，按住 Shift 键，绘制圆形选区，为选区填充纯白色。按 Ctrl+D 组合键取消选区。在“滤镜”菜单中选择“模糊”中的“高斯模糊”命令，设置模糊半径为 24。在“滤镜”菜单中选择“扭曲”中的“波浪”命令，设置如图 7-12 所示。

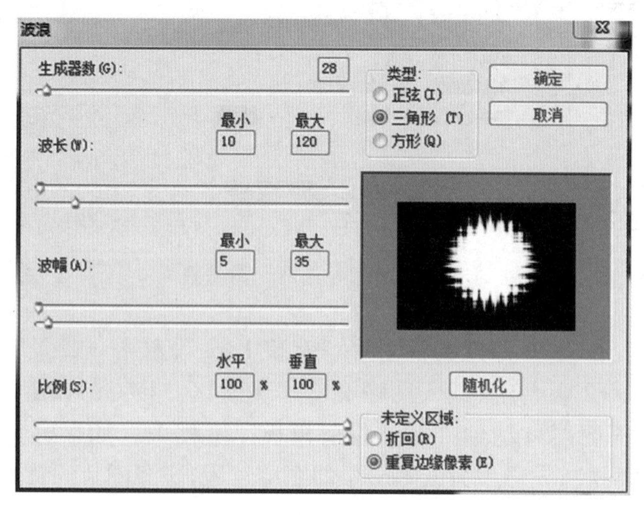

图 7-12　“波浪”对话框

（13）按住 Ctrl 键，单击 Alpha 3 通道的微缩图标，载入选区。回到“图层”调板，新建一个图层“相框”，按 Alt+Delete 组合键填充前景色。用“移动工具”将素材图像“女孩 2.jpg”移动到本文档中。按 Alt 键，单击它与“相框”图层的分隔线，创建图层剪贴蒙版，如图 7-13 所示。

（14）用同样方法，制作另一处相框并放置于右下角。在工具箱中选择“横排文字工具”，输入英文诗句“The sky appears to be filled with stars”“You are always the brightest star for me”，字体设置为 Vladimir Script，最终效果如图 7-14 所示。

图 7-13　相框

图 7-14　相片模板

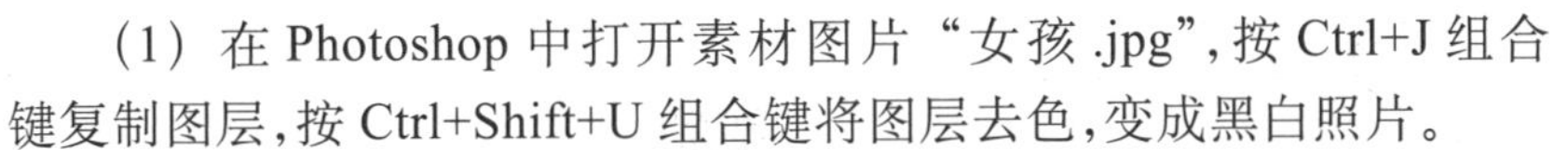

7.3　制作彩绘效果

7.3　制作彩绘效果 .mp4

本案例使用了“最小值”滤镜、“照亮边缘”滤镜、“纹理化”滤镜等多种。将一张现实的照片处理成彩色铅笔画效果，实现步骤如下。

（1）在 Photoshop 中打开素材图片“女孩 .jpg”，按 Ctrl+J 组合键复制图层，按 Ctrl+Shift+U 组合键将图层去色，变成黑白照片。

（2）按 Ctrl+J 组合键复制图层，按 Ctrl+I 组合键进行反相操作。将这个图层的混合模式设置为“颜色减淡”，一般图片这时看上去就是白色。

（3）在“滤镜”菜单中选择“其他”中的“最小值”命令，在弹出的“最小值”对话框中设置半径为 1 像素，如图 7-15 所示。

图 7-15　“最小值”对话框

（4）单击“图层”调板底部的“添加图层样式”按钮，在“混合选项”中先按住 Alt 键，然后用鼠标拖动“下一图层”中的黑色右半部分滑块，如图 7-16 所示。

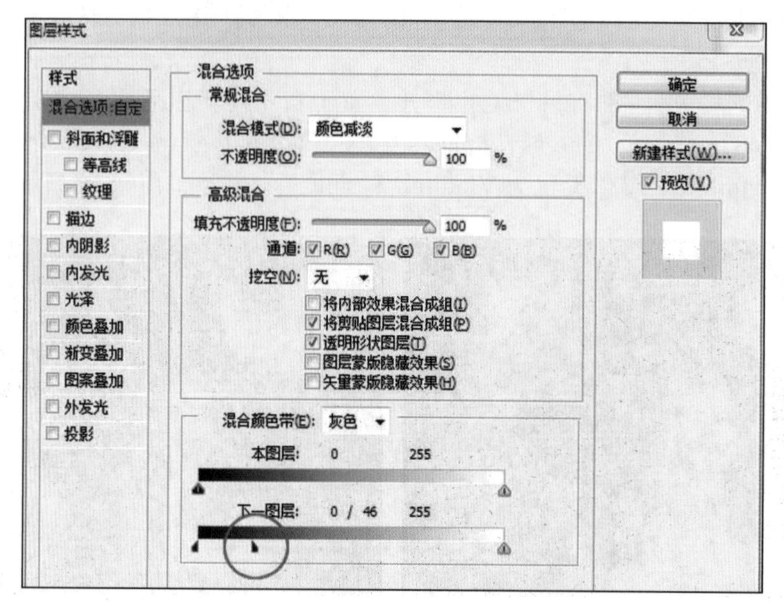

图 7-16 “图层样式”对话框

（5）为了强化线条，按 Ctrl+Shift+Alt+E 组合键盖印图像，将图层的混合模式设置为“正片叠底”。

（6）再次按 Ctrl+Shift+Alt+E 组合键盖印图像，执行“滤镜”→“滤镜库”→“风格化”→“照亮边缘”命令，设置“边缘宽度”为 1，“边缘亮度”为 2，“平滑度”为 1，设置如图 7-17 所示。

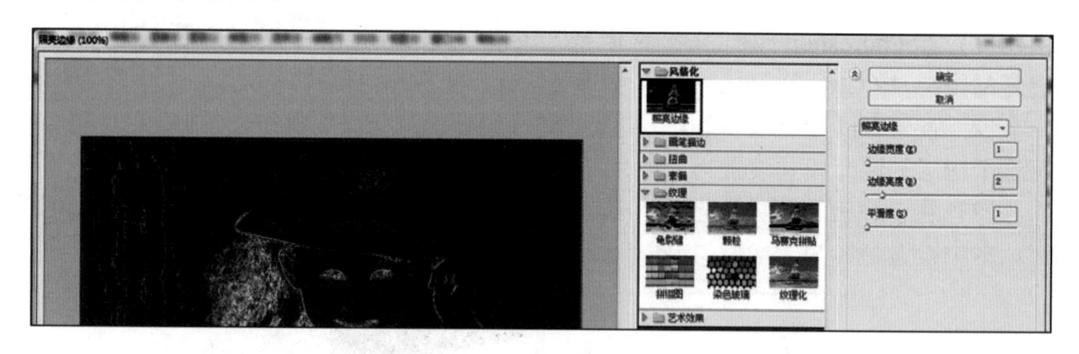

图 7-17 “照亮边缘”滤镜

（7）按 Ctrl+I 组合键进行反相操作。执行“滤镜”→“滤镜库”→“纹理”→“纹理化”命令，纹理样式设置为“砂岩”，“缩放”为 50%，“凸现”为 6，设置如图 7-18 所示。将图层的混合模式设置为“正片叠底”。

（8）最终效果如图 7-19（a）所示。若隐藏去色背景图层，则彩绘效果如图 7-19（b）所示。

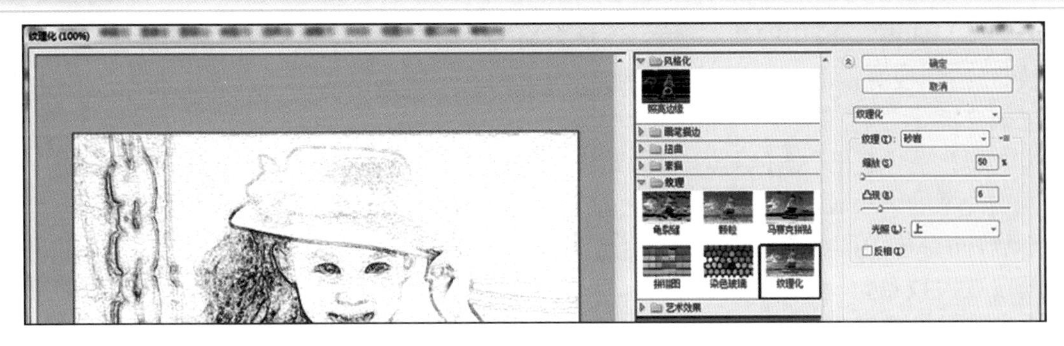

图 7-18　“纹理化”滤镜

(a)

(b)

图 7-19　铅笔画效果与彩绘效果

7.4　女人照片瘦身

7.4　女人照片瘦身 .mp4

“液化”滤镜可用于推、拉、旋转、反射、折叠和膨胀图像的任意区域。可将“液化”滤镜应用于 8 位 / 通道或 16 位 / 通道图像。在“滤镜”菜单中选择“液化”，进入液化对话框，左边有几个工具，功能如下。

- 向前弯曲工具：按住鼠标左键，根据光标的移动扭曲，像是咖啡拉花。按住 Shift 键在画面上拖动可以拉出直线。
- 重建工具：不管经过多少扭曲的效果，都能用这个工具矫正回原状。
- 褶皱工具：按住鼠标左键可以将像素往内缩。
- 膨胀工具：和褶皱工具相反，按住鼠标左键可以让像素往外扩张。
- 左推工具：往鼠标指针移动方向的左边推挤。

下面的案例就是使用液化滤镜对人像进行瘦身操作，具体实现步骤如下。

(1) 在 Photoshop 中打开素材图像“女人 .jpg”。按 Ctrl+J 组合键复制一个图层，对背景图层做一个备份。隐藏背景图层，如图 7-20 所示。

图 7-20　素材图像“女人”

（2）如图 7-20 中的箭头所示，应该将肩部、腰部、胳膊、腿部的图像向箭头方向变换，以达到瘦身目的。选择“背景副本”图层，在“滤镜”菜单中选择“液化”命令，进入“液化”对话框。

（3）在“液化”滤镜对话框中，选择左侧工具栏中的第一个工具“向前变形工具”，调整画笔的大小，胳膊外侧和腿部外侧可以用大小为 60 ～ 70 的画笔。按住鼠标左键不放，向身体内侧推进，这一步一定要细心。画笔大小可以根据需要不断变换。如果是改变大线条，一般要用较大笔刷，小局部的调整才会用到小数值的笔刷。如果对瘦身过程中的效果不满意，可以用工具栏中的“重建工具”进行恢复，如图 7-21 所示。

图 7-21 “液化”滤镜对话框

（4）退出“液化”滤镜后，在工具箱中选择“矩形选框工具”，框选人物的身体部位，如图 7-22 所示。在“选择”菜单中选择“存储选区”命令，输入选区名称为“a1”。按 Ctrl+D 组合键取消选区。

图 7-22 存储选区

（5）在“编辑”菜单中选择“内容识别比例”命令，用鼠标左键拖动图像下边界的中心变形句柄，可以调节人物的腿部长度。瘦身前与瘦身后的图像对比如图 7-23 所示。

图 7-23 瘦身前后对比

7.5 制作闪电特效文字

7.5 制作闪电特效文字.mp4

本案例使用了"分层云彩"滤镜、"喷色描边"滤镜，结合图层样式，制作出了闪电文字效果。实现步骤如下。

(1)在 Photoshop 中新建 800 像素 ×200 像素的文档。切换到"通道"调板，新建一个通道，在工具箱中选择"渐变工具"，将前景色设置为黑色，背景色设置为白色，在新建的 Alpha 1 通道上拉出一个水平方向的从黑色到白色的线性渐变。

(2) 在"滤镜"菜单中选择"渲染"中的"分层云彩"命令。按 Ctrl+I 组合键将图像进行反相操作。

(3) 按 Ctrl+L 组合键进行色阶调整，将中间的灰色色阶滑块向右边滑动，效果如图 7-24 所示。

(4) 按 Ctrl 键，单击"通道"调板中的 Alpha 1 通道微缩图标，载入此通道选区。切换到"图层"调板，新建一个图层"闪电"，设置前景色为 #dc03ef，按 Alt+Delete 组合键填充前景色，如图 7-25 所示。

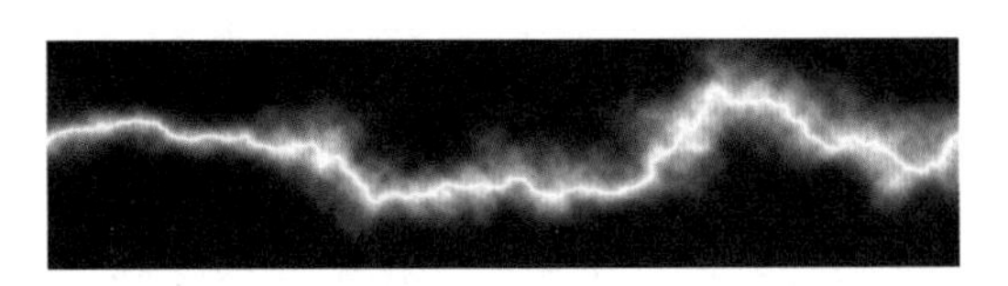

图 7-24 制作闪电

图 7-25 给闪电填充颜色

(5) 新建一个文档，大小为 800 像素 ×400 像素，背景为白色。在工具箱中选择"渐变工具"，设置水平方向为黑、白、黑的渐变，如图 7-26 所示。

(6) 选择"滤镜"菜单中的"滤镜库"，选择"画笔描边"中的"喷色描边"，将描边长度设置为 20，喷色半径设置为 19，描边方向设置为"垂直"，如图 7-27 所示。

图 7-26　设置渐变

图 7-27　应用“喷色描边”滤镜

（7）在工具箱中选择“横排文字工具”，字体为“汉仪菱心体简”，大小为 170 点，颜色为黑色，输入文字“打破冰点”。为该文字图层添加“描边”“投影”图层样式，效果如图 7-28 所示。

（8）在工具箱中选择“移动工具”，将“闪电”移动到此文档中。按 Alt 键，单击“闪电”图层和“文字”图层中间的分隔线，创建图层剪贴蒙版。按 Ctrl+J 组合键复制闪电图层，效果如图 7-29 所示。

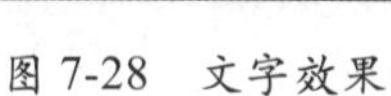

图 7-28　文字效果

图 7-29　闪电特效文字

7.6　使用消失点滤镜

通过使用“消失点”滤镜，可以在图像中指定平面，然后应用诸如绘画、仿制、复制或粘贴以及变换等编辑操作。所有编辑操作都将采用所处理平面的透视。在“滤镜”菜单中选择“消失点”命令，进入“消失点”对话框，左侧有“消失点”工具按钮，主要的几个功能介绍如下。

7.6　使用消失点滤镜 .mp4

- 编辑平面工具：选择、编辑、移动平面和调整平面的大小。
- 创建平面工具：单击图像中透视平面或对象的四个角可创建编辑平面。从现有平面的伸展节点拖出垂直平面。
- 选框工具：在平面中单击并拖移可选择该平面上的区域。按住 Alt 键拖移选区可将区域复制到新目标。按住 Ctrl 键拖移选区可用源图像填充该区域。
- 图章工具：在平面中按住 Alt 键单击可为仿制操作设置源点。一旦设置了源点，可单击并拖移来绘画或仿制。按住 Shift 键并单击，可将描边扩展到上一次单击处。
- 画笔工具：在平面中单击并拖移可进行绘画。按住 Shift 键并单击，可将描边扩展到上一次单击处。选择“修复明亮度”，可将绘画调整为适应阴影或纹理。

本案例采用“消失点”滤镜，制作出了另一种不一样的风景，实现步骤如下：

（1）在 Photoshop 中打开素材图像“地面 .jpg”。在“滤镜”菜单中执行“消失点”命令，弹出“消失点”滤镜对话框，如图 7-30 所示。

图 7-30　“消失点”滤镜对话框

（2）在左边的工具栏中选择“创建平面工具”，单击图像中地面的四个角可以创建一个平面，如图 7-31 所示。

（3）在左边的工具栏中选择“编辑平面工具”，拖动平面的控制调整柄以调整平面的大小，如图 7-32 所示。

图 7-31　创建平面

图 7-32　调整平面

（4）在左边的工具栏中选择“选框工具”，在属性栏中设置“羽化”为 1，100% 不透明，“修复”选项设为打开，在地面上拖动来创建一个选区，如图 7-33 所示。

（5）按住 Alt 键，将鼠标光标移至选区内部，移动选区到鸽子的上方。注意，移动到目的地后，地面上的砖面缝隙一定要对齐，再释放鼠标左键，如图 7-34 所示。

图 7-33　创建选框

图 7-34　修复鸽子处地面

（6）在 Photoshop 中打开素材图像“花坛 .psd”。选择“花坛”图层，用移动工具将它移动到本文档中。按 Ctrl+T 组合键对花坛进行旋转。按 Ctrl+L 组合键进行色阶调整，如图 7-35 所示。

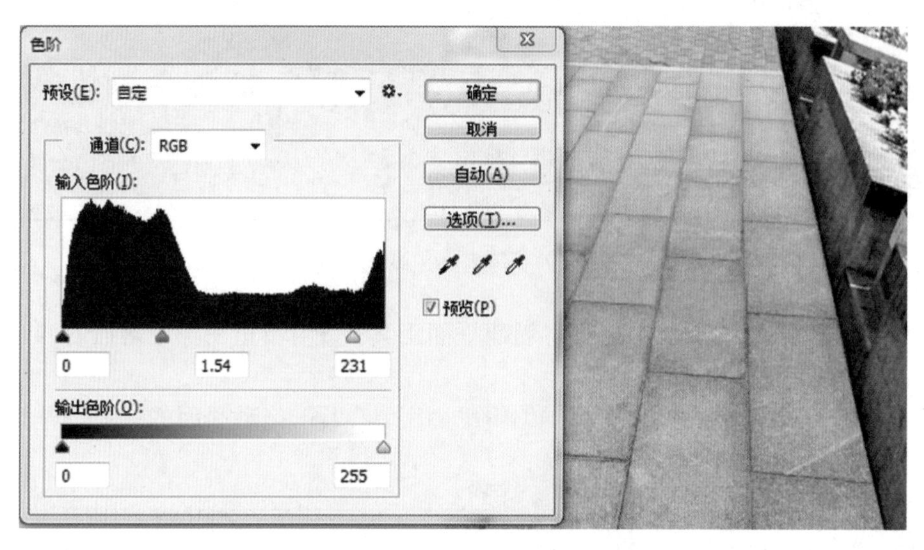

图 7-35　调整“色阶”

（7）在“花坛”图层下方新建一个图层“阴影”，用黑色柔角画笔工具在花坛下方进行绘制。在“滤镜”菜单中执行“模糊”中的“高斯模糊”命令，然后设置该图层的不透明度，阴影如图 7-36 所示。

（8）在 Photoshop 中打开素材图像“绘画 .jpg”。按 Ctrl+A 组合键全选图像，按 Ctrl+C 组合键复制图像。然后回到本文档中，在“花坛”图层上新建一个图层，再次执行“滤镜”中的“消失点”命令，用“编辑平面工具”将之前的平面缩小，用创建平面工具从现有平面的右边界中心控制句柄拖出垂直平面，如图 7-37 所示。

图 7-36　制作阴影

图 7-37　创建垂直平面

（9）按 Ctrl+V 组合键粘贴图像，在左边的工具箱中选择“变换工具”，将粘贴的图像移动到花坛的边缘上。可以多操作几次，以铺满整个花坛边缘，如图 7-38 所示。

（10）将“绘画”这个图层的混合模式设置为“叠加”。单击“图层”调板底部的“添加图层蒙版”按钮，用多边形套索工具选择花坛凹进部分区域，并在蒙版上填充黑色，如图 7-39 所示。

图 7-38　贴图花纹

图 7-39　最终的花坛效果

7.7　波点图像效果制作

本案例应用“半调图案”“波浪”等滤镜，将图像处理成波点效果。具体实现步骤如下。

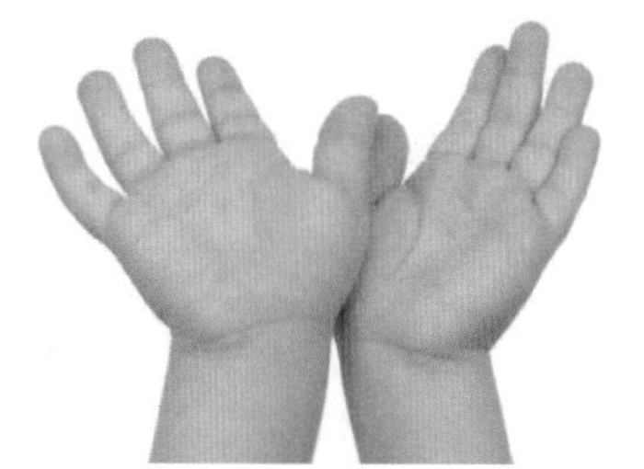
图 7-40　素材图像“手 .jpg”

7.7　波点图像效果制作.mp4

（1）在 Photoshop 中打开素材图像“手 .jpg”。按 Ctrl+J 组合键复制一个图层，对背景图层做一个备份。隐藏背景图层，如图 7-40 所示。

（2）在“图像”菜单中选择“调整”“去色”命令，将图像改变为黑白图片。

（3）按 Ctrl+M 组合键弹出“曲线”调板，参数调整如图 7-41 所示。此项操作的目的是加强图像的对比度，并使背景接近白色，效果如图 7-42 所示。

（4）选择“文件”菜单中的“新建”命令，新建一个文档，宽度设置为 1000 像素，高度为 1000 像素，分辨率为 72 像素 / 英寸，背景色为白色。

（5）选择“滤镜”菜单中的“滤镜库”，选择“素描”中的“半调图案”，将大小设置为 1，对比度设置为 5，图案类型选择“直线”，应用滤镜后效果如图 7-43 所示。

（6）在“滤镜”菜单中选择“扭曲”中的“波浪”命令，设置如图 7-44 所示。

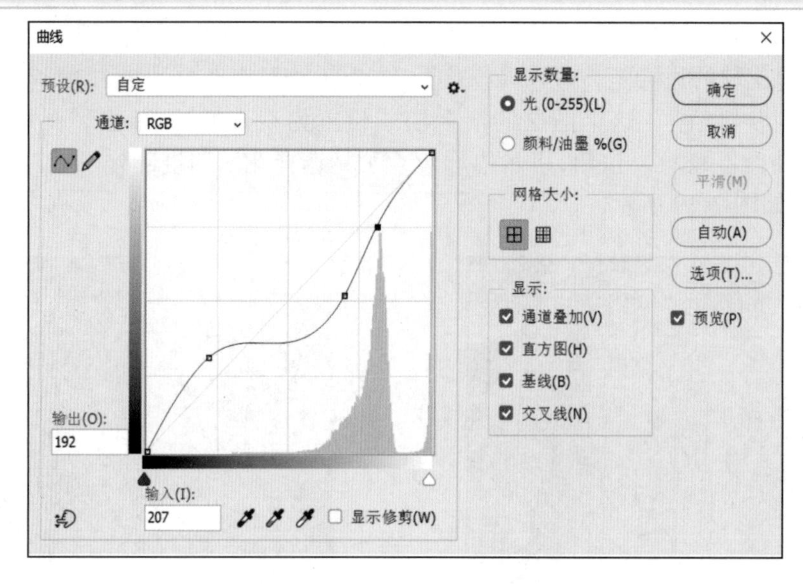

图 7-41 “曲线”调板

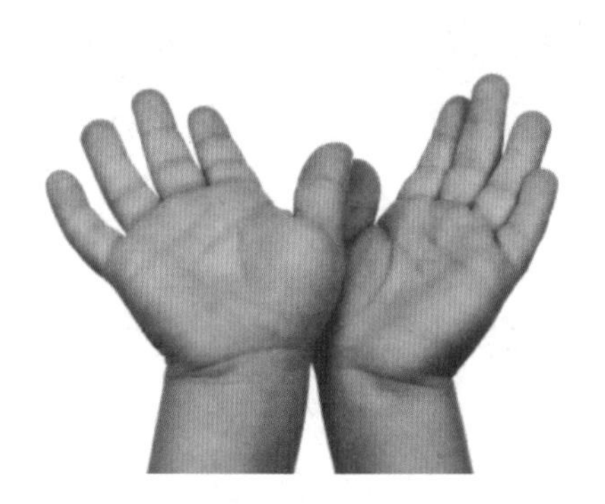

图 7-42 “曲线”调整效果

图 7-43 应用“半调图案”滤镜效果

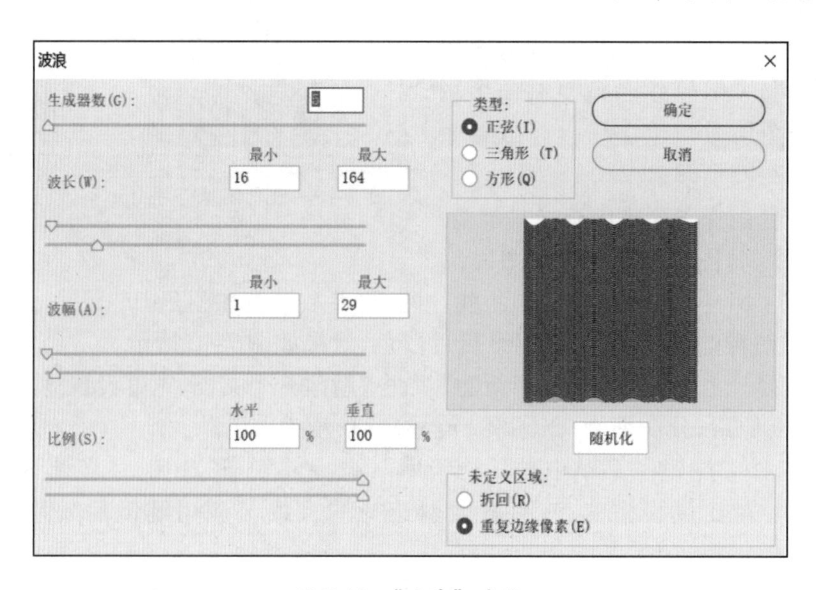

图 7-44 “波浪”滤镜

（7）用移动工具将波纹线移动到“手.jpg”文档中，盖住“手.jpg”图像。将这个图层重命名为“波纹”，将图层的混合模式设置为“滤色”，效果如图 7-45 所示。

（8）按 Ctrl+Shift+Alt+E 组合键盖印图层，并将盖印生成的新图层命名为“盖印 1”，暂时隐藏这个图层。

（9）选择“波纹”图层，按 Ctrl+T 组合键，然后右击，在弹出菜单中选择“顺时针旋转 90 度”命令，将波纹设置为垂直方向。

（10）按 Ctrl+Shift+Alt+E 组合键盖印图层，将盖印生成的新图层命名为“盖印 2”。将“盖印 1”显示，设置“盖印 1”图层的混合模式为“正片叠底”，效果如图 7-46 所示。

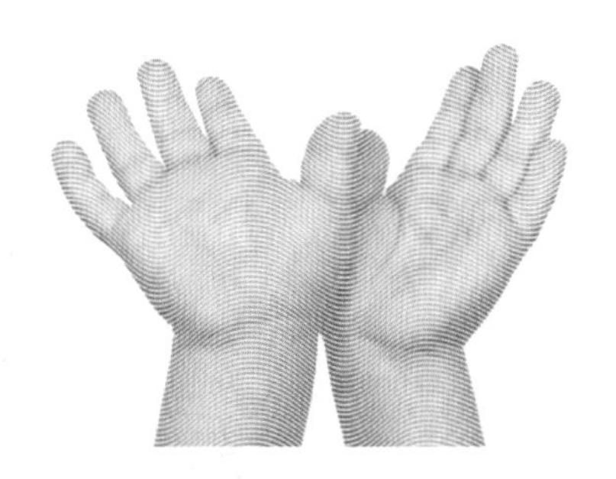
图 7-45　“滤色”混合模式

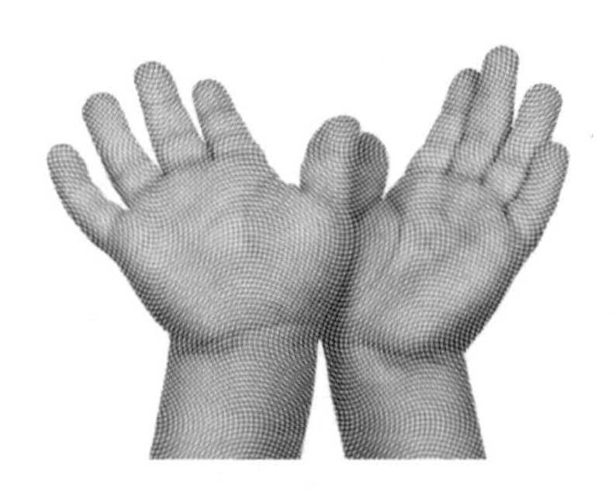
图 7-46　“正片叠底”混合模式

（11）选择“盖印 2”图层，选择“创建新的填充或调整图层”中的“色阶”，设置如图 7-47 所示。按住 Alt 键，单击图层分隔线，创建图层剪贴蒙版。

（12）选择“盖印 1”图层，重复上面（11）的步骤，效果如图 7-48 所示。按 Ctrl+Shift+Alt+E 组合键盖印图层。

图 7-47　“色阶”参数设置

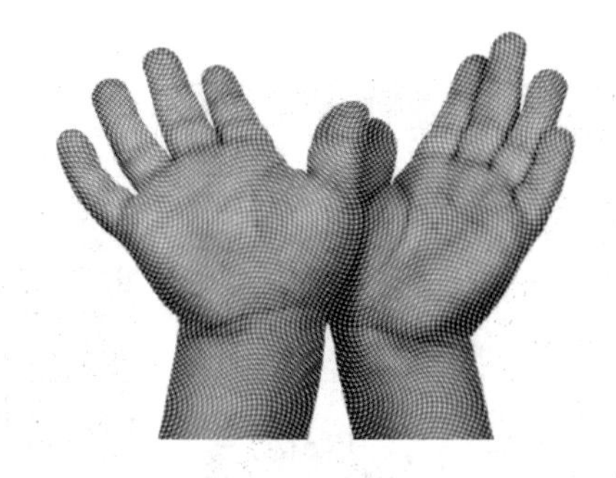
图 7-48　波点图像

（13）选择“创建新的填充或调整图层”中的“渐变映射”，选择预设中的“蓝、红、黄”渐变，在下方将红色滑块去除。按 Ctrl+Shift+Alt+E 组合键盖印图层，效果如图 7-49 所示。

（14）新建一个文档，将波点图像移动到新文档中，添加主题文字，效果如图 7-50 所示。

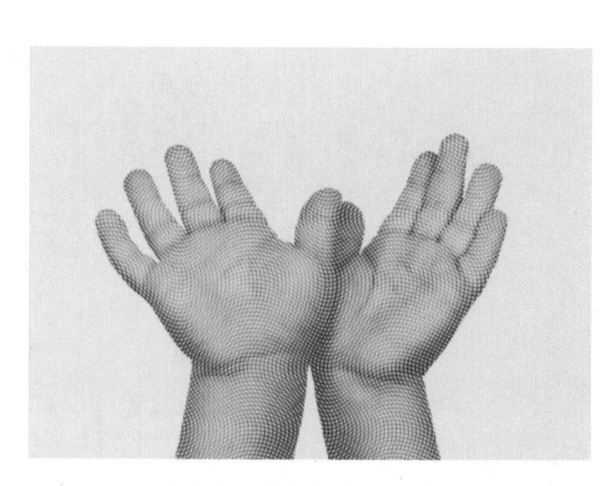

图 7-49 “渐变映射”效果

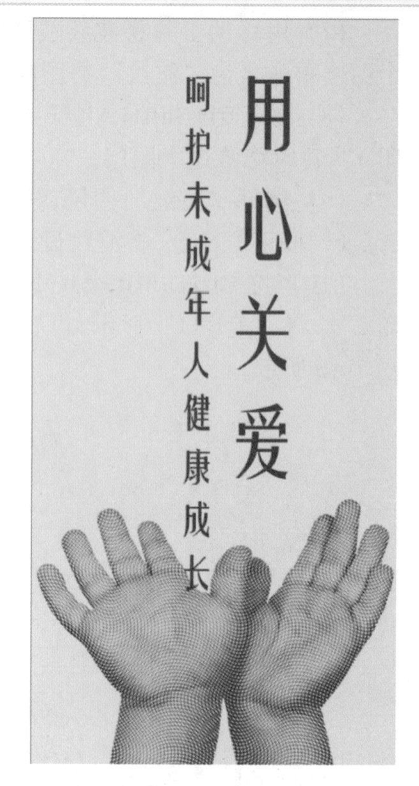

图 7-50 最终效果

7.8 思维拓展

7.8.1 操作题

（1）制作漂亮的旋转彩色光环图案，如图 7-51 所示。

（2）制作风吹文字的发光效果，如图 7-52 所示。

图 7-51 漂亮旋转彩色光环图案

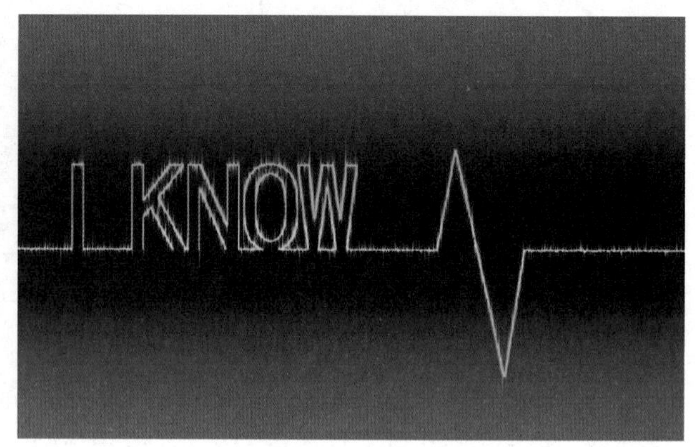

图 7-52 风吹文字的发光效果

（3）素材图片如图 7-53 所示，完成效果如图 7-54 所示。

图 7-53　素材图片

图 7-54　完成效果

7.8.2　设计化妆品主图

淘宝店铺装修中千万不能忽视商品主图的装修。淘宝商品详情页中最重要也是首先吸引买家的就是商品主图，淘宝店铺装修中商品主图如果做得好，具有吸引力，那么就能吸引买家继续关注。

标准的商品主图图片大小是 500 像素 × 500 像素，但是如果上传的是 800 像素 × 800 像素以上的图片，你的商品图片就会拥有放大镜的功能。但要注意，图片最后导出的时候，大小不能超过 500KB。

下面是一款宝宝鞋的实拍图，如图 7-55 所示，请按照参考效果图 7-56 制作商品主图，也可以自己创意设计。

图 7-55　宝宝鞋实拍图

图 7-56　参考效果图

第8章　综　合　案　例

本章学习目标

- 进行Photoshop综合作品的制作。
- 巩固基本操作，掌握操作技巧。
- 具备一定的平面作品设计能力。

8.1　Logo设计

8.1.1　Logo概述

Logo是徽标或者商标的外语缩写,成功的Logo可以让消费者更容易记住企业主体和品牌文化。严格管理和正确使用统一标准的企业Logo,在更广阔的领域内可以起到宣传和树立品牌的作用。

优秀的Logo具有个性鲜明、具备较强的视觉冲击力,便于识别、记忆,有引导、促进消费、产生美好联想的作用,利于在众多的商品中脱颖而出。如麦当劳、百事可乐标志在这方面都发挥了很好的作用。

一般来说企业Logo的设计流程通常分为调研分析、要素挖掘、设计开发、Logo修正几个阶段,如图8-1所示。

图8-1　Logo设计流程

在设计Logo之前,首先要对企业做全面深入的了解,包括经营战略、市场分析,以及企业最高领导人员的基本意愿,这些都是标志设计开发的重要依据。对竞争对手的了解也是重要的步骤,标志的识别性,就是建立在对竞争环境的充分掌握上。因此,我们首先会要求客户填写一份标志设计调查问卷。

要素挖掘是为设计开发所做的进一步准备工作。依据对调查结果的分析,设计者提炼出标志的结构类型、色彩取向,列出标志所要体现的精神和特点,挖掘相关的图形元素,找出标志的设计方向,从而使设计工作有的放矢。

有了对企业的全面了解和对设计要素的充分掌握,可以从不同的角度和方向进行设计开发工作。通过设计师对标志的理解,充分发挥想象,用不同的表现方式,将设计要素融入设计中,标志必须达到含义深刻、特征明显、造型大气、结构稳重、色彩搭配能适合企业,避免流于俗套或大众化。不同的标志所反映的侧重或表象会有区别,经过讨论、分析、修改,找出适合企业的标志。

进入Logo修正阶段,所设计的Logo可能在细节上还不太完善,必须经过对Logo

标志的标准制图、大小修正、黑白应用、线条应用等不同表现形式的修正，使 Logo 使用更加规范。同时 Logo 的特点、结构在不同环境下使用时，应统一、有序、规范地传播。

Logo 的常用表现形式一般有特示图案、特示文字、图案文字合成三种形式。

因为 Photoshop 产生的不是矢量图，一般的 Logo 设计要保证 300 像素的分辨率，尺寸根据需要填厘米或毫米的实际尺寸就可以了。

8.1.2　丝域造型的 Logo 设计

8.1.2　丝域造型的 Logo 设计 .mp4

丝域造型的绝大部分顾客群体为女性，因此，本 Logo 设计将用柔美的线条来体现女性之美，同时色彩上也以粉色的色调为主，搭配以白色。具体实现步骤如下。

（1）在 Photoshop 中打开素材图片“侧面图 .jpg”，如图 8-2 所示。

（2）在工具箱中选择“钢笔工具”，沿着人物面部的外轮廓勾画面部路径，如图 8-3 所示。

（3）新建一个图像文件，宽度为 6 厘米，高度为 4 厘米，分辨率为 300 像素 / 英寸，如图 8-4 所示。

图 8-2　素材图片“侧面图”

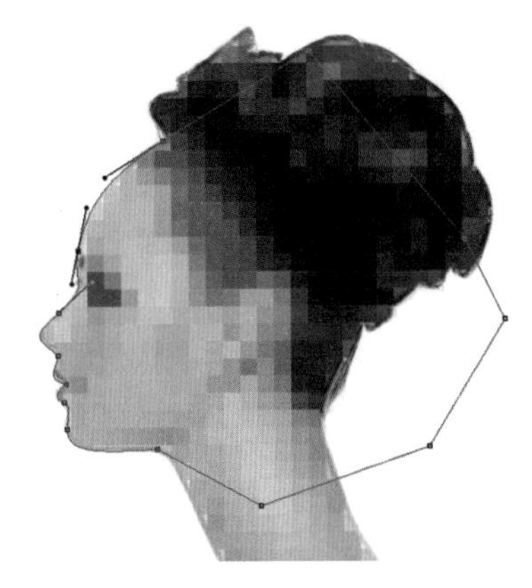

图 8-3　用钢笔工具勾画面部轮廓

图 8-4　新建一个图像文件

（4）新建一个图层，在工具箱中将前景色设置为 #fd79e3，按 Alt+Delete 组合键为该图层填充前景色。

（5）在工具箱中选择“路径选择工具”，在打开的“侧面图”文档中，单击“路径”调板，然后单击勾画的侧面轮廓路径。按住鼠标左键不放，将所选择路径移动到“Logo 设计”文档中。按 Ctrl+T 组合键对路径进行缩放变形，如图 8-5 所示。

（6）按 Ctrl+Enter 组合键，将路径转换为选区。按 Delete 键，将填充像素颜色删除。按 Ctrl+D 组合键取消选区。角落的颜色可以在工具箱中选择“橡皮擦工具”进行删除，如图 8-6 所示。

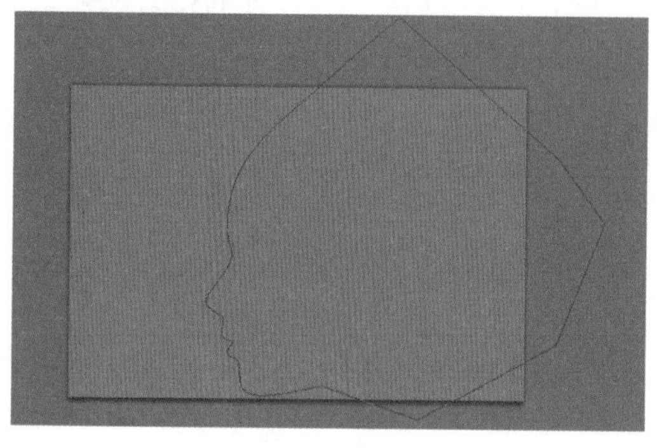

图 8-5　路径

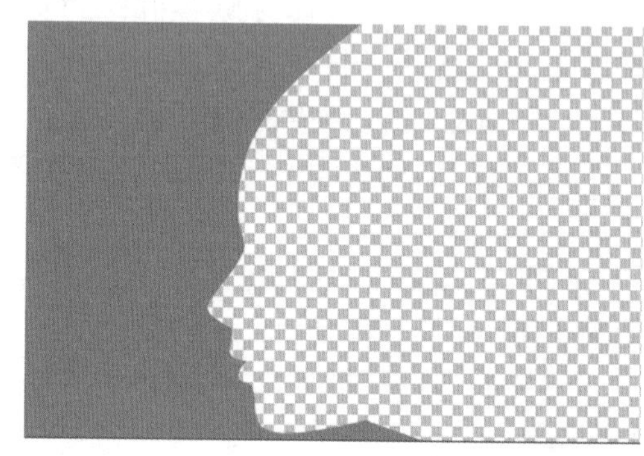

图 8-6　轮廓

（7）新建一个图层，按 Ctrl+A 组合键全选，在工具箱中将前景色设置为 #fd79e3，在“编辑”菜单中选择“描边”命令，设置如图 8-7 所示。按 Ctrl+D 组合键取消选区。

（8）单击“路径”调板底部的“创建新路径”按钮，然后在工具箱中选择“钢笔工具”，勾画如图 8-8 所示路径。

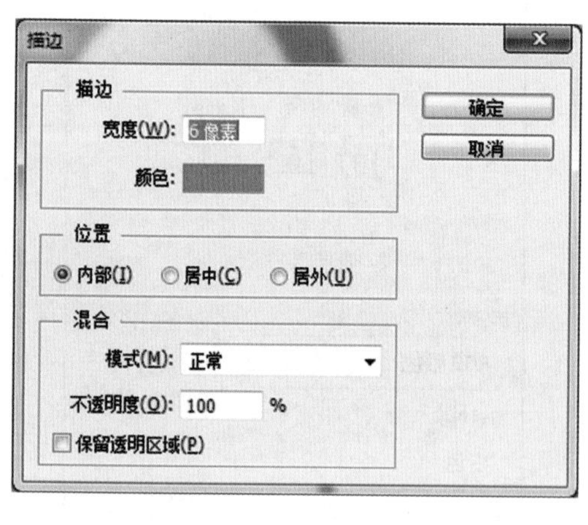

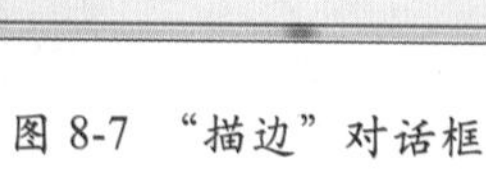

图 8-7　“描边”对话框

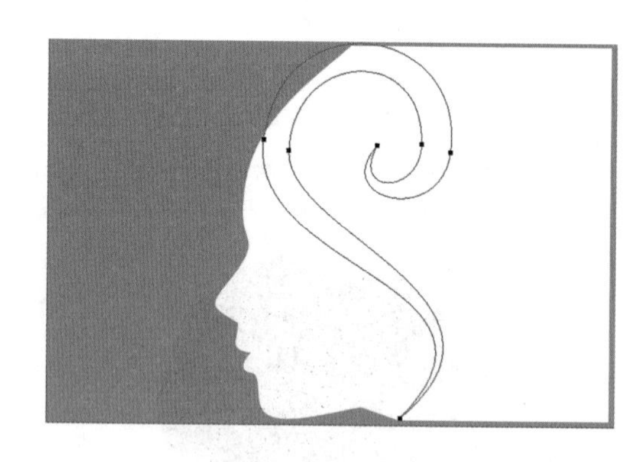

图 8-8　绘制路径（1）

（9）新建一个图层，按 Ctrl+Enter 组合键，将路径转换为选区。在工具箱中将前景色设置为 #fd79e3，按 Alt+Delete 组合键填充前景色，效果如图 8-9 所示。

（10）单击“路径”调板底部的“创建新路径”按钮，然后在工具箱中选择“钢笔工具”，勾画如图 8-10 所示路径。

图 8-9　填充颜色

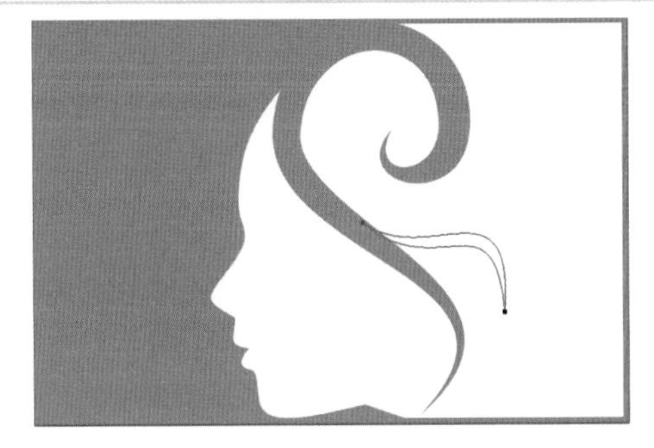

图 8-10　绘制路径（2）

（11）新建一个图层，按 Ctrl+Enter 组合键，将路径转换为选区。在工具箱中将前景色设置为 #fd79e3，按 Alt+Delete 组合键填充前景色。按 Ctrl+D 组合键取消选区。

（12）单击“路径”调板底部的“创建新路径”按钮，然后在工具箱中选择“钢笔工具”，勾画如图 8-11 所示路径。

（13）新建一个图层，按 Ctrl+Enter 组合键，将路径转换为选区。在工具箱中将前景色设置为 #fd79e3，按 Alt+Delete 组合键填充前景色。按 Ctrl+D 组合键取消选区。

（14）单击“路径”调板底部的“创建新路径”按钮，然后在工具箱中选择“钢笔工具”，勾画如图 8-12 所示路径。

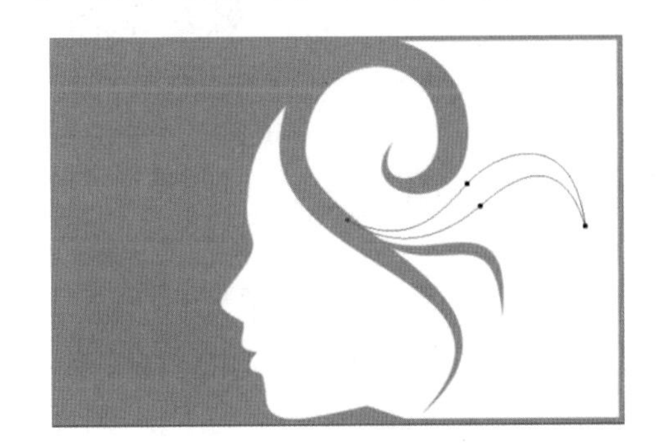

图 8-11　绘制路径（3）

图 8-12　绘制路径（4）

（15）按 Ctrl+Enter 组合键，将路径转换为选区。单击图层调板的“图层 1”，按 Delete 键删除选区内的颜色。

（16）安装“造字工房劲黑”字体，在工具箱中选择“直排文字”工具，将前景色设置为白色，输入文字“丝域造型”。按 Ctrl+T 组合键调整文字的大小，如图 8-13 所示。

图 8-13　Logo 设计

8.2 淘宝店铺首页设计

8.2.1 淘宝店铺页面尺寸说明

在各类电子商务平台的装修设计中，图片尺寸都有自己的标准。中国目前最大的 C2C 电子商务平台是淘宝网，淘宝店铺主要是由店铺首页、店铺列表页、宝贝详情页组成。本案例就以淘宝网店中的首页为例。首页一般包括如下版块：页头、左侧栏、促销区、推荐商品、页尾。淘宝网店中最常用的图片尺寸参考如下。

（1）店招图片尺寸为宽 950 像素、高 120 像素，大小不要超过 80KB。图片的格式为 .jpg 或 .gif, 不支持 Flash 格式。

（2）导航尺寸为宽 950 像素、高 30 像素。

（3）左侧栏宽度一般为 190 像素，高度不限。

（4）促销区页面宽度一般为 750 像素。

8.2.2 背景及店招设计

首先进行店铺的整体背景设计，为店铺色彩定位定下基调，然后就要按店招尺寸制作精美的店招了。淘宝店招就是淘宝店铺最上方的那块长条形的区域，是淘宝店铺给人的第一印象，好的店招不仅能吸引用户的眼球，带来订单，还能起到品牌宣传的作用。具体实现步骤如下。

8.2.2 背景及店招设计 .mp4

（1）新建一个图像文件，宽度为 950 像素，高度为 1650 像素，分辨率为 72 像素 / 英寸，背景为白色。

（2）按 Ctrl+R 组合键显示水平和垂直标尺。在“编辑”菜单的“首选项”中选择“单位与标尺”命令，将标尺的单位设置为像素。在“视图”菜单中选择“新建参考线”命令，建立一条水平参考线，位置为 120 像素，这条参考线之上为店招部分。使用同样的操作，建立一条水平参考线，位置为 150 像素，两条水平参考线之间为导航栏。同样，建立两条垂直参考线，位置分别为 30 像素和 920 像素。在“视图”菜单中选择“锁定参考线”命令。

（3）打开素材图片“蓝色妖姬 .jpg”，利用移动工具将其移动到背景中。按 Ctrl+J 组合键复制图层，在“编辑”菜单中选择“变换”中的“水平翻转”命令。将这两个图层的不透明度设置为25%。分别添加图层蒙版，用黑色柔度笔刷，将图片边缘隐藏。新建一个图层，用画笔画出两个大的圆形，颜色取图片“蓝色妖姬 .jpg”的背景色，并将图层不透明度降到 20% 左右，如图 8-14 所示。在“图层”调板中将新建的这几个图层选中，按 Ctrl+G 组合键群组图层，命名为“背景”。

（4）新建一个图层，用矩形选框工具绘制一个宽度为 950 像素、高度为 120 像素的矩形选框，填充颜色为 #ebbde6。

（5）打开素材图片“光 .jpg”，用移动工具将其移动到本文档中。按住 Alt 键，单击两个图层中间的分割线，创建图层剪贴蒙版。将“光”图层的混合模式设置为“点光”，不透明度设置为 15%。

图 8-14 首页背景

(6) 新建一个图层,创建图层剪贴蒙版。利用自定义形状工具和直线工具绘制如图 8-15 所示心形图案。

图 8-15 店招背景

(7) 用横排文字工具输入文字“甜心蛋糕房”,字体为“造字工房劲黑常规体”(素材文件夹中提供了该字体),大小为 60 点,颜色为白色。为该文字图层添加 1 像素的紫色描边。

(8) 按 Ctrl+J 组合键复制文字图层。在“编辑”菜单中选择“变换”中的“垂直翻转”命令。用移动工具将其移到下方并对齐,制作倒影。添加图层蒙版,用黑色画笔对倒影做适当的隐藏,如图 8-16 所示。

图 8-16 店招文字 (1)

(9) 用横排文字工具输入英文 welcome to my shop,字体为 Blackadder ITC,大小为 40 点,颜色为紫色。

(10) 用圆角矩形工具绘制圆角矩形。用横排文字工具输入文字“诚信商家”,颜色为白色,放在店招的右部。

(11) 打开素材图片“花 .jpg”,用快速选择工具选取花朵,用于装饰图形,如图 8-17 所示。可以将这些图层群组后,按 Ctrl+J 组合键复制群组。展开后,将文字图层内容进行修改,改为“温馨售后”即可。

(12) 接下来在店招的左部制作店标。用横排文字工具输入文字“甜”,字体为“造字工房悦黑常规体”(素材文件夹中提供了该字体),大小为 80 点,颜色为紫色。按 Ctrl+T 组合键对文字进行旋转。

图 8-17　店招文字（2）

（13）用横排文字工具输入文字“心”，字体为“造字工房悦黑常规体”，大小为 80 点，颜色为紫色。按 Ctrl+T 组合键对文字进行旋转。为图层添加图层蒙版，用黑色画笔将“心”字的右边两点隐藏。

（14）用钢笔工具绘制心形路径，转换选区后进行颜色填充。如图 8-18 所示，心形代替隐藏的心字两点。

（15）将店标所有图层进行群组操作，添加 1 像素的白色描边。

（16）打开素材图片“花 .jpg”，利用通道将花朵主体部分抠选出来。利用移动工具将其移动到本文档中，按 Ctrl+T 组合键进行缩小。

（17）为“花”图层添加图层蒙版。按 Ctrl 键，单击“甜”文字图层的微缩图标，载入“甜”文字选区。选择“花”图层的图层蒙版，用黑色画笔隐藏掉花的一部分，做出花穿越文字的效果。至此，店标设计完成，如图 8-19 所示。店铺的店招整体效果如图 8-20 所示。

图 8-18　甜心文字

图 8-19　花朵装饰

图 8-20　店招整体效果

8.2.3　分类栏设计

为了能与店招成为一个完整的整体，分类栏也需自己设计，并将收藏店铺放置在分类栏右侧。具体实现步骤如下。

8.2.3　分类栏设计 .mp4

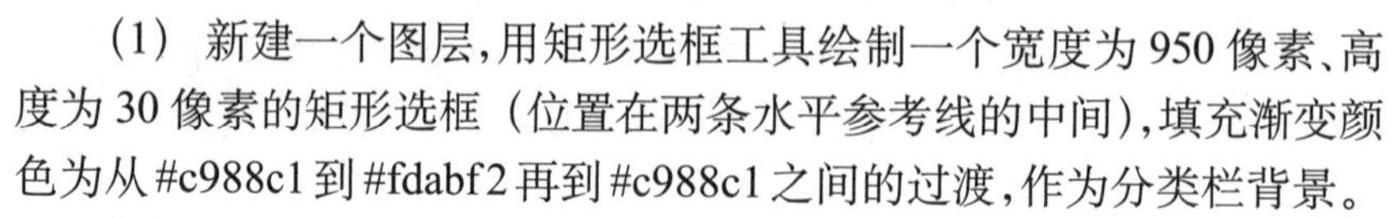

（1）新建一个图层，用矩形选框工具绘制一个宽度为 950 像素、高度为 30 像素的矩形选框（位置在两条水平参考线的中间），填充渐变颜色为从 #c988c1 到 #fdabf2 再到 #c988c1 之间的过渡，作为分类栏背景。

（2）利用横排文字工具输入文字“所有分类”，在工具属性栏中设置字体为“经典特宋简”，大小为 14，颜色为白色，并添加“投影”图层样式。按 Ctrl+J 组合键复制该文字图层 5 次。依次选中每个副本图层，修改文字内容，分别为“首页”“店铺活动”“欧式蛋糕”“翻糖蛋糕”“甜品台”。确定好“所有分类”与“甜品台”两个文字的间隔后，在“图层”调板中将这六个文字图层选中，在“移动工具”的工具属性栏中单击“底部对齐”与“水平平均分布”按钮，如图 8-21 所示。

图 8-21　分类文字

(3) 新建一个图层，用直线工具绘制一条垂直白色直线，然后再绘制一条垂直深紫色直线。为该图层添加图层蒙版，在直线的两端用黑色柔度画笔绘制，隐藏直线的两端。然后按 Ctrl+J 组合键复制该图层 4 次。对这些分隔线进行对齐和分布操作，如图 8-22 所示。

图 8-22　分隔线

(4) 新建一个图层，用矩形选框工具创建一个矩形选区，填充颜色为 #de96d5，并为该图层添加 1 像素的 #db4eca 颜色来“描边”图层样式和“投影”图层样式。

(5) 利用横排文字工具输入文字“收藏店铺”，字体为“造字工房版黑常规体”，大小为 32，颜色为白色。添加 1 像素的 #db4eca 颜色来“描边”图层样式。

(6) 利用横排文字工具输入英文“bookmark”，大小为 22，颜色为白色。添加 1 像素的 # db4eca 颜色来“描边”图层样式。

(7) 同时选中上面三个图层，按 Ctrl+T 组合键进行变形。按住 Ctrl 键，鼠标光标移动到上边界的中间变形句柄上后进行水平拖动，使选中对象变成倾斜状态。

(8) 新建一个图层，用矩形选框工具创建一个矩形选区，填充颜色为 #6d4168。同样对其进行反向倾斜操作，改变图层顺序。添加图层蒙版，对遮挡分类栏的部分进行黑色填充，如图 8-23 所示。

图 8-23　收藏店铺

(9) 将上述图层全选后，按 Ctrl+G 组合键群组图层，命名为“分类栏设计”，如图 8-24 所示。

图 8-24　分类栏设计

8.2.4　海报 1 设计

制作首页海报的目的主要是宣传产品或者店铺以增加知名度和销量。第一张海报

以展示产品为主，配以图文，营造浪漫氛围。具体实现步骤如下。

8.2.4 海报 1 设计 .mp4

（1）打开素材图片“蛋糕 .jpg”，用“快速选择工具”将蛋糕从背景中抠选出来。移动到本文档中后添加“投影”图层样式。

（2）打开素材图片“玫瑰花束 .jpg”，用“魔棒工具”将花束从背景中抠选出来。移动到本文档中后添加“投影”图层样式，并进行水平翻转操作。

（3）打开素材图片“照片 1.jpg”和“照片 2.jpg”，对图片进行适当缩放及旋转后，添加白色的“描边”和“投影”图层样式，如图 8-25 所示。

（4）利用横排文字工具输入文字“幸福甜蜜滋味”，字体为“造字工房版黑常规体”，大小为 56，颜色为白色。为该文字图层添加 1 像素的白色“描边”和“渐变叠加”图层样式。

（5）利用横排文字工具输入英文 sweet at heart。

（6）新建一个图层，用自定义形状工具绘制几个心形，用于装饰，如图 8-26 所示。

图 8-25 图片设计

图 8-26 幸福甜蜜滋味

（7）新建一个图层，用钢笔工具绘制路径，按 Ctrl+Enter 组合键将路径转选区后，填充 #a191dc 颜色。按 Ctrl+J 组合键复制一层，并进行水平翻转、移动操作。

（8）新建一个图层，用矩形工具绘制矩形，填充 #a191dc 颜色。添加 1 像素的白色“描边”图层样式。

（9）利用横排文字工具输入文字“全国 600 多家门店　就近配送”，如图 8-27 所示。

（10）利用横排文字工具输入文字“当天裱花　新鲜美味”，添加“投影”图层样式。

（11）新建一个图层，用矩形工具绘制矩形，填充 #e9e3ff 颜色。添加 1 像素的白色“描边”图层样式和“投影”图层样式。

（12）将素材“丁香花 .jpg”移动到该文档中，创建图层剪贴蒙版。

（13）利用横排文字工具输入文字“送给你爱的人”，添加“投影”图层样式。

（14）新建一个图层，用自定义形状工具绘制几个箭头，如图 8-28 所示。

（15）新建一个图层，绘制一个矩形，填充为白色，作为“海报 1”的背景，添加“投影”图层样式。为该图层添加图层蒙版，用灰色画笔对矩形上半部分进行隐藏。完成的“海报 1”的效果如图 8-29 所示。

图 8-27 配送文字

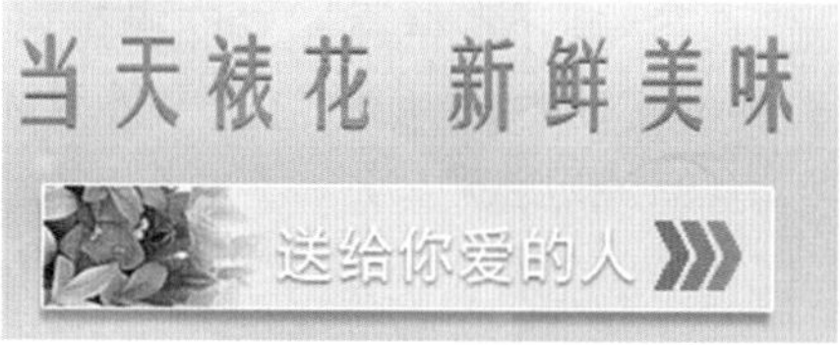

图 8-28 按钮设计

图 8-29 海报 1 效果

8.2.5 海报 2 设计

8.2.5 海报 2 设计 .mp4

同样为了展示产品品质，制作第二张海报。在版式上，较第一张海报有所改变。实现步骤如下。

(1) 打开素材图片“蛋糕 2.jpg”，用快速选择工具将蛋糕从背景中抠选出来。移动到本文档中后添加“投影”图层样式。

(2) 打开素材图片“小熊 .jpg”，用魔棒工具将花束从背景中抠选出来。移动到本文档中后添加“投影”图层样式，并进行适当的缩放与旋转操作，如图 8-30 所示。

图 8-30 素材图片“小熊”

(3) 利用横排文字工具分别输入文字“我想要的”“幸福”“滋味”，字体为“经典特宋体”，大小为 40，颜色为 #fa87b5。为文字图层添加“描边”和“投影”图层样式。

(4) 新建一个图层，利用直线工具绘制一条水平直线，放在文字的下方。

(5) 新建一个图层，用自定义形状工具绘制爱心图形。然后绘制爱心路径，按 Ctrl+Enter 组合键将路径转换为选区，按 Delete 键删除选区中的像素。为该图层执行“模糊”滤镜。

(6) 新建一个图层，填充为纯黑色。在“滤镜”菜单中执行“渲染”中的“镜头光晕”命令。将该图层设置为图层剪贴蒙版，并将图层混合模式设置为“滤色”。

（7）打开素材图片“玫瑰花束 2.jpg”，用魔棒工具将蛋糕从背景中抠选出来。移动到本文档中，添加白色的“外发光”图层样式，如图 8-31 所示。

（8）利用横排文字工具分别输入文字“新鲜现做”“全国 15:00—17:00 配送”。

（9）新建一个图层，用矩形工具绘制细长矩形。按 Ctrl+J 组合键复制多个副本，将这些矩形对齐分布后，按 Ctrl+E 组合键拼合图层。

（10）新建一个图层，利用渐变工具填充渐变颜色。将该图层创建为图层剪贴蒙版，如图 8-32 所示。

图 8-31 海报图文效果

图 8-32 文字效果

（11）新建一个图层，绘制一个矩形，填充为白色，作为“海报 2”的背景，添加“投影”图层样式。为该图层添加图层蒙版，用灰色画笔对矩形上半部分进行隐藏。完成的“海报 2”的效果如图 8-33 所示。

图 8-33 海报 2 效果

8.2.6 关联宝贝设计

在首页上展示店铺主推的产品，并设计相关商品链接，可以起到很好的营销效果。宝贝的关键信息要能醒目地展现在客户面前，所以用立体感来实现。两个关联商品既做到一致，又有一些改变。实现步骤如下。

（1）新建一个图层，绘制一个矩形，填充颜色 #e0fdfd，作为“关联商品”的背景。添加“投影”图层样式和 5 像素的浅灰色“描边”。

（2）新建一个图层，绘制一个正方形，填充颜色 #abfdfb。按 Ctrl+T 组合键进行变形，旋转 45°。按 Alt 键，然后单击这个图层和“关联宝贝”背景图层中间的分割线，作为图层剪贴蒙版。按住 Alt 键，在工具箱中选择“移动”工具，将这个正方形复制一份。

8.2.6 关联宝贝设计 .mp4

（3）新建一个图层，绘制几条黄色细长矩形，并旋转一定角度。按住 Alt 键，单击图层中间的分割线，创建图层剪贴蒙版，如图 8-34 所示。

（4）新建一个图层，绘制一个矩形。选择“橡皮擦工具”，在工具属性栏中载入“方头”画笔。单击“切换画笔调板”按钮，在“画笔笔尖形状”角度设置为 45°，间距设置为 100%。按住 Shift 键，将矩形的右边进行擦除，形成锯齿状。

（5）为该图层添加“渐变叠加”和“投影”图层样式。

（6）新建一个图层，绘制一个矩形，填充为深灰色。按 Ctrl+T 组合键对其进行斜切变形。改变图层顺序，放在上一个矩形的下方，并对齐一边。添加图层蒙版，用矩形选框工具框选遮住背景的部分，并填充黑色进行隐藏，如图 8-35 所示。

图 8-34　关联商品背景

图 8-35　文字背景

（7）打开素材图片“鲜奶蛋糕 .jpg”，用快速选择工具结合“路径”抠取蛋糕图像。移动到本文档中。在它的下方新建一个图层，用黑色的柔度笔刷绘制投影。

（8）利用横排文字工具输入文字，完成效果如图 8-36 所示。

图 8-36　商品描述文字

（9）利用复制或同样操作，制作另一个关联商品。整个店铺首页效果如图 8-37 所示。

图 8-37　店铺首页效果

8.3　中餐厅促销易拉宝设计

8.3.1　易拉宝尺寸说明

易拉宝的构造是一个坐地的卷轴，由地面向上是一支伸缩柱，柱顶有一个扣，使用时由卷轴拉出一幅直立式的海报，吸引路人的注意。易拉宝多适用于会议、展览、销售宣传等场合，是使用频率最高，也最常见的便携展具之一。易拉宝如图 8-38 所示。

图 8-38　易拉宝展架

易拉宝的常见尺寸（单位为厘米）有 80 × 200、85 × 200、90 × 200、100 × 200、120 × 200。尺寸也可以根据客户需求向广告公司或者制作商订做。

因为需要后期印刷，所以在设计易拉宝平面图的时候，颜色模式要设置为 CMYK 模式。如果是 GRB 模式，在最后导出之前，也要更换为 CMYK 模式调色后输出。

8.3.2　“20”文字设计

8.3.2 “20”文字设计 .mp4

在设计易拉宝之前，应考虑好易拉宝的大小及布局，同时还要确定它的整体色调。布局采用参考线来规划，这部分实现步骤如下。

（1）新建一个图像文件，宽度为 80 厘米，高度为 200 厘米，分辨率为 100 像素 / 英寸，颜色模式为 CMYK，背景颜色为白色。

（2）按 Ctrl+R 组合键显示水平和垂直标尺。按 Ctrl+ − 组合键缩小视图。用“移动工具”从水平标尺和垂直标尺上拖出参考线。左右预留边距，上半部分为主题区，下半部分为内容区，如图 8-39 所示。在“视图”菜单中选择“锁定参考线”命令。

（3）新建一个图层，将前景色设置为 #c6171e，按下 Alt+Delete 组合键用前景色填充该图层，作为背景主体色彩。在“图层”调板中锁定该图层。

（4）安装 DIN Alternate 数字字体。选择“文字工具”，字体设置为 DIN Alternate，颜色设置为 #eabc28，输入数字“2”。

图 8-39　规划布局

（5）在“2”字上下各拖放一条参考线。在工具箱中选择“椭圆工具”，在工具属性栏选择“形状”工具模式，设置描边颜色为 #eabc28，填充设置为“无”，按住 Shift 键，在画布中绘制一个正圆形。在“属性”调板中设置“内部描边”样式。描边大小依据数字“2”的笔画粗细，如图 8-40 所示。将该图层重命名为“0”。

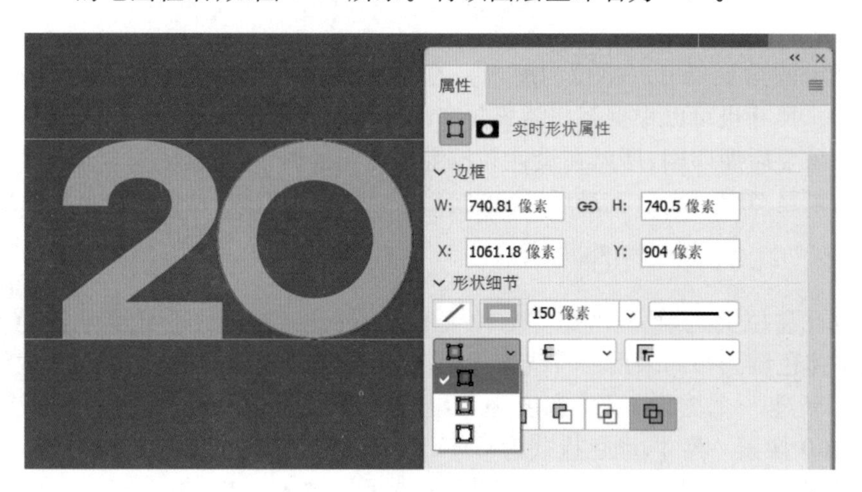

图 8-40　绘制 0

（6）选择 2 图层，按 Ctrl+T 组合键，根据 0 的宽度，调整数字“2”的宽度。

（7）选择“0”图层，按 Ctrl+J 组合键复制“0”图层。选择“椭圆工具”，设置该图层的填充为白色，描边色为“无”。

（8）选择“0 拷贝”图层，按 Ctrl+J 组合键 4 次，复制 4 个“0 拷贝”图层。选择“0 拷贝”图层，在“属性”调板中设置颜色为 #417ab5。按 Ctrl+T 组合键，在上方的“属性工具栏”设置水平和垂直缩放比例为 180%。

(9) 依次选择“0 拷贝 2”图层、“0 拷贝 3”图层、“0 拷贝 4”图层,分别设置颜色 #5aae97、#f4c21d、#f0ed88。水平和垂直缩放比例分别设置为 160%、140%、120%。

(10) 同时选中这 5 个复制的“0”图层,选择“移动工具”,设置它们“底端对齐”和“水平居中对齐”,如图 8-41 所示。在“图层”调板中右击,选择“栅格化图层”命令。

(11) 选择“0 拷贝”图层,按 Ctrl 键,单击“0 拷贝 2”图层微缩图标,载入图层选区。按 Delete 键删除选区颜色。对上方的几个图层重复这样的操作。隐藏或者删除“0 拷贝 5”图层。

(12) 为“0”拷贝的 4 个图层分别添加图层蒙版,用“多边形套索”工具选择需要隐藏的区域,添加纯黑色隐藏,如图 8-42 所示。按 Ctrl+G 组合键将这 4 个图层进行群组操作。

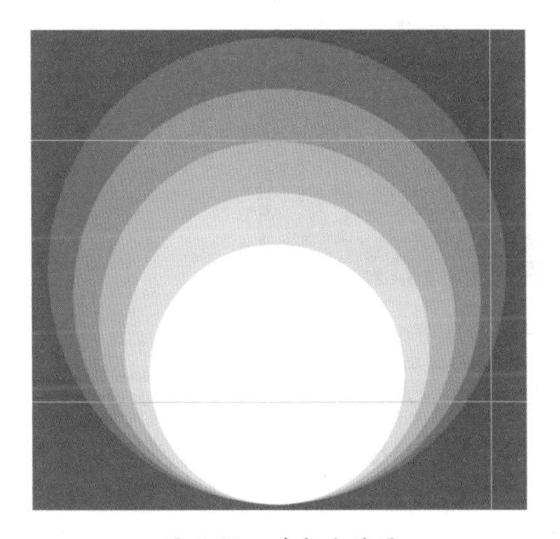

图 8-41　对齐后效果

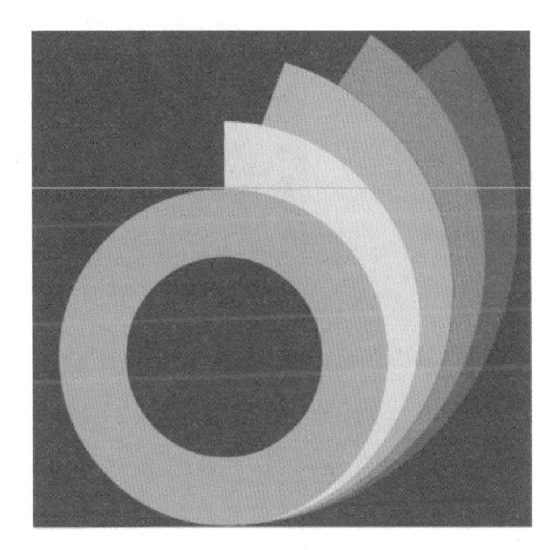

图 8-42　添加图层蒙版之后效果

(13) 选择“自定义形状工具”,选择“五角星”形状进行绘制,五角星加白色描边。复制 3 个五角星,分别放置于图形的末端,如图 8-43 所示。

(14) 选择“0”图层,添加“内发光”图层样式,颜色设置为 #c3672c。在“效果”上右击,选择“创建新图层”命令。为新产生的图层添加图层蒙版,在蒙版上用黑色柔度画笔绘制,隐藏左边发光区域,效果如图 8-44 所示。将这些图层都选中,按 Ctrl+G 组合键编组,重命名为“20”。

图 8-43　添加五角星

图 8-44　“20”文字效果

8.3.3 “周年庆典”文字设计

“周年庆典”文字错位排版，运用了连笔、图形装饰等手法，具体实现步骤如下。

8.3.3 “周年庆典”文字设计 .mp4

（1）安装“站酷高端黑”字体。新建一个图层，用“文本工具”输入文字“周”“年”“庆”“典”四个文字，分别位于不同的文字图层。调整大小与对齐，效果如图 8-45 所示。

图 8-45　输入“周年庆典”文字

（2）选择“周”字图层，在图层空白处右击，选择“创建工作路径”命令，隐藏该图层。用“直接选择工具”框选如图 8-46 所示两个锚点，按 Delete 键删除锚点。

（3）选择“钢笔工具”，连接断开的两个锚点。用“直接选择工具”框选这两个锚点，按“下箭头键”移动锚点。然后选择左边的锚点，继续向下移动锚点，移动后路径如图 8-46 所示。

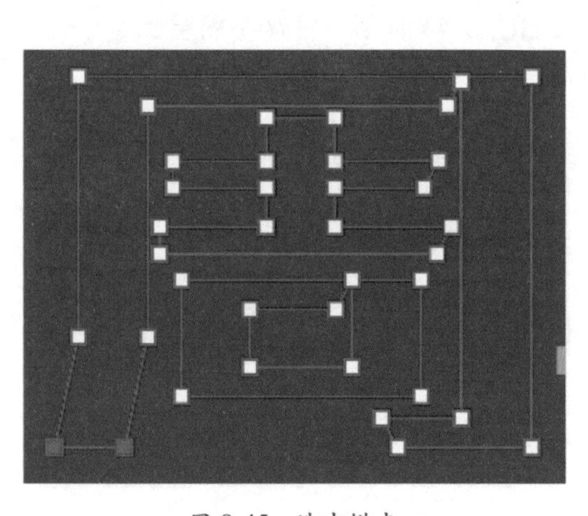

图 8-45　选中锚点

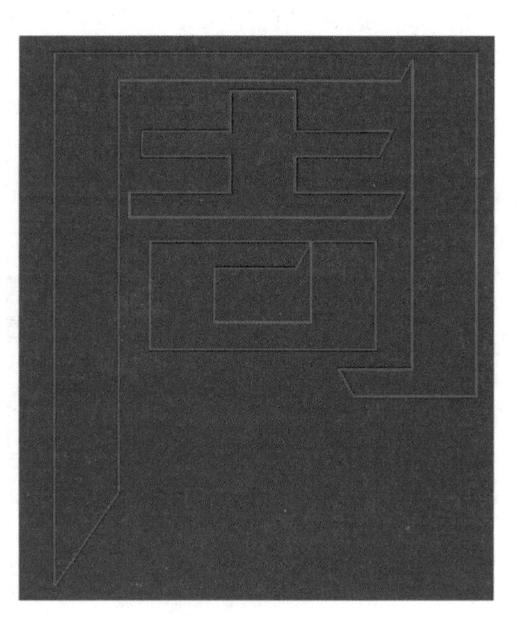

图 8-46　移动锚点

(4) 用“直接选择工具”选择如图 8-47 所示锚点，按 Delete 键删除锚点。选择“钢笔工具”，按住 Alt 键，连接这断开的两个锚点。用“直接选择工具”调整方向线，效果如图 8-48 所示。

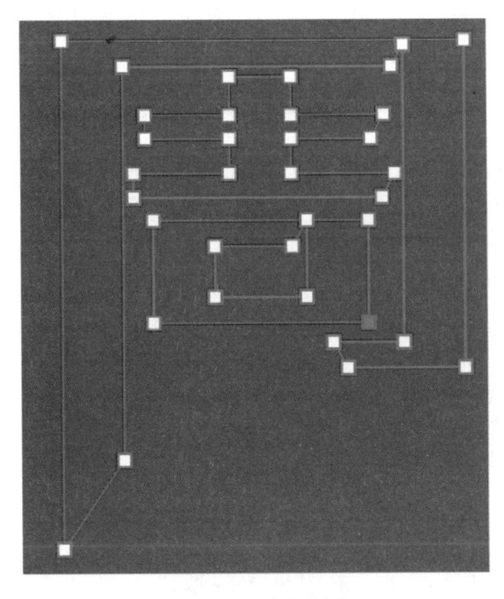

图 8-47 选中锚点

图 8-48 调整锚点

(5) 重复 (4) 步骤操作，调整内侧锚点。按 Ctrl+Enter 组合键将路径转换为选区，新建一个图层，填充选区颜色为 #eabc28，“周”文字效果如图 8-49 所示。在“路径”调板中，用鼠标将工作路径拖动到“新建路径”按钮上，得到新路径“路径 1”。

(6) 选择“庆”字图层，在图层空白处右击，选择“创建工作路径”命令，隐藏该图层。用“直接选择工具”调整锚点，如图 8-50 所示。在“路径”调板中，用鼠标将工作路径拖动到“新建路径”按钮上，得到新路径“路径 2”。

图 8-49 “周”文字效果

图 8-50 调整锚点

（7）选择“典”字图层，在图层空白处右击，选择“创建工作路径”命令，隐藏该图层。用“直接选择工具”调整锚点，如图 8-51 所示。在“路径”调板中，用鼠标将工作路径拖动到“新建路径”按钮上，得到新路径“路径 3”。

（8）新建一个图层，按 Ctrl+Enter 组合键将“路径 2”和“路径 3”分别转换为选区，填充颜色 #eabc28，如图 8-52 所示。

图 8-51　调整锚点

图 8-52　填充颜色

（9）选择“钢笔工具”，绘制两个三角形。用“直接选择工具”调整锚点，效果如图 8-53 所示。

（10）选择这些图层，按 Ctrl+G 组合键将图层群组，重命名为“周年庆典”。

（11）选择“文本工具”，输入文案，如图 8-54 所示。

图 8-53　绘制三角形

图 8-54　输入文案

（12）在工具箱中选择“自定义形状工具”，选择“五角星边框”形状，按 Shift 键绘制五角星。为该图层添加图层蒙版，用黑色画笔隐藏左上部分，如图 8-55 所示。

图 8-55　绘制五角星

(13) 选择“自定义形状工具”,在右下角处绘制白色五角星边框。选择除背景以外的所有图层,按 Ctrl+G 组合键群组图层,重命名为“主题”。

(14) 按 Ctrl+T 组合键,将主题文字进行旋转,如图 8-56 所示。

(15) 在“图层”调板中,右击“主题”组,选择“复制组”命令。按 Ctrl+E 组合键将下层的组进行拼合。为这个图层添加“颜色叠加”图层样式,设置颜色为白色。

(16) 选择“移动工具”,按住 Alt 键,同时按下左箭头和下箭头键,复制白色图层 6 次,形成立体效果,如图 8-57 所示。

图 8-56　旋转主题文字

图 8-57　立体效果

(17) 选择“文字工具”,字体选择“方正粗黑宋简体”,颜色为白色,输入活动时间。选择“圆角矩形工具”,绘制圆角矩形,如图 8-58 所示。

活动时间：10月1—10月10日

图 8-58　输入活动时间文案

(18) 复制圆角矩形图层,将下层的图形添加“颜色叠加”,颜色设置为白色。按下左箭头和下箭头键,轻移图层。为圆角矩形添加“斜面和浮雕”图层样式,参数设置如图 8-59 所示。

(19) 选择文字和形状图层,按 Ctrl+G 组合键将图层进行群组,重命名为“活动时间”。按 Ctrl+T 组合键将该组图形进行适当旋转,如图 8-60 所示。

8.3.4 “SALE”文字设计

8.3.4 “SALE”文字设计 .mp4

用形状工具绘制图形,可以用“直接选择工具”编辑形状,以改变绘制的形状。绘制购物包的步骤如下。

(1) 新建一个图层,利用“矩形工具”绘制长方形,填充颜色为 #f3c11e。在工具箱中选择“直接选择工具”,单击绘制矩形的左上角锚点,按 Shift 键和右箭头键三次,水平移动锚点。单击绘制矩形的右上角锚点,按 Shift 键和左箭头键三次,水平移动锚点,如图 8-61 所示。

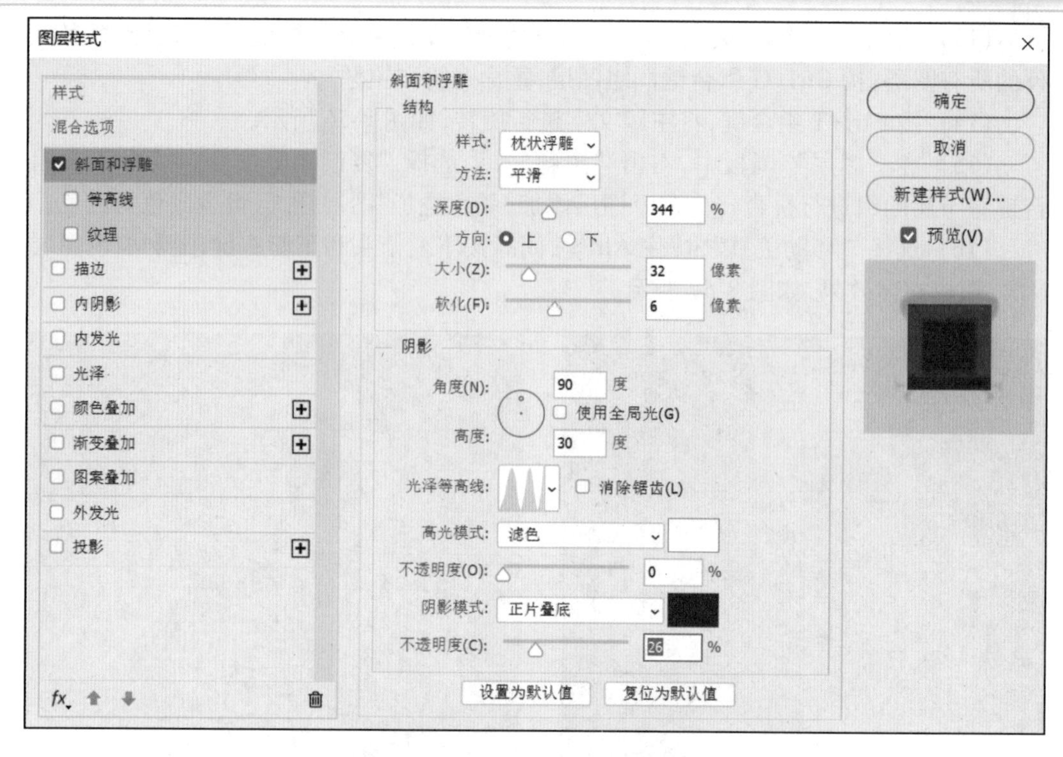

图 8-59 “斜面和浮雕”图层样式

图 8-60 主题文本效果

（2）新建一个图层，利用“椭圆工具”绘制正圆形，填充颜色为黑色。按住 Ctrl+J 组合键复制正圆形，并移动位置，如图 8-62 所示。

（3）新建一个图层，利用“圆角矩形工具”绘制圆角矩形，填充颜色设置为无，描边颜色设置为 #f3c11e，描边粗细设置为 25，半径设置为 100。

（4）在工具箱中选择“直接选择工具”，单击圆角矩形下方锚点，按 Delete 键删除锚点，如图 8-63 所示。

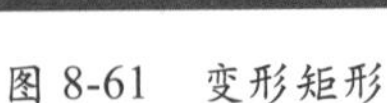

图 8-61　变形矩形

图 8-62　绘制正圆形

图 8-63　购物包

(5) 用“文字工具”输入字母 S，文本颜色为白色。选择绘制的这 4 个图层和文本图层，按 Ctrl+G 组合键对图层进行组合，重命名为“购物包”。

(6) 复制组三次，并更改组中的字母。为图形添加“颜色叠加”图层样式。按 Ctrl+T 组合键对图形进行变形，如图 8-64 所示。

图 8-64　SALE 文字

8.3.5　促销文案排版

8.3.5　促销文案排版 .mp4

促销文案为了能够更加抓人眼球，文案以图形为底部衬托，重点文字大而醒目，实现步骤如下。

(1) 新建一个图层，利用“椭圆工具”绘制圆形，填充颜色为 #b82f2e，描边颜色为白色，描边大小为 6，描边类型为虚圆点，如图 8-65 所示。

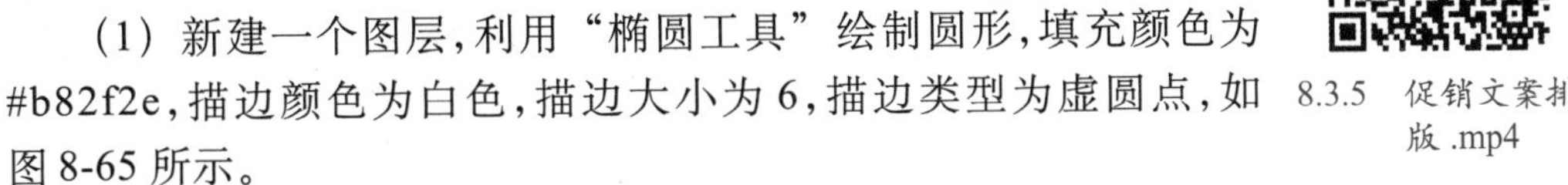

(2) 用“文本工具”输入文字，调整合适大小和间距，如图 8-66 所示。

(3) 新建一个图层，用“直线工具”绘制直线。填充颜色为无，描边颜色为白色，描边大小为 10。为该图层添加图层蒙版，用柔边缘画笔隐藏线段两端，如图 8-67 所示。

(4) 在圆形下方输入文字，按 Ctrl+G 组合键将这些图层群组，重命名为“活动”，如图 8-68 所示。

(5) 按 Ctrl+J 组合键复制“活动”组多次，并更改文案内容，如图 8-69 所示。

(6) 新建一个图层，用“椭圆工具”绘制圆形，填充颜色为白色，描边颜色为无。再新建一个图层，用“椭圆工具”绘制正圆形，填充颜色为无，描边颜色为白色，并加大描边大小。用“文本工具”输入充值活动文案，如图 8-70 所示。

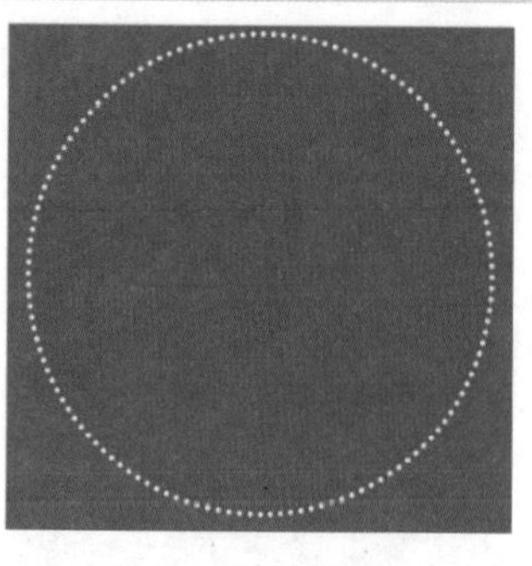

图 8-65　绘制圆形

图 8-66　添加文本

图 8-67　添加直线

图 8-68　添加文案

图 8-69　促销文案

（7）打开“二维码”和“边框”素材，将这两个图层进行群组。用“文本工具”输入文字“扫描注册”，如图 8-71 所示。

图 8-70　充值活动文案

图 8-71　促销文案排版效果

8.3.6　丰富背景效果

背景为纯红色，比较单调，添加烟火、光效等素材，营造店庆氛围，实现步骤如下。

8.3.6　丰富背景效果.mp4

(1) 在红色背景图层上方新建一个图层,按 Ctrl+－组合键缩小视图。选择“画笔工具”,选择柔边缘笔刷,将前景色设置为#5f0706,在背景图层的主题文字处绘制,如图 8-72 所示。

(2) 打开“星光”素材,将素材移动到本文档上部,按 Ctrl+L 组合键调整本图层色阶,用黑色定场笔单击图片背景。将“星光”图层的混合模式设置为“滤色”。添加图层蒙版,用柔边缘笔刷隐藏图片的边缘。

(3) 打开“曲线星光”素材,将素材移动到本文档下部,按 Ctrl+T 组合键旋转素材。将本图层的混合模式设置为“滤色”。添加图层蒙版,用柔边缘笔刷隐藏图片的边缘。

(4) 打开“烟火”素材,将素材移动到本文档中,按 Ctrl+T 组合键旋转素材。将本图层的混合模式设置为“滤色”。添加图层蒙版,用柔边缘笔刷隐藏图片的边缘。复制多层烟火,散落在图像的不同地方。

(5) 新建一个图层,利用“圆角矩形工具”绘制圆角矩形,填充颜色设置为#a40000。将图层的不透明度设置为 45%。易拉宝平面效果如图 8-73 所示。

图 8-72　为背景添加色彩

图 8-73　易拉宝平面效果

（6）按 Ctrl+Shift+Alt+E 组合键盖印图层。打开“易拉宝展架”素材，用“移动工具”将盖印图层移动到这个素材中。按 Ctrl+T 组合键，再按住 Ctrl 键，移动角点控制柄，对齐到易拉宝幅面中。

（7）新建一个图层，右击图层，选择“创建图层剪贴蒙版”命令。使用“画笔工具”，将笔刷设置为柔边缘，在新建图层的右下角绘制。将图层的不透明度设置为 40%，如图 8-74 所示。

图 8-74　易拉宝展架效果

8.4　公益海报设计

8.4.1　“父爱如山”公益海报

公益海报是指不以营利为目的，服务于公众（公告）利益的广告宣传。旨在增进公众对突出社会问题的了解，促进社会问题的解决或缓解。本案例围绕“中华孝道”制作设计。

8.4.1 “父爱如山”公益海报 .mp4

父亲是一座山，伟岸的双肩上扛起抚养及教育子女的沉重责任。本海报以“父爱如山，深沉宽广”为主题进行创作。本海报实现步骤如下。

（1）新建一个图像文件，宽度为 297mm，高度为 210mm，分辨率为 300 像素 / 英寸，颜色模式为 RGB，背景为白色。

（2）打开素材“男人背影 .jpg”文件，选择“移动工具”，将其移动到本文档中。

（3）选择“快速选择工具”，框选男人背影。新建一个图层，填充黑色，按 Ctrl+T 组合键进行变形，制作倒影。选择“滤镜”→“模糊”→“高斯模糊”命令，将倒影

的两个像素的范围进行模糊处理。按 Ctrl+G 组合键，将倒影和上一个图层进行群组，名字为“组 1”，如图 8-75 所示。

（4）打开素材图片“手 .jpg”，选择“移动工具”，将其移动到本文档中。为该图层添加“图层蒙版”，单击图层蒙版，然后选择“图像”菜单中的“应用图像”命令，用柔角纯黑画笔将素材图像边缘隐藏，如图 8-76 所示。

图 8-75　制作倒影

图 8-76　添加“手”素材

（5）在“图层”调板中，选择“组 1”，右击并选择“复制组”命令。按 Ctrl+E 组合键合并“组 1 副本”。选择“图像”→“调整”→“去色”命令，然后选择“滤镜”→“风格化”→“查找边缘”命令，按 Ctrl+I 组合键进行反相操作。将该图层的混合模式设置为“叠加”，如图 8-77 所示。

（6）将“组 1”与“组 1 副本”进行群组。为该群组添加图层蒙版，用柔角纯黑画笔将边缘隐藏，如图 8-78 所示。

图 8-77　查找边缘滤镜

图 8-78　隐藏边缘

（7）打开素材“远山 .jpg”文件，选择“移动工具”，将其移动到本文档中。将远山图层置于“手”图层的下方。选择“快速选择工具”，框选远山选区，添加图层蒙版。移动到适当的位置，如图 8-79 所示。

（8）打开网页浏览器，在地址栏中输入“http://www.wusen.net/”，用艺术字体在线生成器生成海报所需要的字体。在输入框中输入“父”字，选择“026 方正硬笔楷书”，大小为 800，单击“点击提交内容”按钮。在生成的文字上右击，选择“图片另存为”命令，保存文字，如图 8-80 所示。

图 8-79　添加远山

图 8-80　生成艺术字体

（9）同上操作，生成文字“爱”以及“如山”。其中“如山”二字选择“035 禹卫书法行书简体”。

（10）打开生成的三个文字图像，用移动工具将它们移动到本文档中。用魔棒工具去除文字旁边的白色像素，如图 8-81 所示。

（11）按住 Ctrl 键，单击“父”图层的微缩图标，载入“父”字为选区。单击“路径调板”底部的“从选区生成工作路径”按钮，用删除锚点工具删除多余的锚点，用直接选择工具编辑路径锚点及控制线。“爱”以及“如山”文字进行同样的编辑，路径如图 8-82 所示。

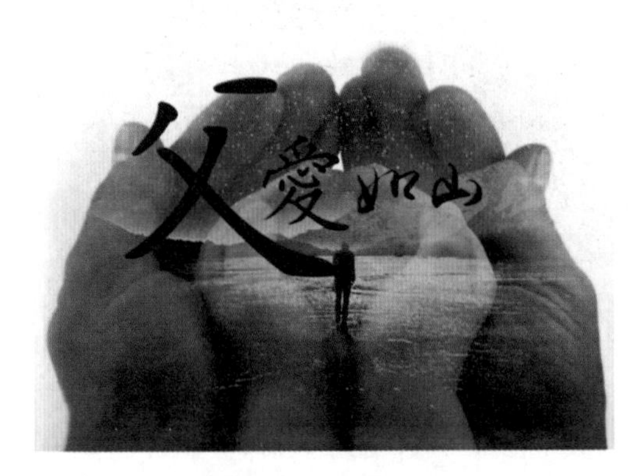

图 8-81　父爱如山

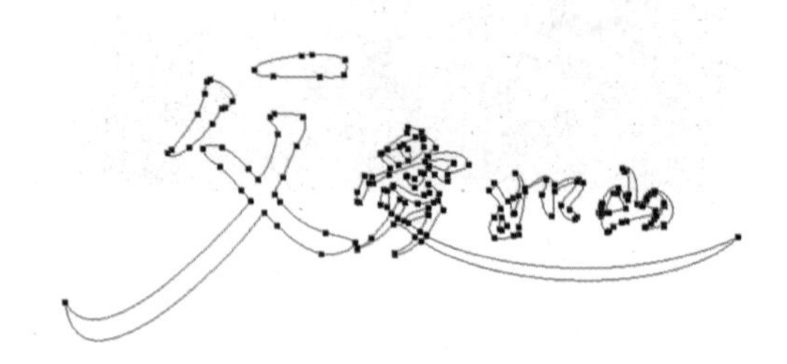

图 8-82　“父爱如山”路径

（12）用路径选择工具框选所有的路径，在路径上右击，选择“建立选区”命令。新建一个图层，给选区填充颜色。将之前的“父爱如山”文字去除或隐藏。

（13）打开“黄金素材 .jpg”文件，用移动工具将其移动到本文档中。按 Alt 键，单击“黄金素材”与“父爱如山”两个图层中间的分割线，创建剪贴蒙版。复制“黄金素材”图层为多个，填充所有的文字区域。图像边缘可以用图层蒙版隐藏，如图 8-83 所示。

（14）为“父爱如山”文字添加“内发光”“外发光”“投影”图层样式。

（15）新建一个图层，填充渐变颜色（#86baf9 → #0720c9 → #86baf9 → #0720c9 → #86baf9），如图 8-84 所示。将该图层混合模式设置为“叠加”，图层不透明度设置为 44%。

图 8-83　填充文本

图 8-84　设置渐变

（16）分别输入文字 F、ather，字体为 Arial，颜色为白色。输入文字“深沉宽广”“父爱无边”，字体为“方正剪纸简体”，可以在线生成。将这些文字图层群组，给该群组添加“斜面和浮雕”“投影”图层样式。文字排版如图 8-85 所示。

（17）用矩形选框工具绘制细长矩形，填充白色，两端在蒙版上用柔角黑色笔刷隐藏。输入英文 father's love。

（18）输入文字“百善孝为先”“敬”“中华孝道”等文字，将文字不透明度降低，如图 8-86 所示。

图 8-85　添加文字

图 8-86　“父爱如山”公益海报

8.4.2　“母爱如水”公益海报

母亲无私的爱，滋润着我们健康快乐地成长。本海报以“母爱如水，细腻温柔”为主题，最珍爱母爱，因为她给了我太多太多，实现步骤如下。

8.4.2 “母爱如水”公益海报.mp4

（1）新建一个图像文件，宽度为 297mm，高度为 210mm，分辨率为 300 像素 / 英寸，颜色模式为 RGB，背景为白色。

（2）打开素材图片“母子 .jpg”，选择“移动工具”，将其移动到本文档中。为该图层添加图层蒙版，隐藏母子图像，只留下天空。

（3）复制上一个图层，在“编辑”菜单中选择“变换”中的“水平翻转”命令，效果如图 8-87 所示。

（4）复制“母子”图层，用快速选择工具抠出母子轮廓。

（5）打开素材图片“火焰 .jpg”，选择“移动工具”，将其移动到本文档中。将图层混合模式设置为“滤色”，如图 8-88 所示。

图 8-87　海报背景

图 8-88　添加素材图像（1）

（6）单击“图层调板”底部的“创建新的填充或调整图层”按钮，选择“色相 / 饱和度”，设置饱和度为 45。

（7）打开素材图片“牵手 .jpg”，选择“移动工具”，将其移动到本文档中。按 Ctrl+T 组合键进行缩放和旋转。

（8）单击“图层调板”底部的“创建新的填充或调整图层”按钮，选择“照片滤镜”，滤镜选择“蓝”，浓度设置为 45，如图 8-89 所示。

（9）新建一个图层，填充径向渐变颜色（#ff6e02 → ffff00 → #ff6e02 → ffff00 → #ff6e02）。选择“滤镜”→“模糊”→“高斯模糊”，设置半径为 150mm，如图 8-90 所示。将该图层的混合模式设置为“叠加”，图层不透明度设置为 44%。

图 8-89　添加素材图像（2）

图 8-90　设置渐变

（10）将除“背景”图层之外的所有图层群组，为该群组添加图层蒙版。选择“软油彩蜡笔”笔刷，在“画笔调板”中将笔刷间距设置为 75%，大小为 400 像素，将前景色设置为纯黑色，在蒙版上绘制，如图 8-91 所示。

（11）用“艺术字体在线生成器”生成海报所需要的字体。在输入框中输入“母”与“爱”字，选择“026 方正硬笔楷书”，大小为 800 像素，单击“点击提交内容”按钮。在生成的文字上右击，选择“图片另存为”命令，保存文字。

（12）同上操作，生成文字“如”以及“水”，文字字体选择“035 禹卫书法行书简体”。

（13）打开生成的四个文字图像，用移动工具将它们移动到本文档中。用魔棒工具去除文字旁边的白色像素，如图 8-92 所示。

图 8-91　修饰边缘

图 8-92　“母爱如水”文字

（14）按住 Ctrl 键，单击“母”图层的微缩图标，载入“母”字为选区。单击“路径调板”底部的“从选区生成工作路径”按钮，用删除锚点工具删除多余的锚点，用直接选择工具编辑路径锚点及控制线。“爱”以及“如”文字进行同样的编辑，路径如图 8-93 所示。

（15）用路径选择工具框选所有的路径，在路径上右击，选择“建立选区”命令。新建一个图层，给选区填充颜色。将之前的“母爱如”几个文字去除或隐藏。

（16）打开“黄金素材 .jpg”文件，用移动工具将其移动到本文档中。按 Alt 键，单击黄金素材与母爱如水两个图层中间的分割线，创建剪贴蒙版。复制“黄金素材”图层为多个，填充所有的文字区域。图像边缘可以用图层蒙版隐藏，如图 8-94 所示。

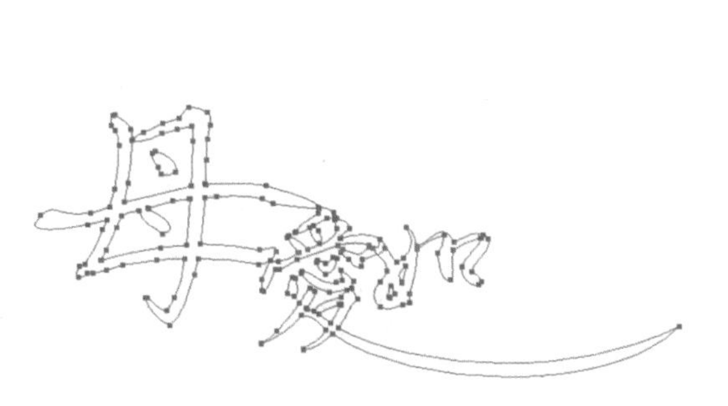

图 8-93　“母爱如水”路径

图 8-94　填充文本（1）

（17）为“母爱如水”文字添加“内发光”“外发光”“投影”图层样式。

（18）分别输入文字“M”“ather”，字体为 Arial，颜色为白色。输入文字“细腻温柔”“母爱无边”，字体为“方正剪纸简体”，可以在线生成。将这些文字图层群组，给该群组添加“斜面和浮雕”“投影”图层样式。文字排版如图 8-95 所示。

（19）用矩形选框工具绘制细长矩形，填充白色，两端在蒙版上用柔角黑色笔刷隐藏。输入英文 mather’s love。

（20）输入文字“百善孝为先”“敬”“中华孝道”等文字，将文字不透明度降低，如图 8-96 所示。

图 8-95　填充文本（2）

图 8-96　添加半透明文字

8.4.3　海报拼接

8.4.3　海报拼接 .mp4

家是温暖的港湾。拿什么来感谢生我养我教育我的父母！父母的爱说不完、道不尽。本海报就是表达一种感恩父母养育之恩的情怀。中华孝道“百善孝为先”。孝敬父母是做儿女应尽的责任。孝敬父母，时不我待，实现步骤如下。

（1）新建一个图像文件，宽度为 210mm，高度为 297mm，分辨率为 300 像素 / 英寸，颜色模式为 RGB，背景为白色。

（2）打开“父爱如山 .jpg”文件，选择“移动工具”，将其移动到本文档中。按 Ctrl+T 组合键进行变形。

（3）打开“母爱如水 .jpg”文件，选择“移动工具”，将其移动到本文档中。按 Ctrl+T 组合键进行变形，如图 8-97 所示。

图 8-97　合并海报

（4）新建一个图层，选择“画笔工具”，单击“画笔预设”调板中的按钮，从快捷菜单中选择“方头画笔”命令，如图 8-98 所示。

（5）按 F5 键调出“画笔”调板，选择一种方头画笔样式，大小设置为 60，角度为 90°，圆度为 50%，间距为 89%，设置如图 8-99 所示。

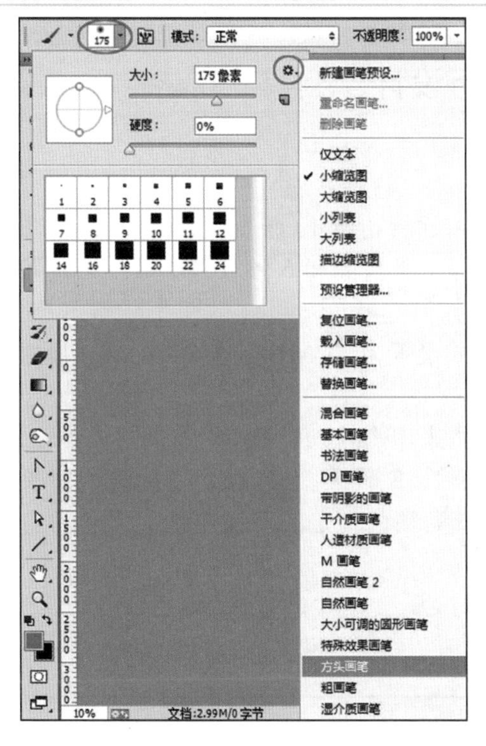

图 8-98　载入方头画笔

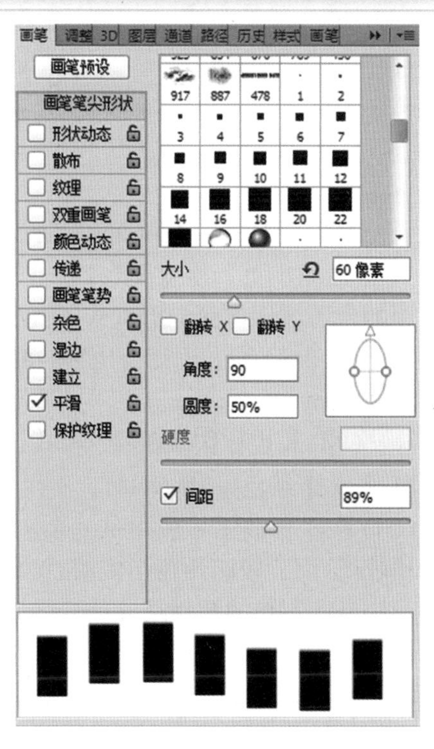

图 8-99　设置动态画笔

(6) 将前景色设置为 #1f61f7。按住 Shift 键，在新建图层上水平拖动鼠标，将绘制对象放在两张海报的拼接中间线上。

(7) 按 Ctrl+T 组合键，按住 Ctrl 键，将上边界中心点向右水平移动一定距离，使图层对象倾斜，如图 8-100 所示。

(8) 按 Ctrl+J 组合键复制图层，为复制图层添加“颜色叠加”图层样式，颜色设置为 #fab512。用移动工具将其与蓝色对象对齐，效果如图 8-101 所示。

图 8-100　绘制虚线段

图 8-101　海报拼接效果

8.5 经典台历设计

8.5.1 台历的尺寸

台历一般来说有单面和双面两种。设计的单面台历有 13 张页面，即封面 1 张和 12 个月的单页。而双面台历一般有 7 张页面，即 1 张封面和 6 张双月单页。不过双面的台历会比单面台历贵些，所以具体要看大家如何选择。

用 Photoshop 设计台历，需将图像的色彩模式设置为“CMYK 颜色”，分辨率设置为 300dpi。

CMYK 也称作印刷颜色模式，顾名思义就是用来印刷的。其中，C 代表青色(Cyan)，M 代表洋红色（Magenta)，Y 代表黄色（Yellow)，K 代表黑色（Key Plate)。每种 CMYK 四色油墨可使用从 0 至 100% 的值，为最亮颜色指定的印刷色油墨颜色百分比较低，而为较暗颜色指定的百分比较高。

台历制作的常用尺寸如表 8-1 所示。

表 8-1 台历制作的常用尺寸

序号	版 式	尺寸（长 × 宽）	出血设置
1	横式台历	207mm × 145mm	213mm × 151mm
2	方形台历	140mm × 145mm	146mm × 151mm
3	长条形台历	290mm × 120mm	296mm × 126mm
4	竖式台历	145mm × 207mm	151mm × 213mm

8.5.2 台历内页正面设计

浙江卓诗尼控股有限公司，创立于 1997 年，以现代时尚女性为主要消费群体。本台历内页主要展示卓诗尼品牌的时尚美鞋。本案例选取了方形台历版式。限于篇幅，本案例只叙述 1 月份的内页设计，其他月份操作类似，就不一一叙述了。实现步骤如下。

8.5.2 台历内页正面设计 .mp4

（1）新建一个图像文件，宽度为 146mm，高度为 151mm，分辨率为 300 像素 / 英寸，颜色模式为 CMYK，背景为白色。

（2）按 Ctrl+R 组合键显示水平和垂直标尺。在“编辑”菜单的“首选项”中选择“单位与标尺”命令，将标尺的单位设置为毫米。在“视图”菜单中选择“新建参考线”命令，建立一条水平参考线，位置为 3mm。同样操作，建立一条水平参考线，位置为 148mm，建立两条垂直参考线，位置分别为 3mm 和 143mm。在“视图”菜单中选择“锁定参考线”命令，预留出出血位。

（3）新建一个图层，用矩形选框工具绘制一个矩形选区，填充颜色为 #f6c4d8。

（4）新建一个图层，用矩形选框工具绘制一个细长条选区，填充颜色为 #929191。

（5）新建一个图层，用钢笔工具绘制如图 8-102 所示路径，按 Ctrl+Enter 组合键转成选区后，填充白色。

（6）打开素材图片“粉色桃花 .jpg”，用移动工具将其移动到台历正面文档中，按住 Alt 键，单击两个图层的中间分割线，将其作为剪贴蒙版图层。

(7) 依次将素材文件夹中的“模特 1.jpg”“模特 2.jpg”“模特 3.jpg”“模特 4.jpg”“模特 5.jpg”“模特 6.jpg”调整好大小及位置，置于日历正面，做产品宣传，如图 8-103 所示。

图 8-102 绘制路径

图 8-103 添加素材图像

(8) 选择“横排文字工具”，字体设置为 Eras Bold ITC，输入 NEW STYLE，改变文字方向为垂直文本。适当调整文字大小。将图层设置“外发光”图层样式，发光颜色为 #883455，大小为 21，扩展为 4。将该图层的填充设置为 0。

(9) 用竖排文字工具输入英文 It is very comfortable，字体为 Blackadder ITC，如图 8-104 所示。

(10) 用横排文字工具完成其他文字的输入。用直线工具绘制直线，如图 8-105 所示。至此，台历上半部分效果完成。

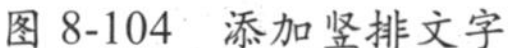

图 8-104 添加竖排文字

图 8-105 台历上半部分

(11) 将素材“卓诗尼 Logo.jpg”移动到本文档中，用椭圆选框工具将标志选出来，添加图层蒙版。

(12) 用椭圆选框工具绘制圆形选区，用“选择”菜单下的“描边”命令描边大小为 2 像素。

(13) 将素材“卓诗尼 .jpg”移动到本文档中，选择“自由做自己”，添加图层蒙版。

（14）将素材“燕子.jpg”移动到本文档中，选择两只燕子，添加图层蒙版。

（15）用横排文字工具输入“2017”，字体为“造字工房版黑”，颜色为黑色，添加“斜面和浮雕”图层样式。

（16）用矩形选框工具，绘制正方形选区，填充颜色为 #dddddd。然后选取正方形的上半部分，填充 #dddddd 到 #7a7a7a 的线性渐变。添加“描边”图层样式，描边粗细 1 像素，颜色为黑色。

（17）用横排文字工具输入“01”，字体为“造字工房版黑”，颜色为黑色，添加白色“外发光”图层样式。

（18）新建一个图层，填充白色到透明的线性渐变。将这个图层设置为“01”图层的剪贴蒙版，效果如图 8-106 所示。

图 8-106　台历中间部分

（19）用矩形选框工具绘制长方形选区，填充颜色为 #dddddd，添加“投影”图层样式。

（20）用横排文字工具输入“星期日……”等内容，周末文字设置为红色，其他为黑色。

（21）用横排文字工具输入公历日期。注意，每天的日期用一个文字图层。可以通过图层复制得到，并用移动工具的对齐分布功能进行排版。

（22）同上操作，输入和排版好农历日期，如图 8-107 所示。

图 8-107　台历内页正面

8.5.3 台历内页反面设计

8.5.3 台历内页反面设计.mp4

台历内页反面主要是反映日期和星期信息。用表格反映的日历最为直观，实现步骤如下。

(1) 用矩形选框工具绘制矩形选区，填充颜色为 #5a4f23。按 Ctrl+T 组合键进行自由变换，按住 Ctrl 键向右移动上边界中心控制柄。

(2) 选择“移动工具”，按住 Alt 键，移动刚编辑的平行四边形。按住 Alt 键，单击该图层的微缩图标，载入图层选区，填充颜色为 #ccc49e。

(3) 同样操作复制几个平行四边形。用移动工具的对齐和分布功能将其平均分布开，如图 8-108 所示。

图 8-108 星期背景

(4) 用横排文字工具输入星期等内容，字体大小为 12 点。

(5) 新建一个图层，选择“画笔工具”，载入“方头画笔”笔刷，选择一种方头画笔样式，在“画笔”调板的“画笔笔尖形状”中设置大小为 3 像素，角度为 90°，圆度为 50%，间距为 200%。按住 Shift 键，绘制一条水平的虚线。

(6) 复制多条水平的虚线，用移动工具的对齐分布功能将它们平均分布放置。

(7) 再将上述的水平虚线复制一份，旋转 90°，作为表格垂直分隔线，如图 8-109 所示。

(8) 用横排文字工具输入日期等内容，字体大小为 23 点。

(9) 新建一个图层，用椭圆工具绘制圆形，填充颜色为 #ccc49e。用矩形选框工具框选圆形的一半，按 Delete 键删除，成为半圆形图案。然后复制多个半圆形，对齐且分布到日历表格的右下角。

(10) 用横排文字工具输入农历日期等内容，字体大小为 7 点，如图 8-110 所示。

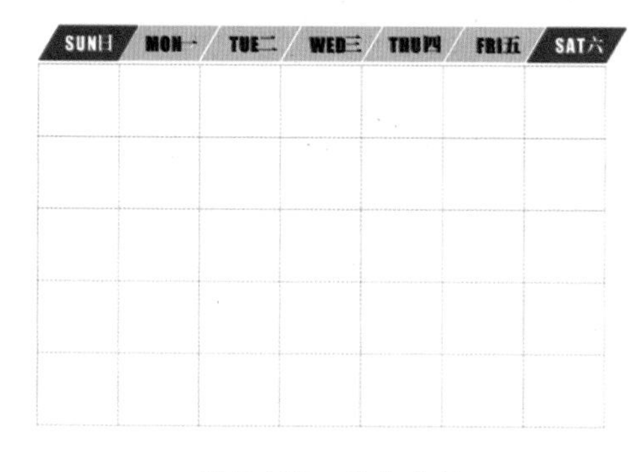

图 8-109 日期表格

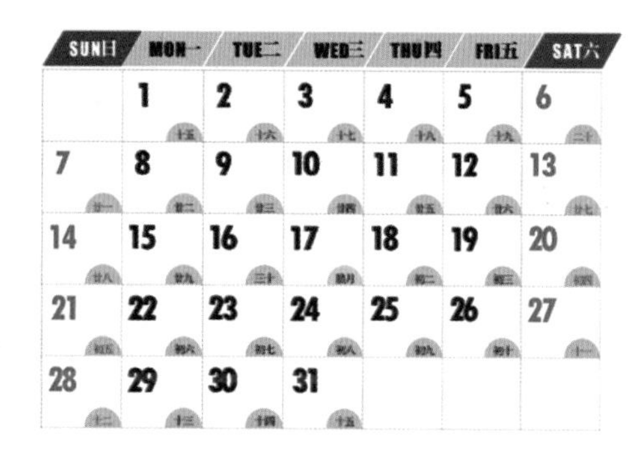

图 8-110 日期

(11) 用横排文字工具输入“Jan”“1”“月”等内容，调整字体及大小和颜色。

(12) 在“1”字图层下方绘制正方形图形，添加白色“描边”和“投影”图层样式。

(13) 用横排文字工具输入诗句内容，调整字体及大小和颜色，添加“投影”图层样式。

(14) 打开“花纹 .psd”素材，用套索工具框选所需花纹，复制并对齐。

(15) 用横排文字工具输入“备忘录”文字，调整字符间距。

(16) 用矩形工具绘制正方形图形，旋转 45° 后，复制并对齐分布。

(17) 同表格线绘制方法，绘制几条水平虚线，如图 8-111 所示。

图 8-111　内页反面的设计

8.5.4　台历立体展示设计

台历立体展示的难点在于设计孔洞，处理方法将在下面叙述。立体则通过制作渐变面来实现，实现步骤如下。

8.5.4　台历立体展示设计 .mp4

(1) 新建一个图像文件，宽度为 203mm，高度为 105mm，分辨率为 300 像素 / 英寸，颜色模式为 CMYK，背景为白色。

(2) 用移动工具将“正面 .JPG”移动到本文档中，添加“投影”图层样式。新建一个图层，用矩形工具绘制矩形，颜色填充为 #949494，放置在“正面”图层的下方。

(3) 新建图层，用矩形工具绘制细长条矩形，颜色填充为 #e2cd47，如图 8-112 所示。

(4) 用横排文字工具输入公司名称和联系地址，调整字符间距及大小。公司名称添加了“斜面和浮雕”“光泽”图层样式，如图 8-113 所示。

(5) 新建一个图层，用矩形工具绘制一个小小的矩形，填充为黑色，作为小孔。

(6) 新建一个图层，用椭圆选框工具绘制椭圆选区，设置描边颜色为 #949494，大小为 2 像素。为图层添加图层蒙版，隐藏椭圆右下角部分。按 Ctrl+J 组合键复制这个图层。向右移动几个像素，合并这两个图层。

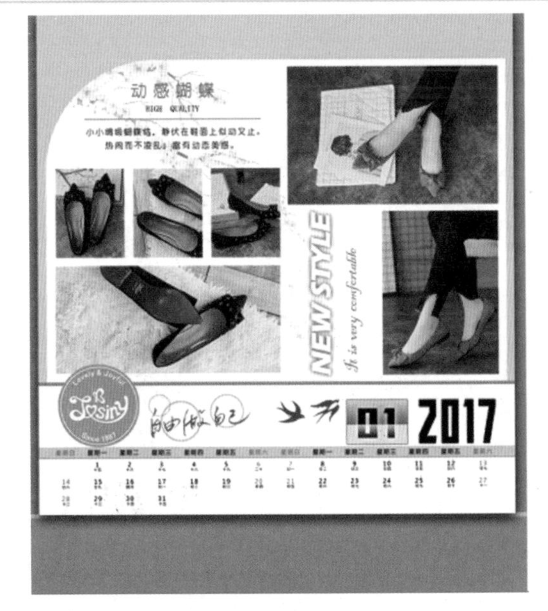

图 8-112　正面效果

图 8-113　添加公司名称

(7) 新建一个图层，按住 Alt 键，单击两个图层中间的分隔线，创建图层剪贴蒙版。用白色柔角画笔绘制一条水平反光，如图 8-114 所示。

(8) 将孔及线、光线图层群组，复制组多次，利用移动工具对齐并分布，如图 8-115 所示。

图 8-114　制作孔

图 8-115　台历正面

(9) 将除“背景”之外的多个图层群组，复制这个群组。将正面图片用反面图片取代。去掉公司名称和联系地址。将孔和线的方向水平翻转，如图 8-116 所示。

(10) 分别将上面两个分组合并成一个图层。

(11) 选择“渐变工具”，设置颜色 #bcbcbc 到 #f5f5f5 的渐变，渐变类型为“径向

渐变”，将背景填充渐变。

（12）按 Ctrl+T 组合键，将正面进行变形，如图 8-117 所示。

图 8-116　台历反面　　　　图 8-117　正面变形

（13）在这个图层下方新建图层，用多边形套索工具做一个三角形选区，填充颜色 #949494。再做一个三角形选区，填充颜色为白色，如图 8-118 所示。

（14）新建图层，用多边形套索工具做一个三角形选区，填充颜色为 #949494。再做一个三角形选区，填充颜色为 #d6d6d6。选择“加深工具”，将白色三角形的上棱边加深操作。正面立体效果如图 8-119 所示。

图 8-118　立体效果　　　　图 8-119　完整立体效果

（15）同样操作，制作反面立体效果，如图 8-120 所示。

图 8-120　台历立体展示

8.6　产品包装设计

8.6.1　正面效果设计

产品包装设计首先要进行整体的框架及布局，其次分别设计包装的几个侧面的平面效果，最后调整各组合元素的位置和大小，让其达到最佳，并通过适当的线条来优化包装整体效果。

8.6.1　正面效果设计.mp4

包装的正面一般包含品牌名和产品图，以下操作步骤实现了包装的正面效果设计。

(1) 新建一个图像文件，宽度为 13.5 厘米，高度为 19 厘米，分辨率为 200 像素 / 英寸，颜色模式为 CMYK，背景为白色。将前景色设置为 #FECDEF，新建一个图层，按 Alt+Delete 组合键填充前景色。

(2) 新建一个图层，用矩形选框工具绘制一个长条选区，填充颜色为纯白色。新建一个图层，用矩形选框工具绘制一个细长条选区，填充颜色为纯黑色，如图 8-121 所示。

(3) 在工具箱中选择“钢笔工具”，绘制一个心形路径，如图 8-122 所示。

图 8-121　正面背景

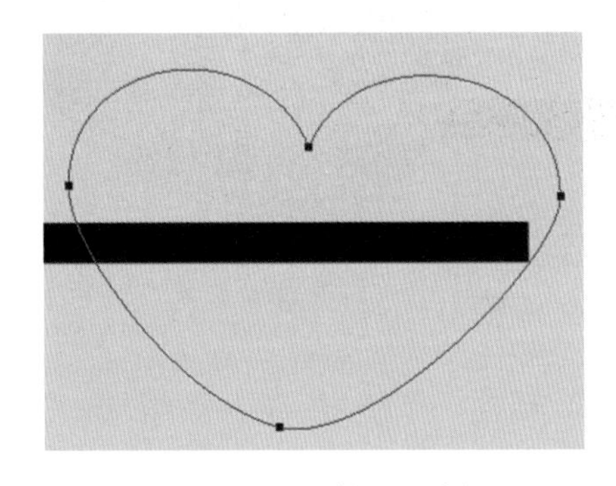

图 8-122　绘制心形路径

（4）按 Ctrl+Enter 组合键将路径转换为选区。新建一个图层，将前景色设置为 #cb0606，按 Alt+Delete 组合键填充前景色。按 Ctrl+T 组合键对心形进行旋转和缩放。为该图层添加“投影”图层样式，如图 8-123 所示。

（5）打开网页浏览器，在地址栏中输入“http://www.wusen.net/”，用“艺术字体在线生成器”生成所需要的字体。在输入框中输入“甜”字，选择“010 汉仪黛玉简体”，大小为 800，单击“点击提交内容”按钮。在生成的文字上右击，选择“图片另存为”命令，保存文字，如图 8-124 所示。

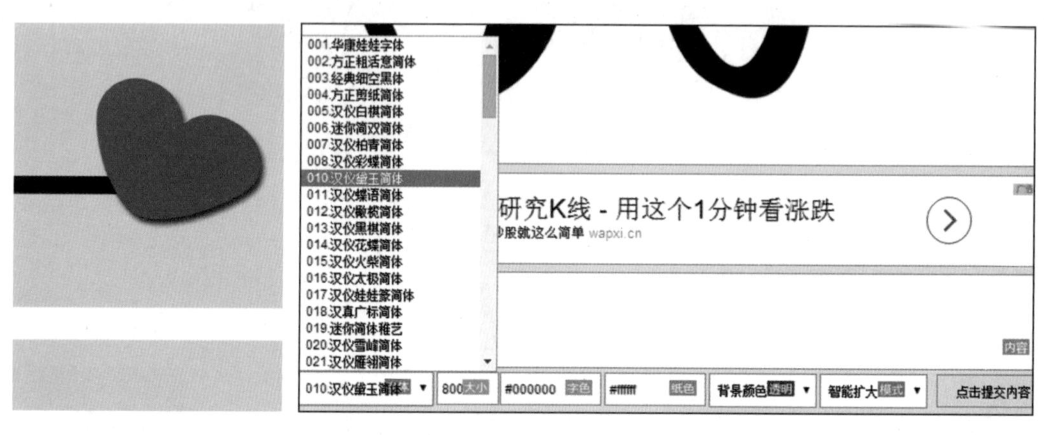

图 8-123　填充心形　　　　图 8-124　生成艺术字体

（6）同上操作，生成文字“蜜”“滋”以及“味”。打开生成的四个文字图像，用移动工具将它们移动到本文档中。用魔棒工具去除文字旁边的白色像素。对这些文字图层添加“颜色叠加”图层样式，将颜色设置为白色。按 Ctrl+T 组合键对生成的文字进行旋转和缩放，如图 8-125 所示。

（7）新建一个图层，在工具箱中选择“自定义形状工具”，在工具属性栏中设置“像素”，在形状中选择“五彩纸屑”，将前景色设置为纯白色，在心形内绘制一些形状。

（8）新建一个图层，在工具箱中选择“画笔工具”，绘制微笑的嘴巴形状，如图 8-126 所示。

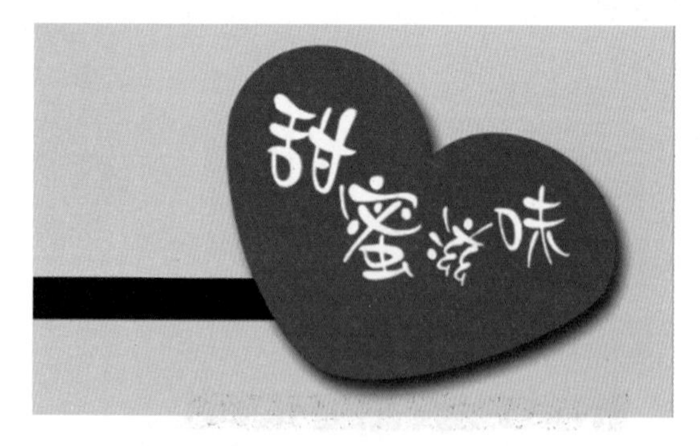

图 8-125　甜蜜滋味文字

图 8-126　绘制形状装饰

（9）新建一个图层，同上操作，用“艺术字体在线生成器”生成“岭冠食品”文字图像，字体选择“031 腾祥孔淼卡通”。

(10) 新建一个图层，将前景色设置为 #f41212。在工具箱中选择“画笔工具”，用“粉笔笔刷”进行绘制。

(11) 新建一个图层，在工具箱中选择“自定义形状工具”，在工具属性栏中设置“像素”，在形状中选择“已注册”，将前景色设置为纯黑色，绘制已注册的图标，如图 8-127 所示。

(12) 在工具箱中选择“横排文字工具”，输入包装上需要的文字信息，调整好字体颜色及大小。其中“蔓越莓干”四个字采用“艺术字体在线生成器”生成，字体为“010 汉仪黛玉简体”。

(13) 添加素材文件夹中的“蔓越莓 .jpg”图像，将图层混合模式设置为“正片叠底”，如图 8-128 所示。

图 8-127 “岭冠食品”的 Logo

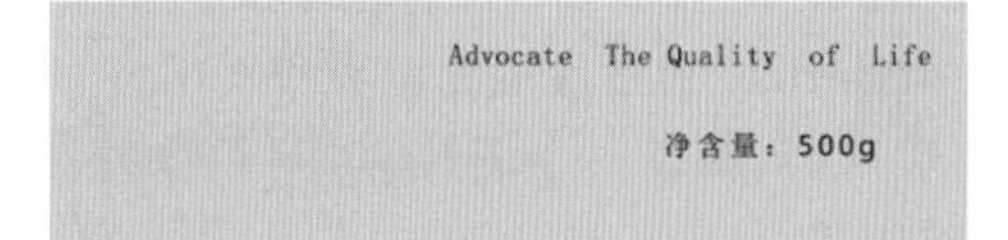

图 8-128 添加文字

(14) 新建一个图层，在工具箱中选择“椭圆选框工具”，按住 Shift 键绘制圆形选区，按 Alt+Delete 组合键填充前景色。用矩形选框工具框选圆形的上半部分区域，按 Delete 键删除像素。为该图层添加“白色描边”“投影”图层样式。

(15) 用移动工具将素材文件夹中的“蔓越莓干 .jpg”图片移动到本文档中，按住 Alt 键，单击图层与圆形图层中间的分割线，创建图层剪贴蒙版。按 Ctrl+Alt+Shift+E 组合键盖印所有图层，正面效果如图 8-129 所示。

8.6.2 包装侧面 1 设计

包装的这个侧面上的主要内容是产品的功效。针对女性群体，所以配以复古的边框装饰。在文字排版上，采用了古代文字的排版方式，实现步骤如下。

8.6.2 包装侧面 1 设计 .mp4

图 8-129　正面效果

（1）新建一个图像文件，宽度为 8 厘米，高度为 19 厘米，分辨率为 200 像素 / 英寸，颜色模式为 CMYK，背景为白色。将前景色设置为 #fecfde，新建一个图层，按 Alt+Delete 组合键填充前景色。

（2）新建一个图层，将前景色与背景色初始化为纯黑与纯白色。在“滤镜”菜单中执行“渲染”中的“云彩”命令。再选择“滤镜”→“滤镜库”→“画笔描边”→“墨水轮廓”命令。在“滤镜”菜单中执行“其他”中的“高反差保留”命令，如图 8-130 所示。将图层混合模式设置为“叠加”。

（3）在工具箱中选择“直排文字工具”，输入包装需要的文字内容（见素材“文字 .txt”）。选择文字后，按住 Alt 键，然后按上下左右箭头键可以调整文字的字符间距与行间距，如图 8-131 所示。

（4）打开素材文件“花纹 .jpg”，用套索工具框选一个直角花纹，然后用移动工具移动到本文档中。为该图层创建图层剪贴蒙版，填充颜色为 #514f02。复制花纹，将其置于两个对角上，如图 8-132 所示。

（5）新建一个图层，在工具箱中选择“直线工具”，在工具属性栏中设置“像素”，将前景色设置为 #514f02，分别绘制 2 像素和 6 像素宽的直线。

（6）添加素材文件夹中的“蔓越莓 .jpg”图像，将图层混合模式设置为“正片叠底”。按 Ctrl+Alt+Shift+E 组合键盖印所有图层，侧面 1 效果如图 8-133 所示。

图 8-130　侧面背景纹理

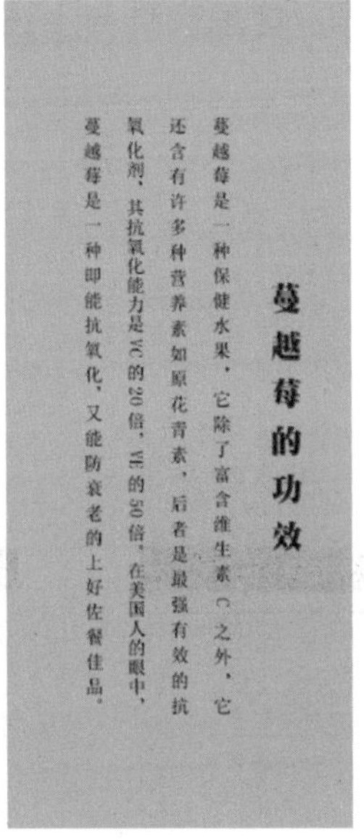

图 8-131　侧面文字

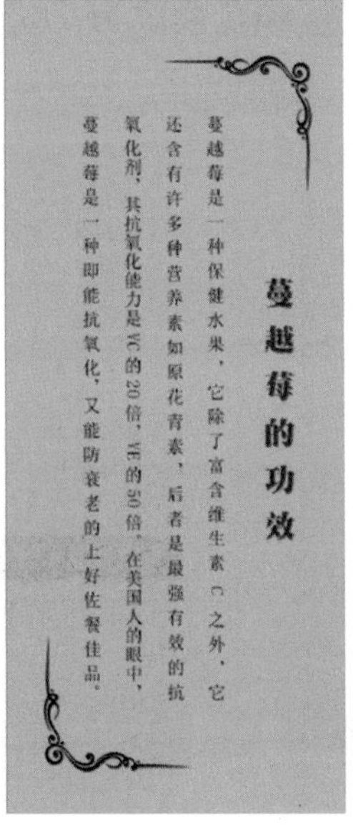

图 8-132　边框

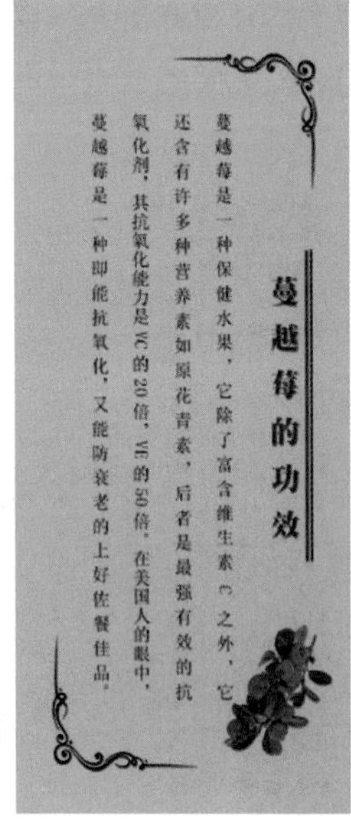

图 8-133　侧面 1 效果

8.6.3　包装侧面 2 设计

8.6.3　包装侧面 2 设计 .mp4

包装侧面 2 要反映产品的标签信息，如包装内容和产品所包含的主要成分、品牌标志、产品质量等级、产品厂家、生产日期和有效期、使用方法等，具体实现步骤如下。

（1）新建一个图像文件，包装侧面 2 的大小与侧面 1 一样，其背景同上一个侧面设计，这里不再重复叙述。在工具箱中选择“横排文字工具”，输入包装需要的文字内容（见素材“文字 .txt”）。选择文字后，按住 Alt 键，然后按上下左右箭头键可以调整文字的字符间距与行间距。阅读文字一般设置大小为 12 点，如图 8-134 所示。

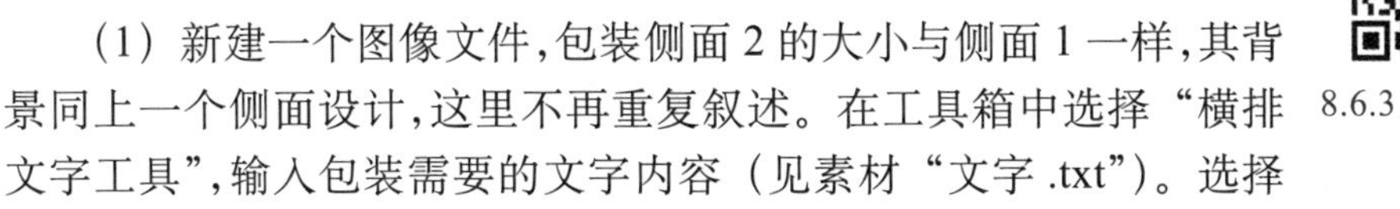

（2）新建一个图层，用矩形选框工具绘制矩形选区，填充颜色纯黑色，作为“营养成分表”文字的底纹。新建一个图层，用矩形选框工具绘制矩形选区，填充颜色为 #fddfd9，作为成分文字底纹。

（3）新建一个图层，在工具箱中选择“直线工具”，在工具属性栏中设置“像素”，将前景色设置纯黑色，粗细为 2，绘制表格框线。表格框线可以绘制横向与纵向各一条，然后进行复制，对齐分布，如图 8-135 所示。

（4）用移动工具将“生产许可 .jpg”和“条形码 .jpg”素材图像移动到本文档中。新建一个图层，用矩形选框工具绘制矩形选区，填充颜色纯白色，作为图像底纹。按 Ctrl+Alt+Shift+E 组合键盖印所有图层，侧面 2 效果如图 8-136 所示。

8.6.4　包装上的侧面设计

8.6.4　包装上的侧面设计 .mp4

包装上的侧面设计宜简，所以只植入了企业 Logo、产品名称及广告语，实现步骤如下。

（1）新建一个图像文件，宽度为 13.5 厘米，高度为 8 厘米，分

辨率为 200 像素 / 英寸，颜色模式为 CMYK。背景设计与上述侧面背景一样，这里不再重复叙述。

品名：蔓越莓果干
配料表：蔓越莓果、果葡糖浆。
食品生产许可证证号：
QS2323 1777 0008
保质期：24 个月
生产日期：见喷码
净含量：500g
执行标准：Q/DCY 0005S
贮存条件：怕湿、勿压、避热、避晒，并置于 4-26 摄氏度干燥

营养成分表

项目	每 100g	营养参考值%
能量	1542KJ	18%
蛋白质	1.6g	3%
脂肪	0g	0%
碳水化合物	89.1g	30%
钠	7mg	0%

制造商：大兴安岭岭冠食品厂
地址：大兴安岭塔河县工业园区
产地：黑龙江省大兴安岭
电话：0457-66668888

图 8-134　侧面文字

品名：蔓越莓果干
配料表：蔓越莓果、果葡糖浆。
食品生产许可证证号：
QS2323 1777 0008
保质期：24 个月
生产日期：见喷码
净含量：500g
执行标准：Q/DCY 0005S
贮存条件：怕湿、勿压、避热、避晒，并置于 4-26 摄氏度干燥

营养成分表

项目	每 100g	营养参考值%
能量	1542KJ	18%
蛋白质	1.6g	3%
脂肪	0g	0%
碳水化合物	89.1g	30%
钠	7mg	0%

制造商：大兴安岭岭冠食品厂
地址：大兴安岭塔河县工业园区
产地：黑龙江省大兴安岭
电话：0457-66668888

图 8-135　绘制表格

品名：蔓越莓果干
配料表：蔓越莓果、果葡糖浆。
食品生产许可证证号：
QS2323 1777 0008
保质期：24 个月
生产日期：见喷码
净含量：500g
执行标准：Q/DCY 0005S
贮存条件：怕湿、勿压、避热、避晒，并置于 4-26 摄氏度干燥

营养成分表

项目	每 100g	营养参考值%
能量	1542KJ	18%
蛋白质	1.6g	3%
脂肪	0g	0%
碳水化合物	89.1g	30%
钠	7mg	0%

制造商：大兴安岭岭冠食品厂
地址：大兴安岭塔河县工业园区
产地：黑龙江省大兴安岭
电话：0457-66668888

图 8-136　侧面 2 效果

（2）选择“移动工具”，将“包装正面”文档中的“岭冠食品”的 Logo 与“已注册”图标移动到本文档中，放置在左上角。

（3）选择“移动工具”，将“包装正面”文档中的“蔓越莓干”文字移动到本文档中，居中放置。

（4）新建一个图层，在工具箱中选择“直线工具”，在工具属性栏中设置“像素”，将前景色设置为 #f41212，绘制 2 像素粗细的直线两条。

（5）在工具箱中选择“横排文字工具”，输入包装需要的文字内容。按 Ctrl+Alt+Shift+E 组合键盖印所有图层，包装上的侧面效果如图 8-137 所示。

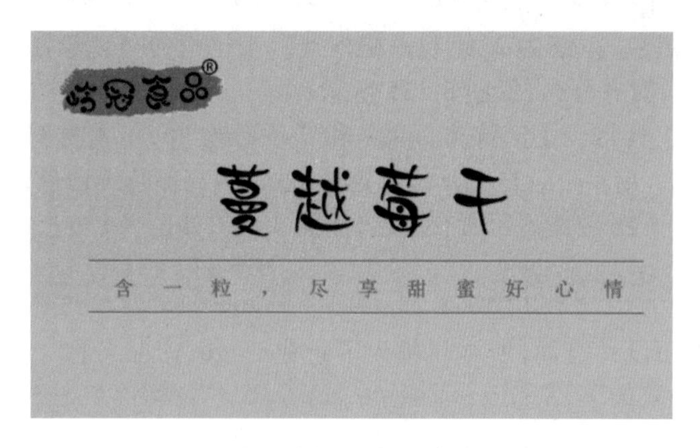

图 8-137　上侧面效果

8.6.5　包装立体效果设计

8.6.5　包装立体效果设计.mp4

为了衬托立体效果，背景需要用灯光来装饰。在将各个侧面进行变形拼成完整包装的过程中，还要注意对齐和透视效果，实现步骤如下。

(1) 新建一个图像文件，宽度为 25 厘米，高度为 14.5 厘米，分辨率为 200 像素 / 英寸，颜色模式为 CMYK。

(2) 新建一个图层，填充图层颜色为纯黑色。在“滤镜”菜单中执行“渲染”中的“光照效果”命令。在属性栏的“预设”下拉菜单中选择“五处下射光”，在右边的“光源”调板中同时选中五个光源，然后在“属性”调板中设置聚光灯颜色为青色，强度为 100%，如图 8-138 所示。

(3) 选择“移动工具”，将之前设计的几个包装侧面移动到本文档中。按 Ctrl+T 组合键变形，缩小到原来的 50%，如图 8-139 所示。

图 8-138　背景设计

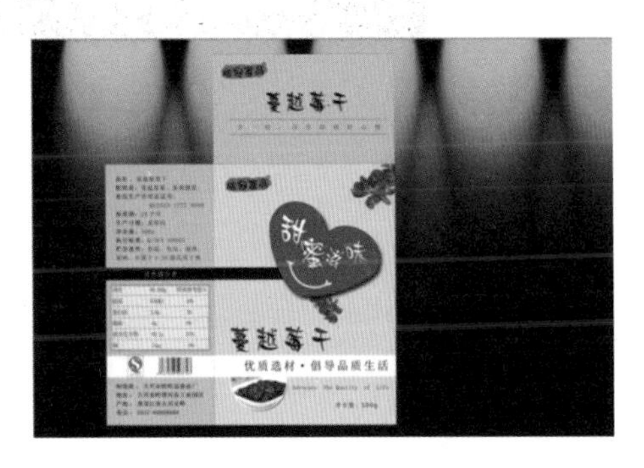

图 8-139　侧面图添加

(4) 分别选择每个包装侧面，按 Ctrl+T 组合键进行变形。按住 Ctrl 键，移动变形控制句柄，如图 8-140 所示。

(5) 新建一个图层，按住 Ctrl 键，在“图层”调板中单击“正面图层”微缩图标，载入正面包装选区。用黑色柔度画笔绘制背光面。按住 Ctrl 键，在“图层”调板中单击“侧面图层”微缩图标，载入侧面包装选区。用黑色柔度画笔绘制背光面，将图层不透明度设置为 80%。

(6) 新建一个图层，在工具箱中选择“直线工具”，在工具属性栏中设置“像素”，将前景色设置为纯白色，绘制 2 像素粗细的立体棱边线，如图 8-141 所示。

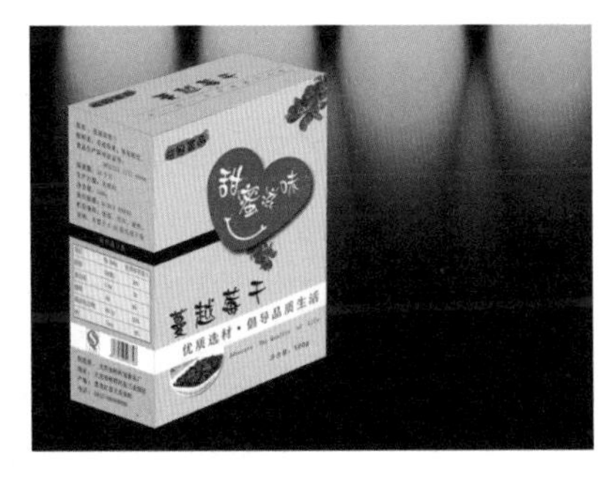

图 8-140　立体效果

图 8-141　强化光感

（7）在包装立体下方新建一个图层，用多边形套索工具绘制立体包装的阴影，填充颜色为青色。在“滤镜”菜单中执行“模糊”中的“高斯模糊”命令。

（8）同样的操作，制作第二个立体包装，如图 8-142 所示。

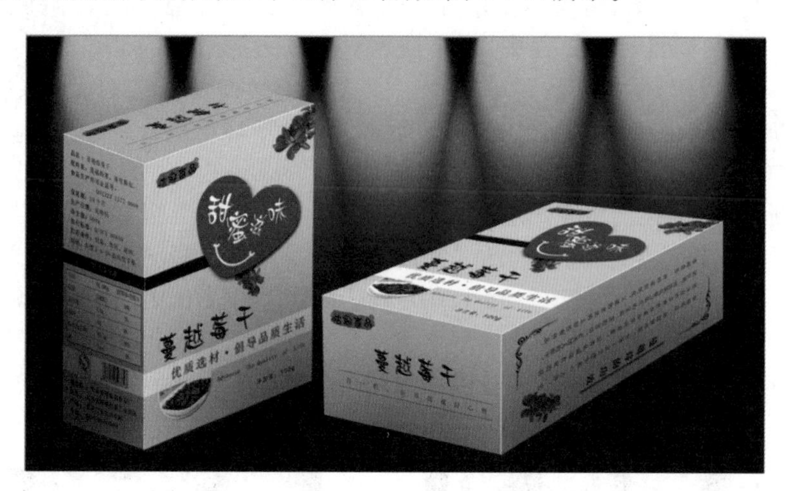

图 8-142　包装立体效果

参 考 文 献

[1] 李金明,李金蓉 . 中文版 Photoshop CC 完全自学教程 [M]. 北京：人民邮电出版社，2014.

[2] 创锐设计 .Photoshop CC 2017 从入门到精通 [M]. 北京：机械工业出版社，2017.

[3] 凤凰高新教育,邓多辉 . 中文版 Photoshop CC 基础教程 [M]. 北京：北京大学出版社，2016.

[4] Adobe 公司 .Adobe Photoshop CC 经典教程 [M]. 侯卫蔚,巩亚萍,译 . 北京：人民邮电出版社，2015.

[5] 张松波 . 神奇的中文版 Photoshop CC 2017 入门书 [M]. 北京：清华大学出版社，2017.

[6] 百度文库，https://wenku.baidu.com/.

[7] 百度百科，https://baike.baidu.com/.

[8] 千图网，http://www.58pic.com/.

[9] 淘宝网，https://www.taobao.com/.

[10] 百度图片，http://image.baidu.com/.

[11] 我图网，http://www.ooopic.com/.